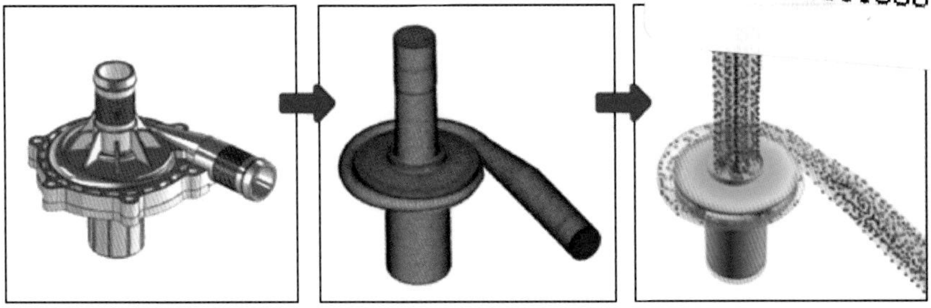

图 8.1　基于 AcuSolve 的新型水泵设计

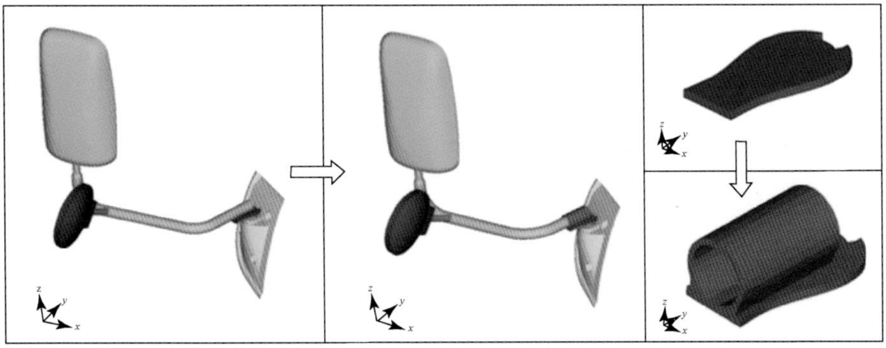

图 8.2　基于 RADIOSS 的后视角强度优化

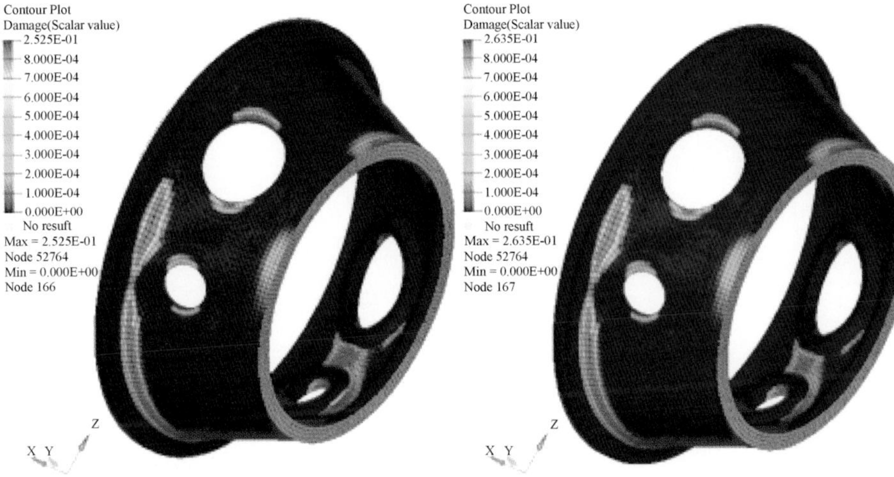

(a)　　　　(b)

图 8.3　基于 Hyperworks 的电机组发电机主轴综合强度分析
由 Hyperworks 自动进行雨流计数和线性损伤累积，并使用 Hyperview 进行后处理
(a) 考虑重力载荷；(b) 不考虑重力载荷

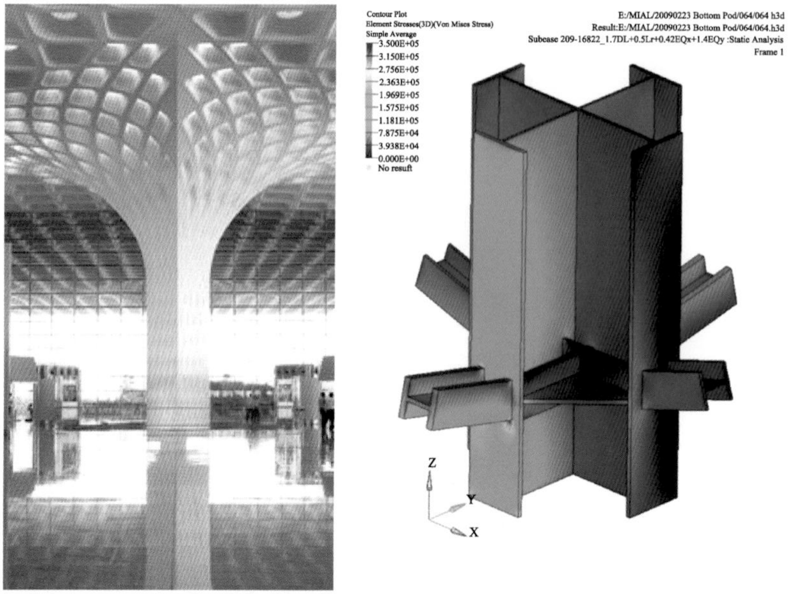

图 8.4　基于 Optistruct 的航站楼立柱设计

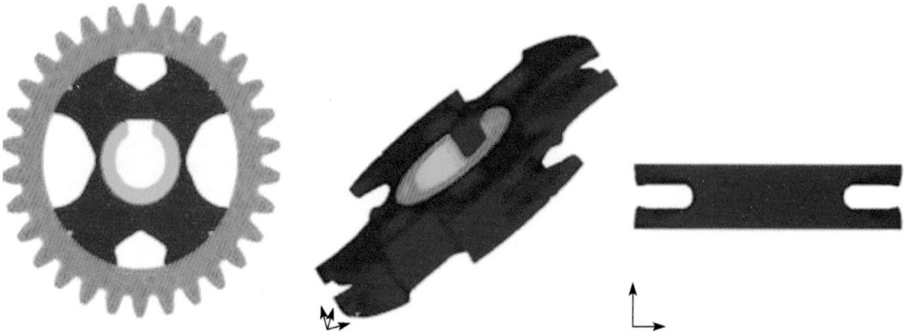

图 8.5　在厚度方向和垂直方向施加三面对称约束的拓扑优化结果

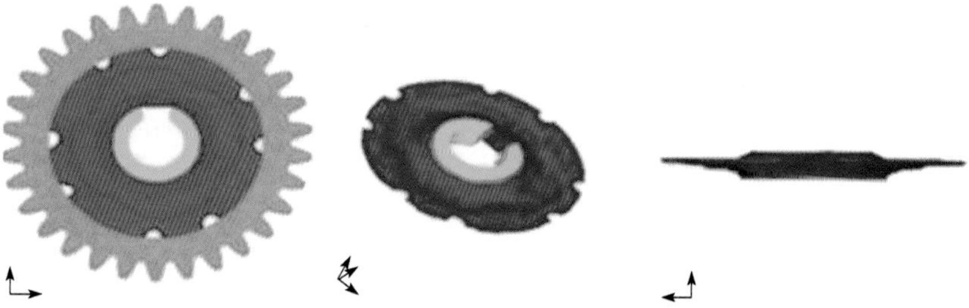

图 8.6　周向循环对称约束的拓扑优化结果

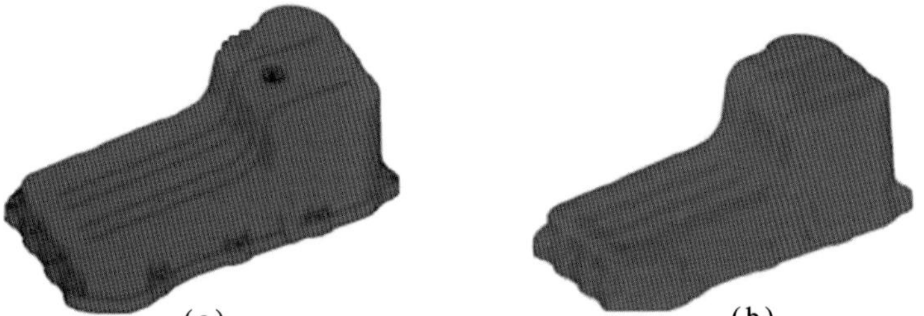

(a) (b)

图 8.7 运用形貌优化优化商用车油底壳
（a）原始方案；（b）优化方案

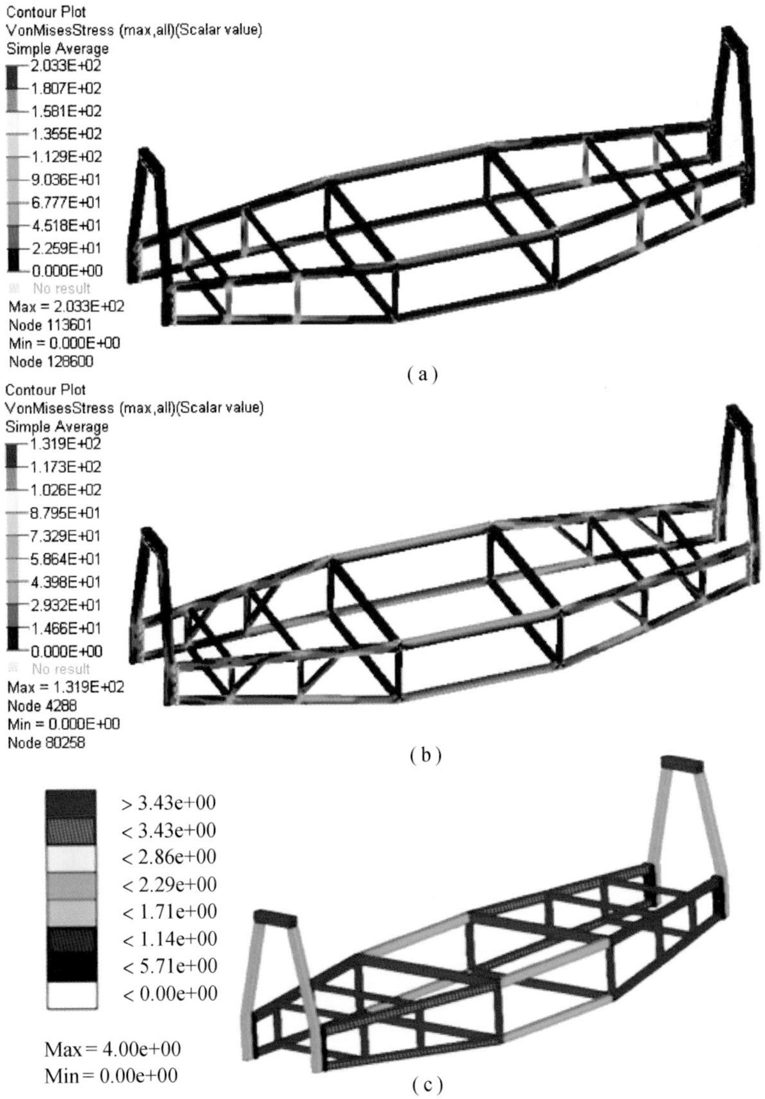

图 8.8 基于尺寸优化的某整车试验台架结构优化设计
（a）优化前应力分布结果；（b）优化后应力分布结果；（c）优化后梁的厚度分布结果

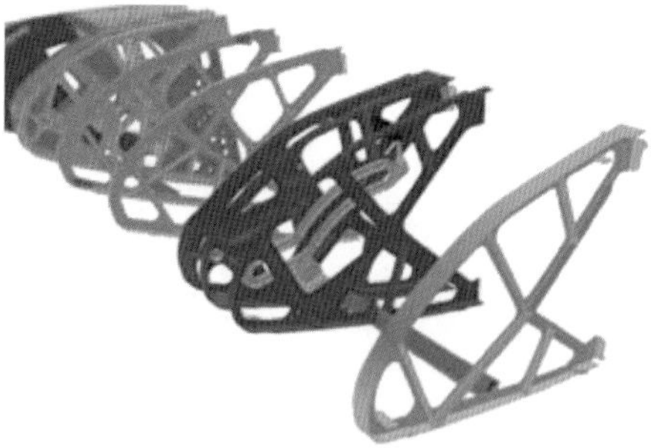

图 8.9　波音 787 机翼前缘结构优化设计

图 8.10　德国大众对支架的优化设计

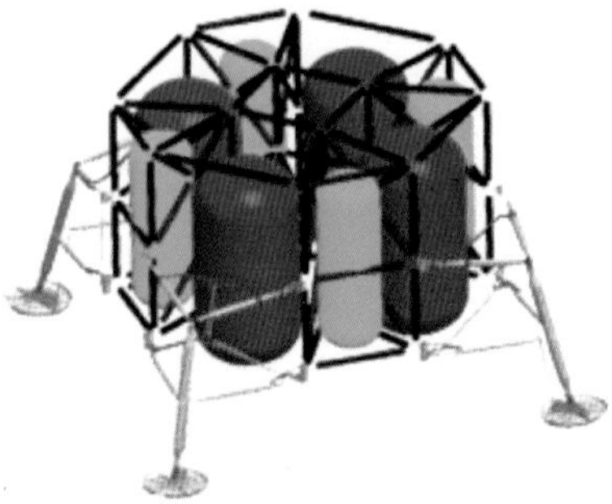

图 8.11　“牵牛星”登月车概念设计

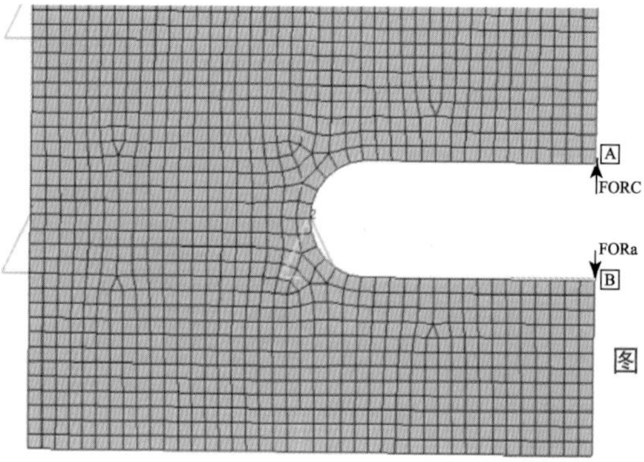

图 9.1　二维拓扑优化有限元模型

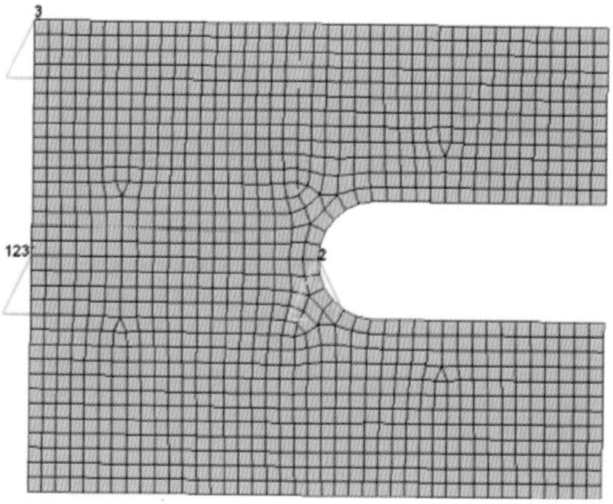

图 9.3　约束定义

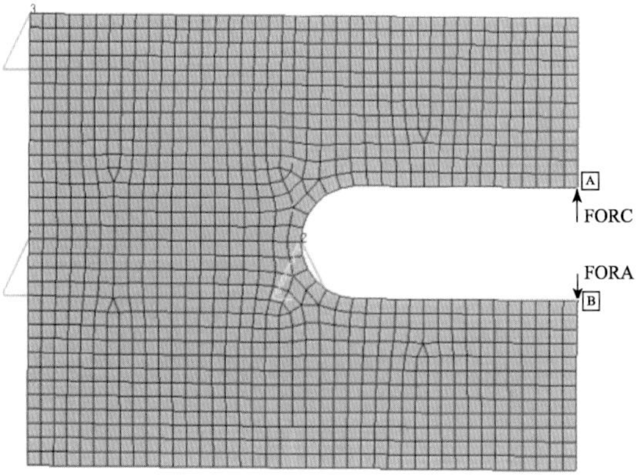

图 9.4　载荷定义

图 9.8　拓扑优化材料分布云图

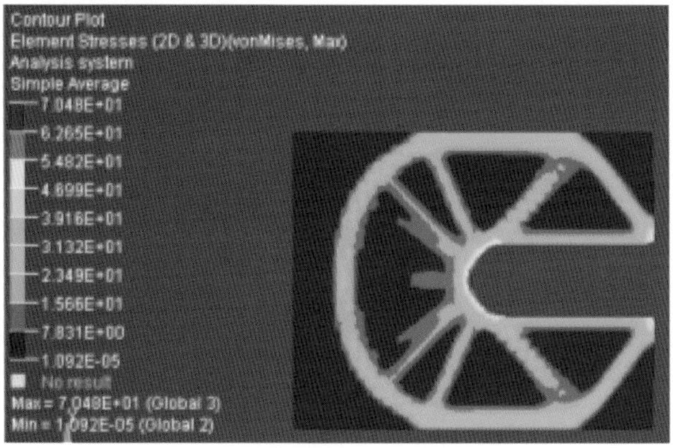

图 9.9　优化后结构应力云图

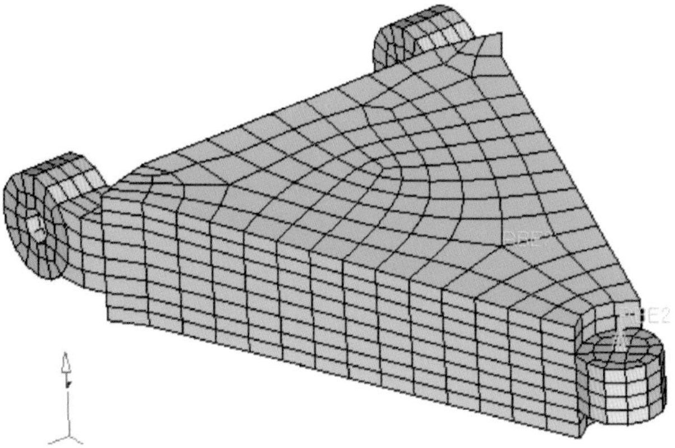

图 9.10　三维体单元拓扑优化

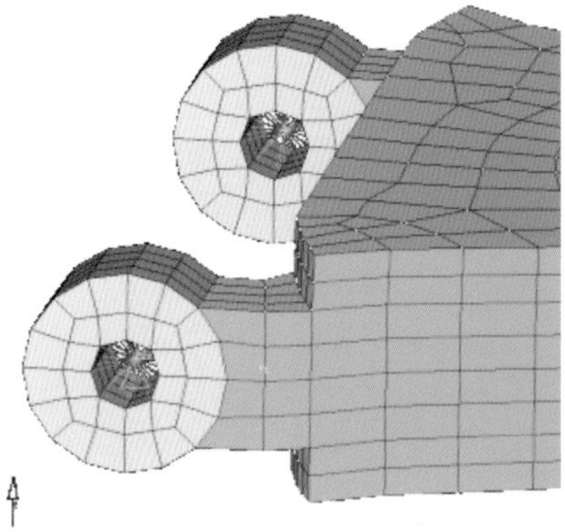

图 9.11　创建约束

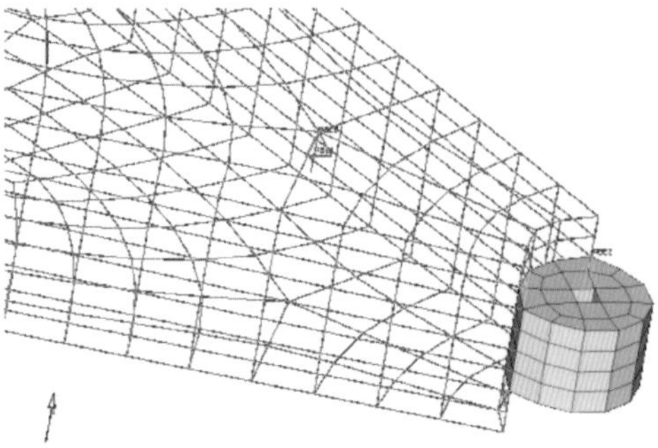

图 9.12　结点 3239 载荷添加

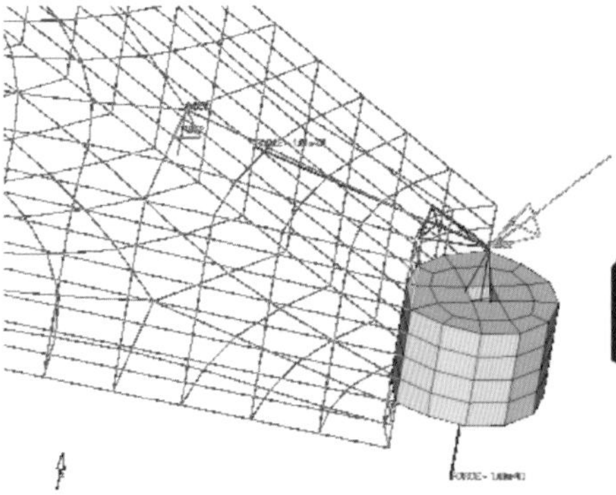

图 9.13　载荷添加示意图

图 9.14　拓扑优化结果

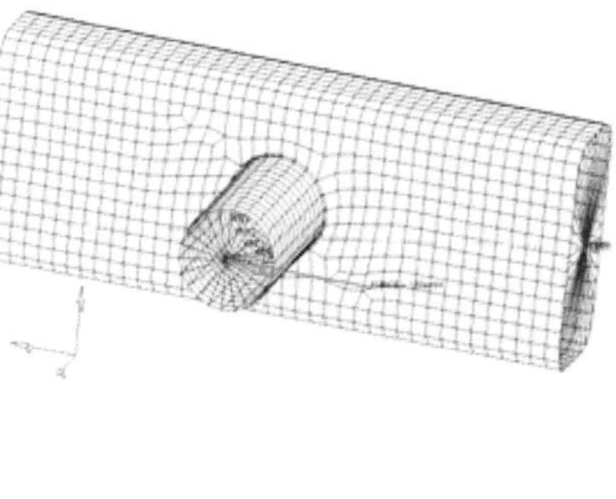

图 10.1　接头优化

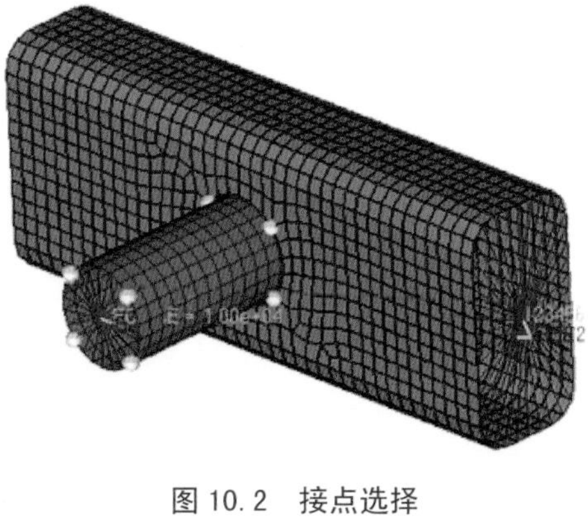

图 10.2　接点选择

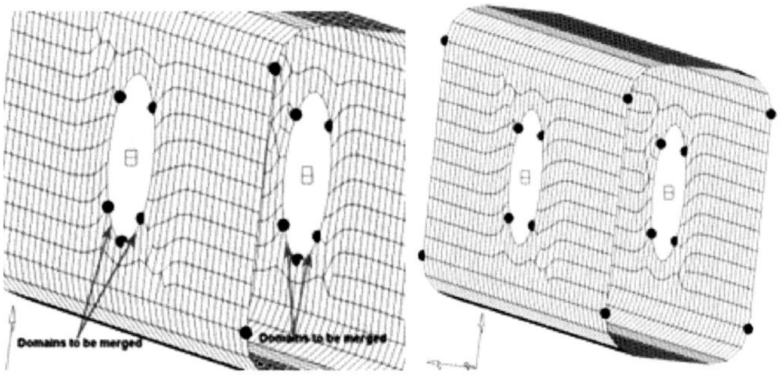

图 10.3　边界区域合并

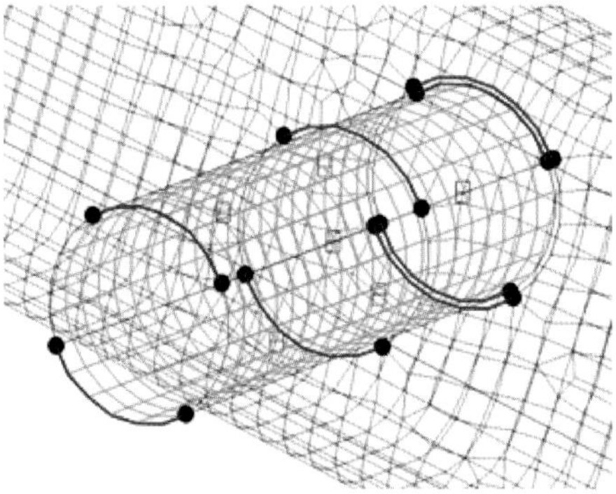

图 10.4　边界选取

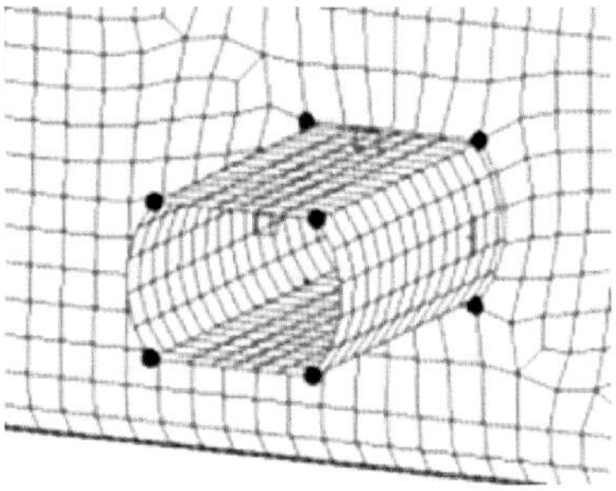

图 10.5　新的曲率应用在选择的边界上

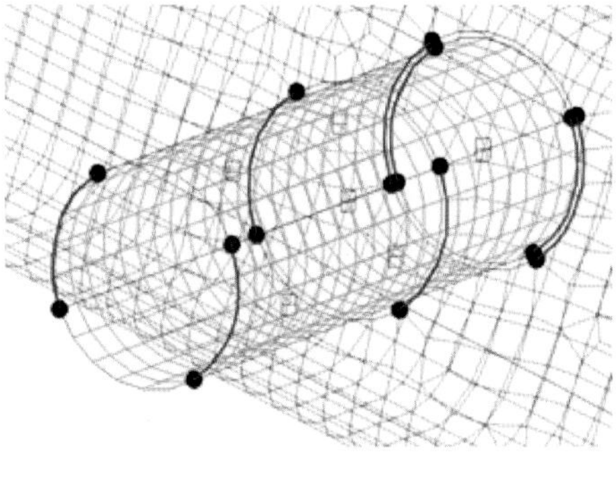

图 10.6　边界选取

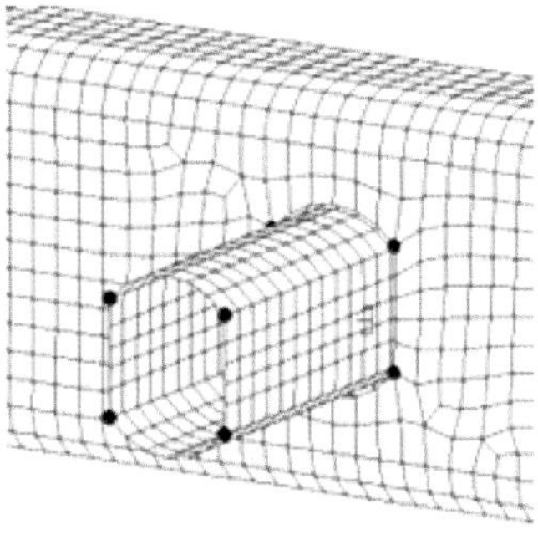

图 10.7　形状改变

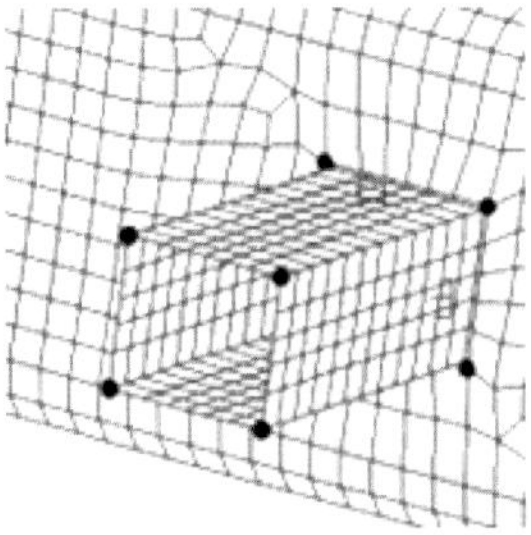

图 10.8　设计形状的改变图

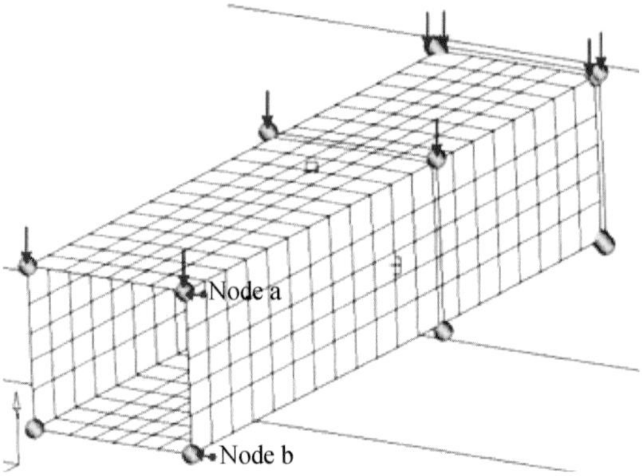

图 10.9　边界接点选择图

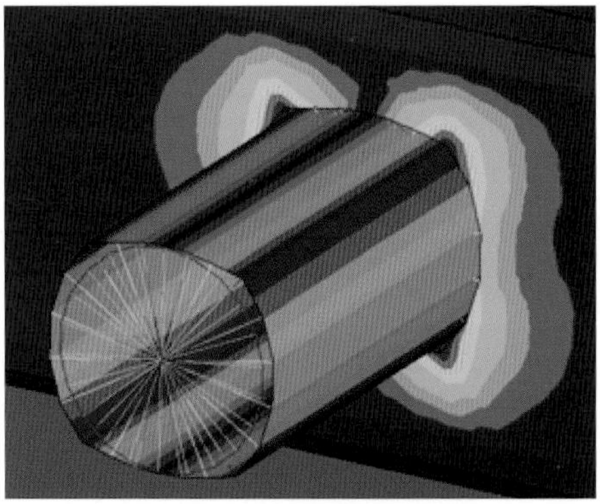

图 10.11　形状优化结果

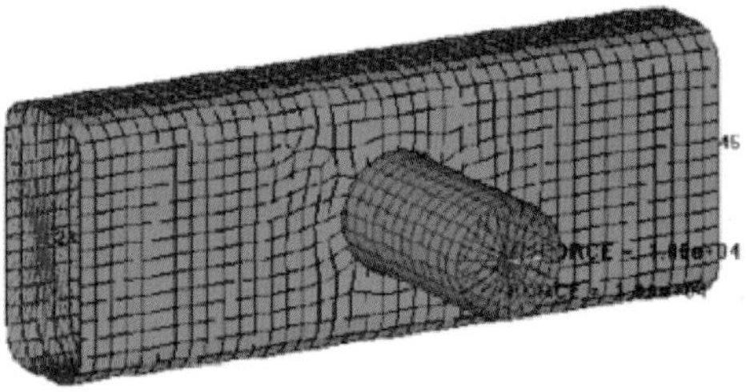

图 10.12　尺寸优化模型

国家卓越工程师教育培养计划
——装甲车辆工程专业系列教材

An Introduction to Mechanical Optimization Design

机械结构优化设计

姚寿文　主编

北京理工大学出版社
BEIJING INSTITUTE OF TECHNOLOGY PRESS

图书在版编目（CIP）数据

机械结构优化设计 / 姚寿文主编 .—北京：北京理工大学出版社，2015.9

ISBN 978-7-5640-9751-6

Ⅰ.①机…　Ⅱ.①姚…　Ⅲ.①机械设计-结构设计-最优设计-高等学校-教材　Ⅳ.①TH122

中国版本图书馆 CIP 数据核字（2014）第 211768 号

出版发行 / 北京理工大学出版社有限责任公司
社　　址 / 北京市海淀区中关村南大街 5 号
邮　　编 / 100081
电　　话 /（010）68914775（总编室）
（010）82562903（教材售后服务热线）
（010）68948351（其他图书服务热线）
网　　址 / http：//www. bitpress. com. cn
经　　销 / 全国各地新华书店
印　　刷 / 保定市中画美凯印刷有限公司
开　　本 / 710 毫米×1000 毫米　1/16
印　　张 / 15.25
彩　　插 / 4
字　　数 / 270 千字
版　　次 / 2015 年 9 月第 1 版　2015 年 9 月第 1 次印刷
定　　价 / 35.00 元

责任编辑 / 张慧峰
文案编辑 / 张慧峰
责任校对 / 周瑞红
责任印制 / 王美丽

前　言

机械结构优化设计（本书也简称为结构优化设计）是一种现代设计理论和方法。它是优化理论和方法在机械设计领域的应用。本书主要围绕结构优化设计中的三种基本分类，即尺寸优化、形状优化（形状优化由于涉及结构边界的复杂数学描述，本书不作详细介绍）和拓扑优化，进行问题的描述以及求解，并主要集中在线弹性体的离散结构（桁架）和有限元离散的平面连续体两大方面。

本教材要求学生具有一定高等数学、线性代数、固体力学和结构力学知识，尤其是有限元的基础知识。由于学时较少，为使全书有较好的体系，便于广大学生自学，在教材的内容上安排了 A～E 五个附录，补充教材中涉及的一些基础知识和必备知识。

本教材按三大部分进行组织。第 1 部分包含第 1 章到第 7 章，主要为结构优化的一些理论、方法。第 1 章介绍了结构优化设计的基本思想，三种结构优化的定义以及一些专用概念和专门术语。第 2 章结合几个小型优化问题进行了基本过程的分析，让学生熟悉基本流程。第 3 章以重要的凸问题为对象，介绍了相关的理论和方法。第 4 章从算法的角度，介绍了几种序列显式凸近似方法，并对 CONLIN 和 MMA 给出了较为详细的推导。第 5 章主要以桁架为研究对象，以柔度为优化目标，对尺寸优化进行了详细的讲述。第 6 章主要结合优化分析中常用的敏度分析要求，给出了几种敏度分析方法。第 7 章主要是以连续体为对象，对刚度拓扑优化进行了分析，并将显式凸近似中的优化准则法（OC）进行了推导，讨论了网格依赖性、数值不稳定等问题。第 2 部分包含第 8 章到第 10 章，主要是以目前结构优化商业软件中的 Optistruct 为对象，介绍了该软件的基本功能，并结合尺寸优化、形状优化和拓扑优化进行了实际的操作，使学生基本熟悉应用商业软件解决结构优化问题的基本流程。第 3 部分为 5 个附录，主要补充第 1 部分中涉及的一些数学、有限元等知识，并以程序的形式将一些经典的优化方法进行简单介绍，完善部分学生的知识结构。第 3 部分内容可结合具体情况进行讲解。

本书适合作为机械类专业高年级本科生、研究生的教材使用，也可供相关研究人员或技术人员参考。

本教材由北京理工大学姚寿文主编并负责统稿，参加编写的还有吕建丽、肖开琴和郑怀宇。其中教材的第2部分由吕建丽编写并整理，附录A、附录D由郑怀宇整理，肖开琴负责第2章的编写和整理。

由于编者水平有限，书中缺点、错误在所难免，敬请广大读者批评指正。

编　者

2014年6月于北京

目　　录

第1部分　结构优化设计基本理论、方法

第 3 部分　附　录

第1部分

结构优化设计基本理论、方法

第1章　概　　述

传统机械产品设计主要依赖设计者经验进行结构形式的选择和参数的确定。随着科学技术的发展，尤其是有限元技术的发展，为机械结构设计过程中的强度分析提供了重要的方法与手段。但从设计方法而言，机械产品的设计仍未突破传统的经验设计的局限，如结构拓扑形式的确定、形状的选择以及结构尺寸参数的优选等。创新设计是有效提高产品质量的关键。

本章主要介绍结构优化的基本概念及其重要术语，并对设计过程中所需的数学、力学等基本知识做了简要的介绍。同时，对两种优化设计的数学表述形式进行了说明，最后，定义了三种优化方法——拓扑优化、形状优化和尺寸优化，并给出了相关实例。

1.1　结构优化的基本思想

结构本身是一种观念形态，又是物质的一种运动状态。结是结合，构是构造。在不同领域，它有不同的含义。在力学领域，结构是指可以承受一定力的结构形态（本书意指组成结构的材料分布），它可以抵抗能引起形状和大小改变的力。优化意指在某方面更加优秀而放弃其他不太重要的方面，因此优化其实是一个折中的过程。结构优化意指是某种结构最好，表现在不确定结构形状的情况下，结合结构所实现的功能，实现结构原始设计。如图 1.1 所示，为某零件的初始设计域，受载荷和固定约束，所谓的结构优化就是指如何找到一种合适的结构满足"最好"的功能需求。

"最好"是针对目标而言的，根据不同的使用目的有不同含义，如在满足

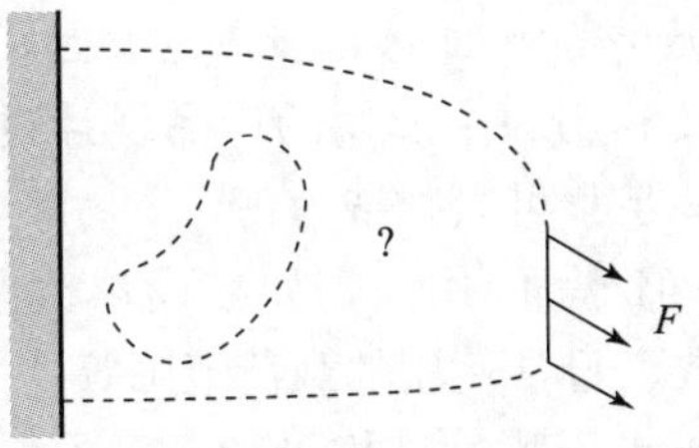

图 1.1　结构优化问题：找到一种结构，更好地将载荷传递到约束上

结构功能的情况下，质量最小，或者刚度最大，或对结构屈曲和稳定性不敏感等。显然，若没有任何限制，这种最小或最大也是无意义的。如若对结构无材料限制，则结构可以设计足够大的刚度，但同时我们得不到一个优化解。通常，在结构优化中所使用的约束有应力、位移和几何形状等。值得注意的是，约束同时也可以作为优化目标。在结构性能的表现上，所能测量的量有质量、刚度、临界载荷、应力、位移和几何形状等。在结构优化中，我们选取可以最大化或最小化的某些量作为目标，而其他量作为约束。

1.2 设计过程

目前的结构设计过程主要是基于经验和类比，并辅之以有限元分析。基本过程：根据规定的约束条件（设计任务），经过分析计算，确定设计参数，满足某项或几项设计要求，若不满足，更改设计参数，如图 1.2 所示。它是在调查分析的基础上，参照同类产品，通过估算、验算、类比或试验等方法来确定产品的初步设计方案。

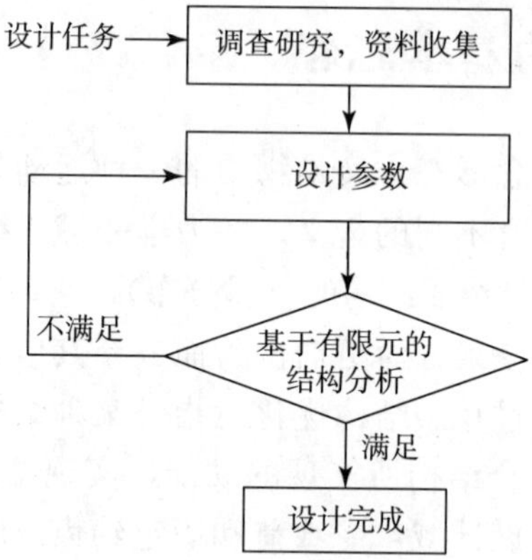

图 1.2 传统结构设计基本过程

上面所列出结构性能的指标纯粹是从力学角度出发的，其中并没有考虑结构的功能、经济性或美学等方面的要求。为了更好地理解这些性能指标在结构优化中的位置，本文利用一个通用的产品设计过程简要描述一些主要步骤。在理想情况下，这些步骤可以归纳为：

（1）明确功能。明确产品的用途，如在设计桥梁时，要确定桥的长度、宽度、单向或双向车道数、日常使用的载荷范围等。

（2）概念设计。需要采用哪种结构设计理念，如桥梁设计成斜拉桥，还是拱桥，抑或桁架桥。

（3）优化设计。确定基本设计理念后，仍须确定在什么功能约束下，使产品尽可能好。如在桥梁设计时，降低造价是很自然的想法，间接表现在使用尽可能少的材料等。

（4）细节设计。这一阶段通常由市场、社会和美学等因素决定。以桥梁为例，如选择一种可以增加视觉享受的颜色。

在第三步中，传统的也是目前主导的方法是迭代-启发式过程，具体过程为：（a）特定设计的提出；（b）检验基于功能的性能；（c）如果不满足，如应力过大，则需提出新的设计，有时即使条件满足，但由于其他原因也得进行设计的更改（如桥梁自重过大）；（d）提出的新设计，然后回到（b）。这就形成了一个基于启发式的迭代过程，得到一系列的设计，目的是期望得到一个可接受的最终设计。

对于一个机械结构，步骤（3）中迭代-启发实现中的步骤（b），目前无一例外地利用计算机完成，如有限元（FEM）和多体动力学（MBD）等。这些方法的应用可以确保每个设计迭代具有足够的可信度，且每次迭代可以达到很高的计算效率。但是，它们不能改变初始设计方案。

从概念上，基于数学优化方法的机械优化设计和迭代-启发式设计还是有本质区别的。在前者中，数学优化问题是通过公式体现的，此时由功能确定的需求作为约束，而且"尽可能好"是通过具体的数学语言描述的。因此，在步骤（3）设计过程中，基于数学的设计优化方法比迭代-启发式更具自动实现功能。

本书主要关心数学优化设计中的一类问题，即机械结构的承载功能问题。该种优化定义为结构优化。

显然，不是所有的因素都可以以数学优化方式看待，基本的要求是所考虑的因素是可以测量的物理量。对力学参数这是很容易实现的，但美学因素则很难用数学进行衡量。

1.3　结构优化问题的通用数学描述

在结构优化问题的通用数学描述中，常用的函数和变量有：

（1）目标函数（Objective function）f：目标函数用于衡量设计的优劣，也称为评价函数。对每一可能的设计，目标函数所返回的值表征设计的好坏。一般地，目标函数的选择原则是函数值较小比较大的好，即最小化问题。通常，目标函数常用于评价结构质量、给定方向的位移、有效应力或产品的费用等。

（2）设计变量（Design variable）x：描述设计的函数或向量，且在优化过程中是变化的。它可以表示几何或材料的选择。当设计变量用于描述几何时，它可以是描述结构形状的复杂插值函数，或仅是杆的横截面积、板的厚度等简单变量。

（3）状态变量（State variable）y：对于一个给定的结构，即一个给定的设计 x，y 一般表示为结构响应的函数或向量。对机械结构而言，响应通常指位移、应力、应变或力等。

结构优化 SO 通常可以表示成如下形式：

$$(\mathbb{SO})\begin{cases}\min f(x, y) \\ \text{s.t.}\begin{cases}\text{关于 } y \text{ 的行为约束} \\ \text{关于 } x \text{ 的设计约束} \\ \text{等式约束}\end{cases}\end{cases}$$

式中，s.t. 表示受限于（Subject to）。

对于多目标的函数，可以描述为

$$\min(f_1(x, y), f_2(x, y), \cdots, f_l(x, y)) \tag{1.1}$$

式中，l 是目标函数的数目，约束同 SO。实际上，这不是一个标准的优化问题，因为对于所有的目标函数而言，通常不可能在相同的 x 和 y 处取得极小值。典型的是，试图找到一个所谓的非劣优化解（Pareto optimality）。非劣解意指再也找不到一个更好地满足所有目标函数的设计。如果没有（x，y）可以比（x^*，y^*）更好地满足所有约束，则（x^*，y^*）为非劣解，即

$$f_i(x, y) \geqslant f_i(x^*, y^*)\text{，所有的 } i\text{，} i=1, 2, \cdots, l$$

$$f_i(x, y) > f_i(x^*, y^*)\text{，至少一个 } i\text{，} i \in (1, 2, \cdots, l)$$

取得式（1.1）的一个非劣解常用的方法是构造一个单目标的目标函数

$$\sum_{i=1}^{l} \omega_i f_i(x, y) \tag{1.2}$$

式中，$\omega_i \geqslant 0$，$i=1, 2, \cdots, l$，称为权重系数，且满足 $\sum_{i=1}^{l} \omega_i = 1$。

在优化模型（SO）的约束下，优化问题式（1.2）表示的最小化问题是一个标准的单目标优化问题。该问题的解是式（1.1）的非劣解（Pareto optimum）。权重系数不同，非劣解也不同。需要说明的是，采用这种简单的处理方法，一般不能得到优化模型所有的非劣解。

本教材仅考虑形如（SO）的结构优化问题，即单目标优化问题。对于多目标优化问题可参考其他教材。

在优化模型（SO）中，列出了三种类型的约束：

（1）行为约束（Behavioral constraint）：行为约束是针对状态变量 y 的约束，如指定方向的位移等。一般用函数 g 表示，写成 $g(y) \leqslant 0$。

（2）设计约束（Design constraint）：设计约束和行为约束类似，只不过该约束针对的是设计变量 x。实际上，这两种约束可以进行合并处理。

(3) 平衡约束（Equilibrium constraint）：对于一个自然离散或线性离散问题（见1.5节），平衡约束为：

$$\boldsymbol{K}(x)\boldsymbol{u}=\boldsymbol{F}(x) \tag{1.3}$$

式中，$\boldsymbol{K}(x)$ 是结构的刚度矩阵，通常是设计变量 x 的函数，$\boldsymbol{u}$ 是位移向量，$\boldsymbol{F}(x)$ 是载荷向量，可能和设计变量有关。此时，位移向量 $\boldsymbol{u}$ 取代了常用的状态变量 y。在连续体问题中，平衡约束以偏微分方程描述。而且，在动力结构优化（Dynamic structural optimization）问题中，平衡约束应看作是动力平衡方程。广义上，一般用状态问题（state problem）表示平衡约束。

在方程（$\mathbb{SO}$）中，y 和 x 一般按独立变量处理。一般称方程（$\mathbb{SO}$）为方程组（simultaneous formulation），因为平衡约束（状态问题）的解和优化问题的解是同时得到的。然而，通常的情况是，状态方程定义了状态变量 y 和设计变量 x 之间的关系。例如，如果 $\boldsymbol{K}(x)$ 对任意 x 可逆，则 $\boldsymbol{u}=\boldsymbol{u}(x)=\boldsymbol{K}(x)^{-1}\boldsymbol{F}(x)$。通过将 $\boldsymbol{u}(x)$ 看作是一个确定的函数，则在优化模型（$\mathbb{SO}$）中可以不用考虑平衡约束，因为平衡约束可以用状态变量代替，即

$$(\mathbb{SO})_{\mathrm{nf}}\begin{cases}\min\limits_{x} f(x,\ \boldsymbol{u}(x))\\ \mathrm{s.\,t.}\ g(x,\ \boldsymbol{u}(x))\leqslant 0\end{cases}$$

这里已假设所有状态约束和设计约束可以写成 $g(x,\ \boldsymbol{u}(x))\leqslant 0$ 的形式。这个方程称为嵌套方程（nested formulation），也是本书中数值方法所常用的一种表达形式。

当对优化模型（$\mathbb{SO}$）$_{\mathrm{nf}}$进行数值求解时，通常需要求目标函数 f 和约束函数 g 关于设计变量 x 的导数。求导数的过程称为敏度分析。函数 $\boldsymbol{u}(x)$ 是一个隐式函数，这给方程求解带来极大的不便。

1.4 三种类型的结构优化问题

本教材中，x 无一例外地表示结构的某种几何特征。根据几何特征的不同，将结构优化模型进行如下三种形式的分类：

(1) 尺寸优化（Sizing optimization）：此时 x 一般表示为结构某种类型的厚度，如桁架中各杆的横截面积，或者板的厚度分布等。图1.3表示的是桁架结构的尺寸优化。

(2) 形状优化（Shape optimization）：此时，x 代表结构设计域的形状或轮廓。考虑一个固体，采用一组偏微分方程描述它的状态。优化过程包括采用一种最优的方法选择微分方程的积分域。注意，形状优化不会改变结构的连通性，即不会产生新的边界。二维形状优化问题如图1.4所示。

(3) 拓扑优化（Topology optimization）：拓扑优化是最常见的结构优化

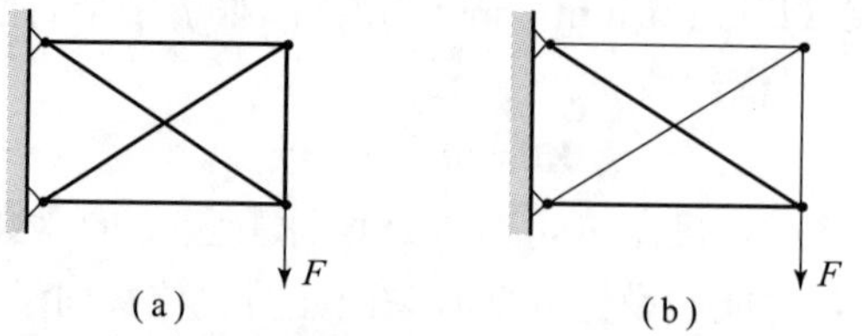

图 1.3　由桁架杆截面积优化获得的尺寸优化问题

(a) 初始设计；(b) 优化后的设计

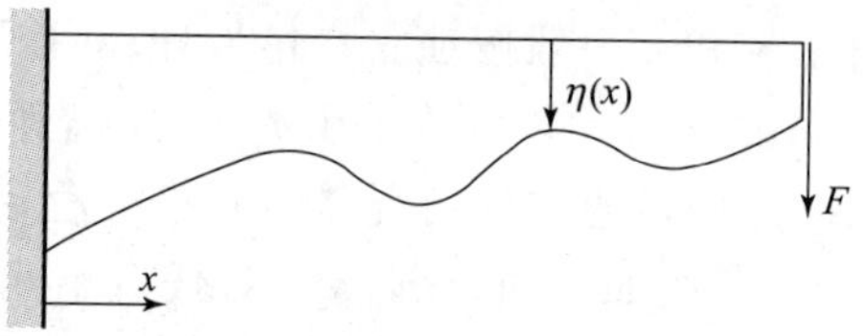

图 1.4　形状优化问题：找到类似梁的最优形状函数 $\eta(x)$

形式。对于离散结构，如桁架，一般是利用杆的截面积作为设计变量，并允许杆的截面积为零，即该杆从桁架中消失了，如图 1.5 所示。此时，改变了结点的连接情况，因此我们说桁架的拓扑发生了改变。对于连续体结构，如二维平面薄板，可以通过允许板的厚度为零，实现拓扑形式的改变。如果纯粹是结构拓扑特征的优化，优化后的厚度应仅存在两种值：0 和给定的最大厚度值。在三维结构中，可以假设 x 为某种类似密度的变量，且仅能取 0 和 1，也可以达到同样的效果。图 1.6 为某拓扑优化实例。

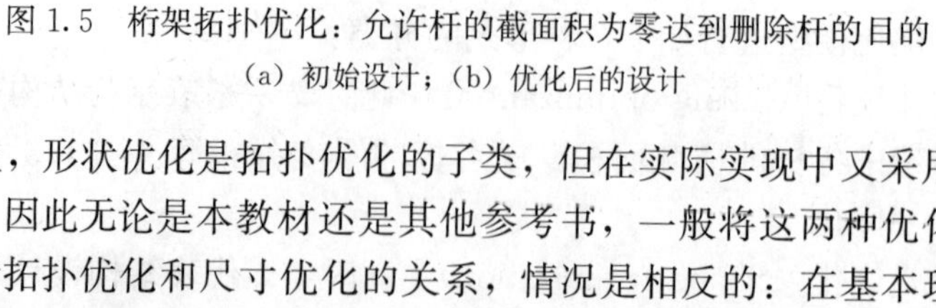

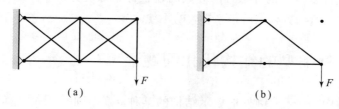

图 1.5　桁架拓扑优化：允许杆的截面积为零达到删除杆的目的

(a) 初始设计；(b) 优化后的设计

理论上，形状优化是拓扑优化的子类，但在实际实现中又采用了完全不同的方法，因此无论是本教材还是其他参考书，一般将这两种优化方法单独处理。再看拓扑优化和尺寸优化的关系，情况是相反的：在基本理念上，它们采用了完全不同的方法，但在实际应用中又非常相近。

当由微分方程描述状态问题时，形状优化包含方程积分域的改变，而尺寸和拓扑优化主要涉及的是结构参数的控制。

针对上述不同的结构优化问题，对 1.2 节中描述的设计过程，存在两种

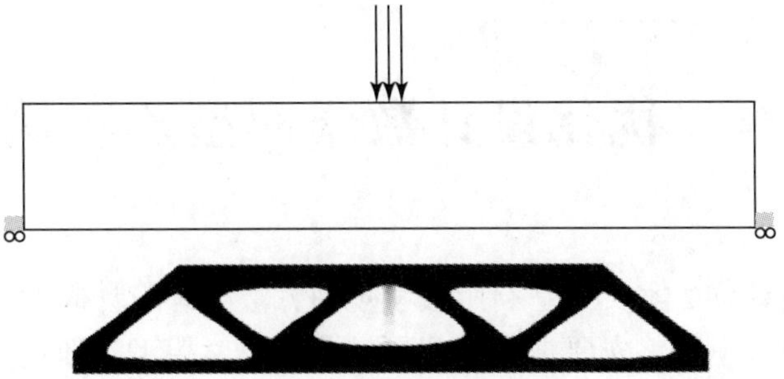

图1.6　二维拓扑优化：在载荷和边界条件下，要求上图中框内的材料填充50%且结构的性能最好，下图为优化后的材料分布

不同的要求：首先，步骤（2）和步骤（3）之间的边界是不同的，如结构优化中应用最广泛的拓扑优化对设计概念的描述要求不高，而形状优化需要详细的设计描述。其次，在结构优化过程中，仅部分采用了启发-迭代方法，启发较少，因为在完成步骤（3）之前，就必须求解不同类型的结构优化问题。

1.5　离散和分布参数系统

根据情况的不同，设计变量 x 或状态变量 u 可以是有限维（如 n 元实数组的 R^n 空间），也可以是函数（或场），即无限自由度。如果变量是有限维的，称之为离散参数系统，如桁架就是一个非常典型的例子，如图1.3和图1.5所示，此时状态变量 $\boldsymbol{u}$ 为结点位移向量，设计变量 x 表示的是有限杆的截面积。另一方面，若设计变量或状态变量是一个场，一般称为分布参数系统，如图1.4所示的形状优化问题和图1.6的拓扑优化问题。本教材中，用名词连续问题（continuum problem）表示分布参数系统。

分布参数系统一般不适合计算机求解：结构问题的计算机实现都基于有限维的代数方程。这就意味着在求解一个分布参数系统时，必须对原系统进行离散，这样就产生了一个离散参数系统。为了区别这种派生的离散系统和桁架结构系统，一般称桁架结构为自然离散系统。理想情况下，连续体的离散越精细，采用离散问题进行求解，才和实际连续问题的解越一致。然而，这种情况对数学要求很高，而且并不总能得到收敛解。此时，离散问题的解是否接近连续问题的解，必须依赖于结构工程师的经验进行判断。

第 2 章　优化设计数学模型及实例分析

最优化设计方法实质上是利用数学规划方法处理设计问题的一种实用方法。在设计过程中，首先要把设计问题转化为数学模型，即把实际问题按照一定的形式转换成数学表达式。数学模型建立得合适、正确与否，直接影响优化设计的最终结果。

本章围绕第 1 章中结构优化的通用数学描述，进行优化设计问题的数学模型以及相关基本概念的详细介绍，然后通过几个例子进行优化建模与基本求解，为后续内容的开展进行基本铺垫。

2.1　优化设计数学模型

建立优化数学模型，通常是根据设计要求，应用相关基础和专业知识，建立若干个相应的数学表达式。对于机械结构优化设计，主要是根据力学、机械设计等专业基础知识及机械制造等专业知识来建立数学模型。优化问题的一般数学模型如式（2.1）所示。

$$\begin{cases} \min f(\boldsymbol{x}) \\ \text{s.t.} \begin{cases} h_k(\boldsymbol{x})=0 \ (k=1, 2, \cdots, l) \\ g_j(\boldsymbol{x})\leqslant 0 \ (j=1, 2, \cdots, m) \end{cases} \\ \boldsymbol{x}=[x_1, x_2, \cdots, x_n]^{\mathrm{T}} \end{cases} \tag{2.1}$$

2.1.1　设计变量

在设计中不断变化，能够独立影响设计目标的设计参数称为设计变量，一般用列向量或行向量的转置表示。设 x_1，x_2，…，x_n 为优化设计中的 n 个变量，记为

$$\boldsymbol{x}=\begin{bmatrix} x_1 \\ x_2 \\ \vdots \\ x_n \end{bmatrix} \text{或} \boldsymbol{x}=[x_1 \quad x_2 \quad \cdots \quad x_n]^{\mathrm{T}} \tag{2.2}$$

把 $\boldsymbol{x}$ 定义为 n 维欧式空间 R^n 的一个列向量，该空间包含了设计中所有可能的设计方案，且每一个设计方案对应设计空间上的一个设计向量或者一个设计点 $\boldsymbol{x}$。

设计变量的个数 n 称为设计问题的维数，有几个设计变量就称为几维优化设计问题。设计问题的维数表征了设计自由度。自由度越大，越有利于寻找最理想的设计方案，但设计的难度也越大。

$n=2$ 就是一个二维设计问题，可以用直角坐标系表示，也称平面设计问题；$n=3$ 是一个三维设计问题，可用三个坐标轴所构成的直角坐标系表示，也称三维设计空间；$n>3$ 时为抽象的超空间，无法用图形表示。

在设计域中，按变量是否连续分为连续变量（如构件尺寸、转速等）和离散变量（如齿轮的齿数等）。按变量的性质分为几何参数、物理参数和力学参数等，如杆的截面积、长度等即为几何参数，杆的质量、弹性模量和泊松比为物理参数，杆的应力、应变等为力学参数等。

根据设计变量维数的多少，优化设计问题可以分为小型优化设计问题（$n<10$）、中型优化设计问题（$n=10\sim50$）和大型优化设计问题（$n>50$）等。

2.1.2　目标函数

为了对设计进行评价，必须构造包含设计变量的评价函数，即优化的目标，称为目标函数，一般以 $f(\boldsymbol{x})$ 表示。

在优化过程中，通过设计变量的改变不断改善 $f(\boldsymbol{x})$ 的值，最后求得令 $f(\boldsymbol{x})$ 值最好或最满意的 $\boldsymbol{x}$ 值。在目标函数的构造中，应注意目标函数必须包含全部设计变量。

目标函数一般用极小值表示，即 $\min f(\boldsymbol{x})$，若求目标函数的极大值，一般用 $-\min f(\boldsymbol{x})$ 转换为极小值问题，因此极大化和极小化都可统一表示为求极小，即

$$\min f(\boldsymbol{x})=f(x_1,\ x_2,\ \cdots,\ x_n)$$

在机械设计中，一般用作目标函数的有体积最小、质量最小、效率最大、柔度最小、振幅或噪声最小、成本最低，等等。

机械优化设计一般分为单目标优化问题和多目标优化问题。只有一个目标函数的优化问题称为单目标优化问题；在同一个设计中要提出多个目标函数时，称为多目标优化问题。目标函数愈多，设计的综合效果愈好，但求解的难度也愈大。

目标函数一般表现为显式和隐式两种。显式目标函数是根据设计理论或公式、科学定理的关系推导的代数方程，或是根据实验数据采用曲线拟合方法所得的曲线方程；隐式目标函数是利用有限元分析方法、人工神经网络方法或仿真模拟方法的程序计算的结果，没有明显的函数式，但可给出函数值。

2.1.3 约束条件

在优化设计中，目标函数取决于设计变量，而设计变量的取值范围都有各种限制条件，如强度、刚度等。每个限制条件都可写成包含设计变量的函数，称为约束条件或设计约束。因为它是设计变量的函数，也称为约束函数。

约束函数可用等式或不等式描述。如果约束函数能够反映设计变量之间明显的函数关系，称为显式约束；否则，称为隐式约束。

等式约束是对设计变量的严格约束，起着降低设计自由度的作用，其形式为：

$$h_k(\boldsymbol{x})=0 \tag{2.3}$$

式中，$k=1, 2, \cdots, l(l<n)$，l 为等式约束的数目，n 为设计维数。

在机械优化设计中，大部分约束为不等式约束，其形式为：

$$g_j(\boldsymbol{x})\leqslant 0 \tag{2.4}$$

式中，$j=1, 2, \cdots, m(m<n)$，m 为不等式约束的数目。

根据约束的性质，分为几何约束（边界约束）和性能约束。

几何约束：根据某种设计要求，设计变量必须满足的某些几何条件以及只对设计变量的取值范围加以限制的那些约束，如杆的长度、杆的横截面积等。

性能约束：指满足特定工作性能而建立的约束条件，如工作应力小于许用应力等。

对于等式约束而言，设计变量所代表的设计点必须在式（2.3）所表示的面（或线）上，称为起作用约束或紧约束。对于不等式约束，极限情况 $g_j(\boldsymbol{x})=0$ 所表示的几何面或线将设计空间分成两部分：一部分中所有设计均满足所有的约束条件，这部分空间称为设计点的可行域；另一部分所有点均不满足约束条件，称为设计点的不可行域。在可行域内的设计点，称为可行设计点，可行域也是可行设计点的集合。位于可行域边界上的设计点亦是可行点，过该点的约束为起作用约束，否则为不起作用约束；非可行域是不满足约束条件设计点的集合。

如图 2.1 所示的某二维优化设计问题，包含四个不等式约束和一个等式约束。图中，分别表示了可行域、不可行域、可行点、不可行点、起作用约束和不起作用约束。

利用可行域的概念，可以将式（2.1）进行简化。设同时满足 $h_k(\boldsymbol{x})=0$，$(k=1, 2, \cdots, l)$ 和 $g_j(\boldsymbol{x})\leqslant 0$，$(j=1, 2, \cdots, m)$ 的设计点的集合为 D（设计点的可行域），优化问题的数学模型可简化为：

$$\begin{cases}\min\limits_{\boldsymbol{x}\in D} f(\boldsymbol{x}) \\ \boldsymbol{x}=[x_1, x_2, \cdots, x_n]^{\mathrm{T}}\end{cases} \tag{2.5}$$

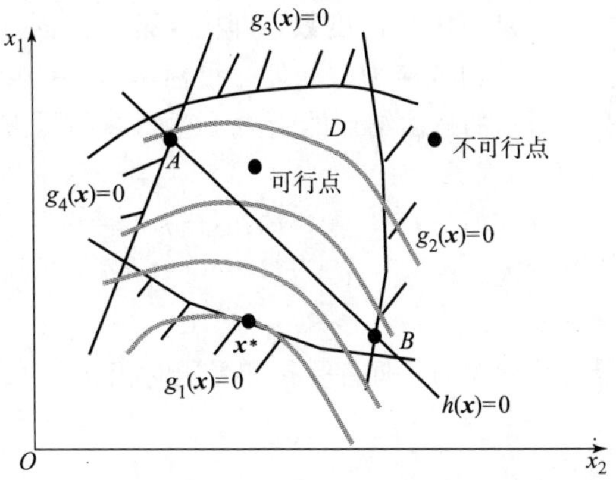

图 2.1　某二维优化问题

2.2　优化问题实例

针对 2.1 节中的优化数学模型，本节通过几个例子进行建模与求解，以加深读者对优化模型建模过程的理解，并初步掌握一些基本优化求解方法。

2.2.1　应力约束两杆桁架质量最小

如图 2.2 所示两杆桁架，杆的长度和杨氏模量均为 L 和 E，所受的力 F 与水平方向夹角为 α，$0\leqslant\alpha\leqslant 90°$。设计变量为杆的截面积 A_1 和 A_2，目标函数为桁架的总质量，即

$$f(A_1,\ A_2)=(A_1+A_2)\rho L \tag{2.6}$$

其中，ρ 是材料的密度。杆的横截面积必须是非负的，即：

$$A_1\geqslant 0,\ A_2\geqslant 0 \tag{2.7}$$

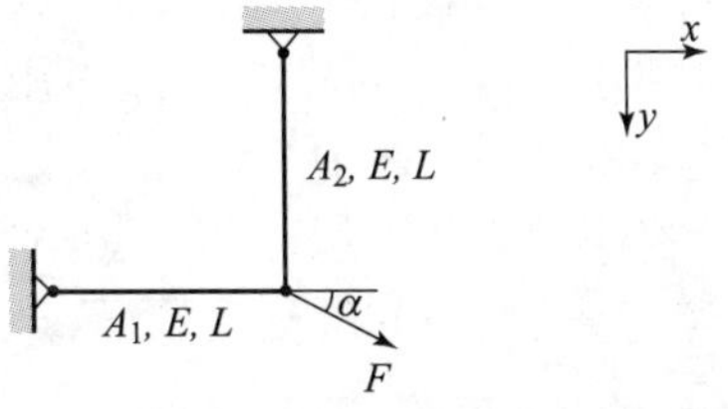

图 2.2　应力约束下，两杆桁架的质量最小问题

在力学上，求解这类桁架问题的一般方法是取自由结点的位移向量 $\boldsymbol{u}$ 作为状态变量，然后利用小变形弹性力学中的平衡方程（描述力与应力关系的方程）、几何方程（位移和变形方程）和线性本构方程（应力和变形关系）建立一个状态方程 $\boldsymbol{K}(A_1,\ A_2)\boldsymbol{u}=\boldsymbol{F}$ 作为约束（具体也可参阅附录 C)。对于本

题，杆的数量等于自由结点的自由度数，即桁架静定，因此可以直接利用平衡方程计算得到杆所受的力或应力。此外，目标函数和约束条件都不包含位移。因此，由图 2.3 所示的自由结点的受力示意图，可写出 x 和 y 方向的平衡方程为

$$F\cos\alpha-\sigma_1 A_1=0,\ F\sin\alpha-\sigma_2 A_2=0 \tag{2.8}$$

包含应力的约束方程为

$$|\sigma_i|\leqslant\sigma_0,\ i=1,\ 2 \tag{2.9}$$

其中，σ_0 为杆的最大许用应力，杆件受拉和受压时相同。

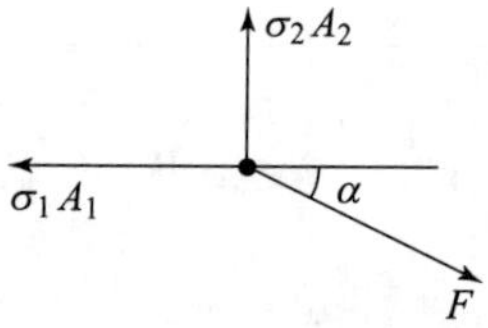

图 2.3　自由结点受力分析

综上所述，本题实际上是找到合适的 A_1，A_2，σ_1 和 σ_2，使式（2.6）在约束式（2.7），式（2.8）和式（2.9）下取得最小值。这个问题也可以利用（$|\sigma_i|\leqslant\sigma_0$，$i=1$，2）消除 σ_1 和 σ_2：

$$-\sigma_0 A_1\leqslant F\cos\alpha\leqslant\sigma_0 A_1$$
$$-\sigma_0 A_2\leqslant F\sin\alpha\leqslant\sigma_0 A_2$$

由于 F，$\cos\alpha$，$\sin\alpha$，A_1，A_2 均为正数，不等式的左边显然总是满足的，也就是说，它们是不起作用约束，可以不予考虑。此外，不等式右边可表示为 $A_1\geqslant\dfrac{F\cos\alpha}{\sigma_0}$，$A_2\geqslant\dfrac{F\sin\alpha}{\sigma_0}$，因此约束条件式（2.7）也为不起作用约束。

由此得到：

$$(\mathbb{SO})_{\mathrm{nf}}^{1}\begin{cases}\min\limits_{A_1,A_2}(A_1+A_2)\\ \text{s. t.}\begin{cases}A_1\geqslant\dfrac{F\cos\alpha}{\sigma_0}\\ A_2\geqslant\dfrac{F\sin\alpha}{\sigma_0}\end{cases}\end{cases}$$

由于 ρL 为常数，不影响 A_1 和 A_2 最优值的求解，因此未在目标函数中体现。

问题 $(\mathbb{SO})_{\mathrm{nf}}^{1}$是两变量的线性规划（Linear Program：LP）问题，极易用图解法求解。如图 2.4 所示。首先，在 A_1-A_2 平面上画出设计域的边界，然后再画表示目标函数 $A_1+A_2=f(A_1,\ A_2)=$常数的直线。显然，在设计域内使函数 $f(A_1,\ A_2)$ 最小的可能值为：

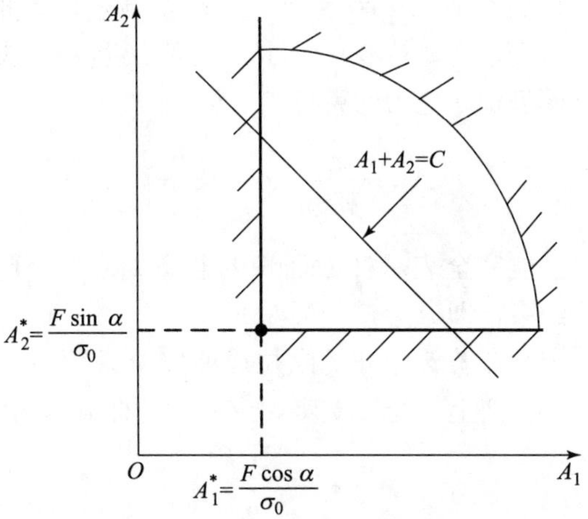

图 2.4　问题（2.2.1）的图解法

$$A_1^*=\frac{F\cos\alpha}{\sigma_0},\quad A_2^*=\frac{F\sin\alpha}{\sigma_0}$$

此时，两杆都受最大的拉应力，若仅从用料最少的角度看，这是一个“好”的结构。

需要注意的是，当 $\alpha=0°$或 $90°$时，其中的一个最优解就“消失”了，此时两杆桁架的拓扑结构就发生了改变，变成了一个单杆系统。

2.2.2　应力和稳定约束两杆桁架质量最小

如图 2.5 所示的直角放置的两杆桁架，杆的长度为 L，杨氏模量为 E，在自由结点处受与水平成 $\alpha=45°$的力 F，$F>0$。本问题是要找到最优的截面尺寸 A_1 及 A_2，使得两杆桁架在应力和欧拉屈曲约束下质量最小。桁架的质量为

$$f(A_1,A_2)=\rho L(A_1+A_2)$$

其中，ρ 是材料的密度。应力约束如前述

$$|\sigma_i|\leqslant\sigma_0,\quad i=1,2 \tag{2.10}$$

其中，$\sigma_0>0$ 为应力上限。两杆所受应力为

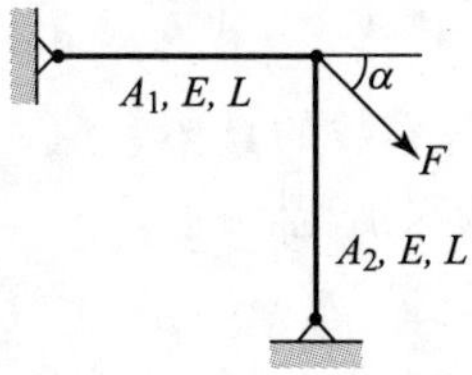

图 2.5　不稳定约束下两杆桁架的优化

$$\sigma_1=\frac{F}{\sqrt{2}A_1},\ \sigma_2=-\frac{F}{\sqrt{2}A_2}$$

因此，在优化模型中，应力约束可表示为

$$A_1\geqslant\frac{F}{\sqrt{2}\sigma_0},\ A_2\geqslant\frac{F}{\sqrt{2}\sigma_0} \tag{2.11}$$

显然，该约束已能完全表示杆截面积的非负要求，因此可以不用再显式地表示杆的截面积约束，即 $A_1\geqslant 0$，$A_2\geqslant 0$。

考虑杆的不稳定性，若希望杆的欧拉屈曲安全系数为 4。由于杆 2 受压，因此屈曲只能出现在杆 2 上。受铰支座约束杆的屈曲载荷为：

$$P_c=\pi^2\frac{EI}{L^2}$$

若杆的横截面为圆形，则

$$I=\frac{A_2^2}{4\pi}$$

因此，屈曲约束条件

$$\frac{P_c}{4}\geqslant\sigma_2A_2=\frac{F}{\sqrt{2}}$$

可化简为

$$A_2^2\geqslant\frac{16FL^2}{\sqrt{2}\pi E} \tag{2.12}$$

因此，该优化问题的数学模型可表示为：

$$(\mathbb{SO})_{\text{nf}}^2\begin{cases}\min\limits_{A_1,A_2}(A_1+A_2)\\ \text{s. t.}\begin{cases}A_1\geqslant\dfrac{F}{\sqrt{2}\sigma_0}\\ A_2\geqslant\dfrac{F}{\sqrt{2}\sigma_0}\\ A_2^2\geqslant\dfrac{16FL^2}{\sqrt{2}\pi E}\end{cases}\end{cases}$$

根据优化模型 $(\mathbb{SO})_{\text{nf}}^2$ 中各系数的具体数值，第二和第三个约束中将有一个是起作用约束。考虑一种特殊情况，即

$$\sigma_0=\frac{E}{100},\ \sqrt{\frac{F}{\sigma_0}}=\frac{L}{4}$$

此时，$(\mathbb{SO})_{\text{nf}}^2$ 中的约束变为：

$$A_1 \geqslant \frac{L^2}{16\sqrt{2}},\ A_2 \geqslant \frac{L^2}{16\sqrt{2}},\ A_2 \geqslant \frac{L^2}{10\sqrt{\sqrt{2}\pi}}。$$

由于 $1.6\sqrt{\sqrt{2}} > \pi \Leftrightarrow \frac{L^2}{10\sqrt{\sqrt{2}\pi}} > \frac{L^2}{16\sqrt{2}}$，可以得出，最优解位于起作用约束的交点，即第一和第三约束的交点，优化值为：

$$A_1^* = \frac{L^2}{16\sqrt{2}} \approx 0.044L^2,\ A_2^* = \frac{L^2}{10\sqrt{\sqrt{2}\pi}} \approx 0.047L^2$$

2.2.3　应力和位移约束两杆桁架质量最小

考虑如图 2.6 所示的两杆桁架，杆的杨氏模量和密度分别为 E 和 ρ，两杆夹角 $\alpha=30°$，在自由结点处所受到的力为 F，$F>0$。本题是在应力约束和自由结点位移 δ 的约束下，找到合适的横截面积 A_1 及 A_2，使桁架的质量最小。图 2.6 所示桁架的质量可表示为

$$f(A_1,\ A_2) = \rho L\left(\frac{2}{\sqrt{3}}A_1 + A_2\right) \tag{2.13}$$

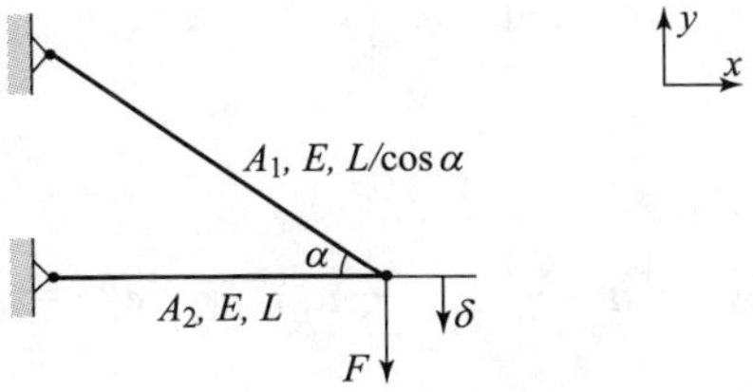

图 2.6　受应力和位移约束的两杆桁架结构

应力约束为

$$|\sigma_i| \leqslant \sigma_0,\ i=1,\ 2 \tag{2.14}$$

其中，σ_0 为给定的最大许用应力。

位移约束为

$$\delta \leqslant \delta_0 \tag{2.15}$$

此时 δ_0 为自由结点许用位移，$\delta_0 = \frac{\sigma_0 L}{E}$。

设计变量约束为

$$A_1 \geqslant 0,\ A_2 \geqslant 0 \tag{2.16}$$

由图 2.7 可得 x 和 y 方向的受力平衡方程为

$$-s_1\cos\alpha - s_2 + F_x = 0,\ s_1\sin\alpha + F_y = 0$$

式中，s_1 和 s_2 分别为杆所受的力，且 $F_x=0$，$F_y=-F$。这两个方程可写成矩

阵形式，即

$$\begin{bmatrix}F_x\\F_y\end{bmatrix}=\begin{bmatrix}\frac{\sqrt{3}}{2} & 1\\-\frac{1}{2} & 0\end{bmatrix}\begin{bmatrix}s_1\\s_2\end{bmatrix} \tag{2.17}$$

用矩阵符号形式表示为 $\boldsymbol{F}=\boldsymbol{B}^{\mathrm{T}}\boldsymbol{s}$，上标 T 表示矩阵的转置（矩阵运算可参考附录 A）。

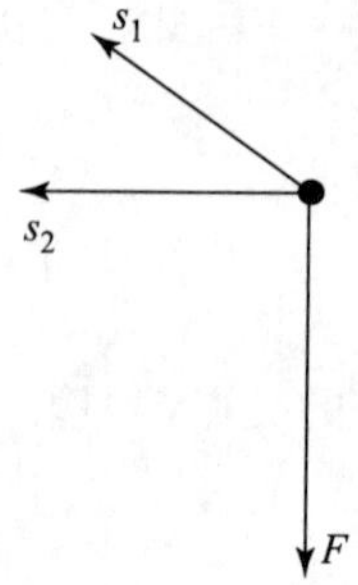

图 2.7 分离点受力分析

在该问题中，杆的数量等于自由度数，因此桁架是静定结构。杆的受力可通过直接求解方程（2.17）得到，即

$$\boldsymbol{s}=\begin{bmatrix}s_1\\s_2\end{bmatrix}=\boldsymbol{B}^{-\mathrm{T}}\boldsymbol{F}=\begin{bmatrix}2F\\-\sqrt{3}F\end{bmatrix} \tag{2.18}$$

为了利用小变形弹性力学的几何方程和本构方程，用杆的横截面积表示位移约束方程（2.15）。根据小变形理论，杆的变形量 δ_1 和 δ_2 可通过自由结点的位移向量 $\boldsymbol{u}=[u_x \quad u_y]^{\mathrm{T}}$ 沿杆方向且指向自由结点的单位向量计算得到：

$$\boldsymbol{e}_1=\begin{bmatrix}\frac{\sqrt{3}}{2}\\-\frac{1}{2}\end{bmatrix},\ \boldsymbol{e}_2=\begin{bmatrix}1\\0\end{bmatrix}$$

因此，杆的变形为：

$$\delta_1=\boldsymbol{e}_1^{\mathrm{T}}\boldsymbol{u}=\frac{\sqrt{3}}{2}u_x-\frac{1}{2}u_y,\ \delta_2=\boldsymbol{e}_2^{\mathrm{T}}\boldsymbol{u}=u_x$$

写为矩阵形式为

$$\begin{bmatrix}\delta_1\\\delta_2\end{bmatrix}=\begin{bmatrix}\frac{\sqrt{3}}{2} & -\frac{1}{2}\\1 & 0\end{bmatrix}\begin{bmatrix}u_x\\u_y\end{bmatrix} \tag{2.19}$$

矩阵形式表示为 $\boldsymbol{\delta}=\boldsymbol{B}\boldsymbol{u}$。

由弹性力学的本构方程，即胡克定律 $\sigma_i=E\varepsilon_i$，其中 $\sigma_i=\frac{s_i}{A_i}$，$\varepsilon_i=\frac{\delta_i}{l_i}$，可以得到杆的变形量和受力之间的方程为：

$$\delta_i=\frac{l_i s_i}{A_i E} \tag{2.20}$$

由式（2.18），并利用 $l_1=2L/\sqrt{3}$和 $l_2=L$，可得

$$\boldsymbol{\delta}=\begin{bmatrix}\delta_1\\\delta_2\end{bmatrix}=\begin{bmatrix}\frac{4FL}{\sqrt{3}A_1E}\\-\frac{\sqrt{3}FL}{A_2E}\end{bmatrix}$$

因此，自由结点的位移可表示为

$$\boldsymbol{u}=\boldsymbol{B}^{-1}\boldsymbol{\delta}=\frac{FL}{E}\begin{bmatrix} -\dfrac{\sqrt{3}}{A_2} \\ -\dfrac{8}{\sqrt{3}A_1}-\dfrac{3}{A_2} \end{bmatrix}$$

自由结点的位移可写成以横截面积为变量的形式，即

$$\delta=-\boldsymbol{e}_y^{\mathrm{T}}\boldsymbol{u}=\frac{FL}{E}\left(\frac{8}{\sqrt{3}A_1}+\frac{3}{A_2}\right)$$

式中，$\boldsymbol{e}_y$ 为 y 方向的单位向量。

式（2.15）可写为

$$\frac{8}{\sqrt{3}A_1}+\frac{3}{A_2}\leqslant\frac{E\delta_0}{FL}=\frac{\sigma_0}{F} \tag{2.21}$$

考虑应力约束，由式（2.18）可知，杆 1 受拉，杆 2 受压，因此仅需考虑 $s_1/A_1\leqslant\sigma_0$ 和 $-s_2/A_2\leqslant\sigma_0$，结合式（2.18）可知

$$A_1\geqslant\frac{2F}{\sigma_0},\ A_2\geqslant\frac{\sqrt{3}F}{\sigma_0} \tag{2.22}$$

由于 $F>0$ 且 $\sigma_0>0$，因此式（2.16）为过约束或不起作用约束。

由上可知，优化模型为：

$$\begin{cases} \min\limits_{A_1,A_2} f(A_1+A_2) \\ \text{s. t.}\begin{cases} \dfrac{8}{\sqrt{3}A_1}+\dfrac{3}{A_2}\leqslant\dfrac{\sigma_0}{F} \\ A_1\geqslant\dfrac{2F}{\sigma_0} \\ A_2\geqslant\dfrac{\sqrt{3}F}{\sigma_0} \end{cases} \end{cases}$$

针对该优化问题，在这里通过变量的转换实现问题的求解，为此令：

$$x_1=\frac{2F}{A_1\sigma_0}>0,\ x_2=\frac{\sqrt{3}F}{A_2\sigma_0}>0$$

新变量的引入使得位移约束式（2.21）变成了线性方程，并使得式（2.22）变为

$$x_1\leqslant1,\ x_2\leqslant1 \tag{2.23}$$

位移约束式（2.21）变为

$$\frac{4}{\sqrt{3}}x_1+\sqrt{3}x_2\leqslant1 \tag{2.24}$$

目标函数可写为

$$f(A_1(x_1),\ A_2(x_2))=\frac{\sqrt{3}\rho LF}{\sigma_0}\left(\frac{4}{3x_1}+\frac{1}{x_2}\right) \tag{2.25}$$

通过位移约束式（2.24），可进行如下估计：

$$1\geqslant\frac{4}{\sqrt{3}}x_1+\sqrt{3}x_2\geqslant\sqrt{3}x_2,\ 1\geqslant\frac{4}{\sqrt{3}}x_1+\sqrt{3}x_2\geqslant\frac{4}{\sqrt{3}}x_1$$

由此可知，约束式（2.23）是不起作用约束。

因此，优化问题可写成如下形式：

$$(\mathbb{SO})_{\mathrm{nf}}^{3}\begin{cases}\min\limits_{x_1,x_2}\ \hat{f}(x_1,\ x_2)=\dfrac{4}{3x_1}+\dfrac{1}{x_2}\\ \text{s. t.}\ \begin{cases}\dfrac{4}{\sqrt{3}}x_1+\sqrt{3}x_2\leqslant 1\\ x_1>0,\ x_2>0\end{cases}\end{cases}$$

该问题的图解求解说明如图 2.8 所示。由图可知约束条件式（2.24）是起作用约束。将式（2.24）写成等式形式，解得 x_2 为：

$$x_2=\frac{1}{\sqrt{3}}-\frac{4}{3}x_1$$

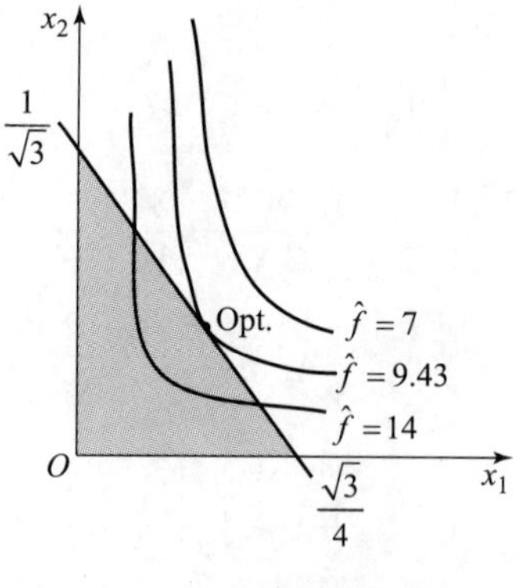

图 2.8 $(\mathbb{SO})_{\mathrm{nf}}^{3}$的几何解释

代入目标函数 $\hat{f}(x_1,\ x_2)$，则目标函数成为 x_1 的函数，可得该函数的驻点。驻点存在的条件是：

$$x_1=\pm\left(\frac{1}{\sqrt{3}}-\frac{4}{3}x_1\right)$$

当取负号时，解得 $x_1=\sqrt{3}$，大于 1，不在可行域内。取加号时，解得最优值为：

$$x_1^*=\frac{\sqrt{3}}{7},\ x_2^*=\frac{\sqrt{3}}{7}$$

则

$$A_1^*=\frac{14F}{\sqrt{3}\sigma_0}，A_2^*=\frac{7F}{\sigma_0}$$

2.2.4　应力约束三杆桁架质量最小

考虑如图 2.9 所示的三杆桁架。各杆材料的弹性模量为 E，长度分别为 $l_1=L$，$l_2=L$，$l_3=L/\beta$，其中 $\beta>0$，本例中 $\beta=1$。载荷 $F>0$。设计变量是杆的横截面积 A_1，A_2 和 A_3。为简化，假设 $A_1=A_3$。

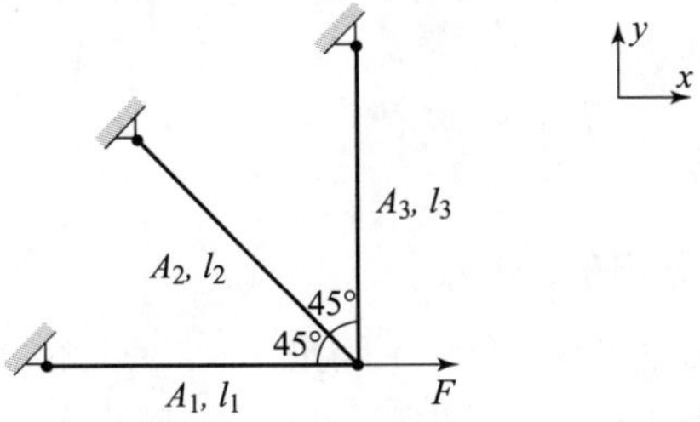

图 2.9　三杆桁架应力约束下，确定杆的横截面积，使桁架的质量最小

目标函数为桁架质量，则

$$f(A_1, A_2)=\rho_1 LA_1+\rho_2 LA_2+\rho_3\frac{L}{\beta}A_3=L\left(\rho_1+\frac{\rho_3}{\beta}\right)A_1+L\rho_2A_2 \tag{2.26}$$

式中，ρ_1，ρ_2 和 ρ_3 分别为各杆的材料密度。设计变量的约束条件为

$$A_1\geqslant 0，A_2\geqslant 0 \tag{2.27}$$

考虑一种设计，若 A_1 或 A_2 等于零，显然，$A_1=A_3=0$ 是不可能的，因为在给定载荷下，桁架无法保持平衡，结构将失效。另一方面，$A_2=0$ 倒是一种可行的设计，这样桁架结构将变为两杆桁架。

状态约束，即杆 i 应力最大值的绝对值不能超过 $\sigma_i^{\max}$，即

$$|\sigma_i|\leqslant\sigma_i^{\max}，i=1，2，3 \tag{2.28}$$

将自由结点分离，如图 2.10 所示，则在 x 和 y 方向的平衡方程

$$-s_1-\frac{s_2}{\sqrt{2}}+F=0，s_3+\frac{s_2}{\sqrt{2}}=0$$

写成矩阵形式

$$\begin{bmatrix}F\\0\end{bmatrix}=\begin{bmatrix}1 & \frac{1}{\sqrt{2}} & 0\\ 0 & -\frac{1}{\sqrt{2}} & -1\end{bmatrix}\begin{bmatrix}s_1\\s_2\\s_3\end{bmatrix}\Leftrightarrow \boldsymbol{F}=\boldsymbol{B}^{\mathrm{T}}\boldsymbol{s} \tag{2.29}$$

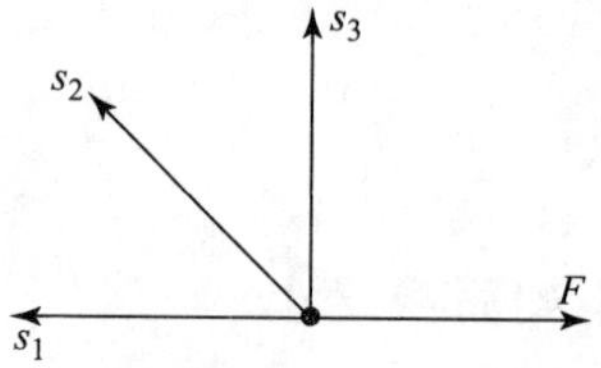

图 2.10　自由结点受力分析图

杆的数目大于自由度数，桁架是静不定结构，因此不能通过平衡方程式（2.29）计算杆的内力，更不用说用于建立约束条件的应力了。此时，需要利用胡克定律和几何条件。

由式（2.20），有 $s_i=\dfrac{EA_i\delta_i}{l_i}$。

三杆平衡方程写成矩阵形式为

$$\boldsymbol{s}=\boldsymbol{D\delta}$$

式中

$$\boldsymbol{D}=\frac{E}{l}\begin{bmatrix}A_1 & 0 & 0\\ 0 & A_2 & 0\\ 0 & 0 & \beta A_1\end{bmatrix}$$

由于 $\boldsymbol{\delta}=\boldsymbol{Bu}$，杆受力为

$$\boldsymbol{s}=\boldsymbol{DBu} \tag{2.30}$$

平衡方程为

$$\boldsymbol{F}=\boldsymbol{B}^{\mathrm{T}}\boldsymbol{s}=\boldsymbol{B}^{\mathrm{T}}\boldsymbol{DBu}=\boldsymbol{Ku} \tag{2.31}$$

式中，$\boldsymbol{K}=\boldsymbol{B}^{\mathrm{T}}\boldsymbol{DB}$ 是结构总体刚度矩阵，为

$$\boldsymbol{K}=\frac{E}{l}\begin{bmatrix}A_1+\dfrac{A_2}{2} & -\dfrac{A_2}{2}\\ \dfrac{A_2}{2} & \dfrac{A_2}{2}+\beta A_1\end{bmatrix}$$

由式（2.31）得自由结点的位移为 $\boldsymbol{u}=\boldsymbol{K}^{-1}\boldsymbol{F}$，即：

$$u_x=\frac{FL}{EA_1}\left(\frac{2\beta A_1+A_2}{2\beta A_1+(1+\beta)A_2}\right) \tag{2.32}$$

$$u_y=\frac{FL}{EA_1}\left(\frac{A_2}{2\beta A_1+(1+\beta)A_2}\right) \tag{2.33}$$

利用式（2.30），应力可写为

$$\boldsymbol{\sigma}=\boldsymbol{As}=\boldsymbol{ADBu}$$

式中

$$\boldsymbol{A}=\begin{bmatrix} \dfrac{1}{A_1} & 0 & 0 \\ 0 & \dfrac{1}{A_2} & 0 \\ 0 & 0 & \dfrac{1}{A_1} \end{bmatrix}$$

计算得：

$$\sigma_1=\frac{F}{2\beta A_1+(1+\beta)A_2}\left(2\beta+\frac{A_2}{A_1}\right) \tag{2.34}$$

$$\sigma_2=\frac{\sqrt{2}F\beta}{2\beta A_1+(1+\beta)A_2} \tag{2.35}$$

$$\sigma_3=-\frac{F\beta\dfrac{A_2}{A_1}}{2\beta A_1+(1+\beta)A_2} \tag{2.36}$$

由于 F，A_1 和 A_2 大于零，因此杆 1 和杆 2 受拉，杆 3 受压，因此仅需考虑 $\sigma_1\leqslant\sigma_1^{\max}$，$\sigma_2\leqslant\sigma_2^{\max}$ 和 $-\sigma_3\leqslant\sigma_3^{\max}$。

令 $\beta=1$，即 $l_3=L$。应力约束 $\sigma_1\leqslant\sigma_1^{\max}$ 改写为：

$$\frac{F(2A_1+A_2)}{2A_1(A_1+A_2)}\leqslant\sigma_1^{\max} \tag{2.37}$$

应力约束 $\sigma_2\leqslant\sigma_2^{\max}$ 改写为

$$\frac{F}{\sqrt{2}(A_1+A_2)}\leqslant\sigma_2^{\max} \tag{2.38}$$

显然，式（2.38）所示的约束仅在杆 2 存在时才存在，即 $A_2>0$。

应力约束 $-\sigma_3\leqslant\sigma_3^{\max}$ 可改写为

$$\frac{FA_2}{2A_1(A_1+A_2)}\leqslant\sigma_3^{\max} \tag{2.39}$$

则问题 2.2.4 的优化模型为，

$$(\mathbb{SO})_{\text{nf}}^{4}\begin{cases}\min\limits_{A_1,A_2}(\rho_1A_1+\rho_2A_2+\rho_3A_1)L \\ \text{s. t.}\begin{cases}\dfrac{F(2A_1+A_2)}{2A_1(A_1+A_2)}-\sigma_1^{\max}\leqslant0 \\ \dfrac{F}{\sqrt{2}(A_1+A_2)}-\sigma_2^{\max}\leqslant0\text{，如果 }A_2>0 \\ \dfrac{FA_2}{2A_1(A_1+A_2)}-\sigma_3^{\max}\leqslant0 \\ A_1\geqslant0\text{，}A_2\geqslant0\end{cases}\end{cases}$$

该优化模型中，目标函数和约束函数都受各杆的材料密度和许用应力的影响，因此，不同的密度和许用应力可能得到不同的优化结果，即有不同的优化解。下面以五种情况进行说明。

(1) 工况 a：$\rho_1=2\rho_0$，$\rho_2=\rho_3=\rho_0$，$\sigma_1^{\max}=\sigma_2^{\max}=\sigma_3^{\max}=\sigma_0$。

首先引入两个量纲为 1 的变量 x_1 和 x_2，即

$$x_1=\frac{A_1\sigma_0}{F},\quad x_2=\frac{A_2\sigma_0}{F} \tag{2.40}$$

重新改写优化模型为

$$(\mathbb{SO})_{\mathrm{nf}}^{4\mathrm{a}}\begin{cases}\min\limits_{x_1,x_2}(3x_1+x_2)\\ \text{s. t.}\quad\begin{cases}\dfrac{2x_1+x_2}{2x_1(x_1+x_2)}-1\leqslant 0\,(\sigma_1)\\ \dfrac{1}{\sqrt{2}(x_1+x_2)}-1\leqslant 0\text{，如果 }A_2>0\,(\sigma_2)\\ \dfrac{x_2}{2x_1(x_1+x_2)}-1\leqslant 0\,(\sigma_3)\\ x_1\geqslant 0\text{，}x_2\geqslant 0\end{cases}\end{cases}$$

式中，为便于简化，目标函数被一个常数 $FL\rho_0/\sigma_0$ 相除。优化问题的图解如图 2.11 所示。注意 σ_2 约束是线性约束。很明显 σ_1 约束是起作用约束，其他

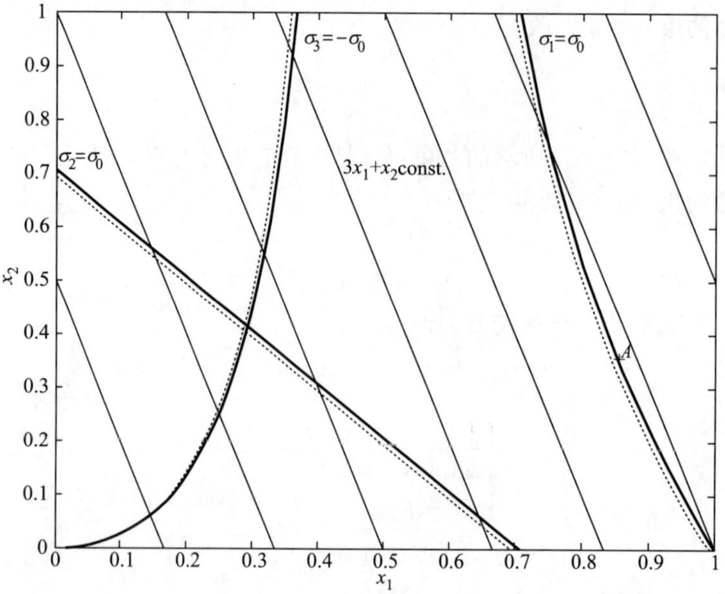

图 2.11　工况 a：伴有点划线的粗实线表示约束。既有粗实线，又有细实线的区域不是设计域。细实线是目标函数等值线。A 点是最优解

的约束都不起作用。将 σ_1 约束改写成，

$$2x_1+x_2-2x_1(x_1+x_2)=0$$

则

$$x_2=\frac{2x_1(x_1-1)}{1-2x_1} \tag{2.41}$$

代入目标函数，则问题改为求一元函数 $3x_1+\dfrac{2x_1(x_1-1)}{1-2x_1}$，$x_1>0$ 的极小值。

由一元函数求导，得

$$8x_1^2-8x_1+1=0$$

解得

$$x_1^*=\frac{1}{2}\pm\frac{\sqrt{2}}{4}$$

式中，负号是无意义的，因此此时代入后得到负的 x_2^*。取正号，则

$$x_2^*=\frac{\sqrt{2}}{4}$$

再将优化值代入式（2.41），则截面积设计变量 A_1，A_2 的优化解为

$$A_1^*=\frac{F}{2\sigma_0}\left(1+\frac{1}{\sqrt{2}}\right),\ A_2^*=\frac{F}{2\sqrt{2}\sigma_0}$$

相应的优化目标，即桁架质量为

$$(3A_1^*+A_2^*)\rho_0L=\frac{FL\rho_0}{\sigma_0}\left(\frac{3}{2}+\sqrt{2}\right)$$

（2）工况 b：$\rho_1=\rho_2=\rho_3=\rho_0$，$\sigma_1^{\max}=\sigma_3^{\max}=2\sigma_0$，$\sigma_2^{\max}=\sigma_0$。

采用与工况 a 相同的量纲为 1 的变量，则优化问题改写为

$$(\mathbb{SO})_{\mathrm{nf}}^{4\mathrm{b}}\begin{cases}\min\limits_{x_1,x_2}(2x_1+x_2)\\ \text{s. t.}\begin{cases}\dfrac{2x_1+x_2}{4x_1(x_1+x_2)}-1\leqslant 0\ (\sigma_1)\\ \dfrac{1}{\sqrt{2}(x_1+x_2)}-1\leqslant 0，\text{如果 } x_2>0\ (\sigma_2)\\ \dfrac{x_2}{4x_1(x_1+x_2)}-1\leqslant 0\ (\sigma_3)\\ x_1\geqslant 0，x_2\geqslant 0\end{cases}\end{cases}$$

该优化问题的图解法如图 2.12 所示。显然，优化解在 σ_1 约束和 σ_2 约束的交点 A 取得。必须知道，约束 σ_2 仅在 $x_2>0$ 才是有效的。若不考虑 σ_2 约束，则优化解在 σ_1 约束曲线上的 B 点取得。这个点是假设 $x_2=0$，且 σ_1 约束

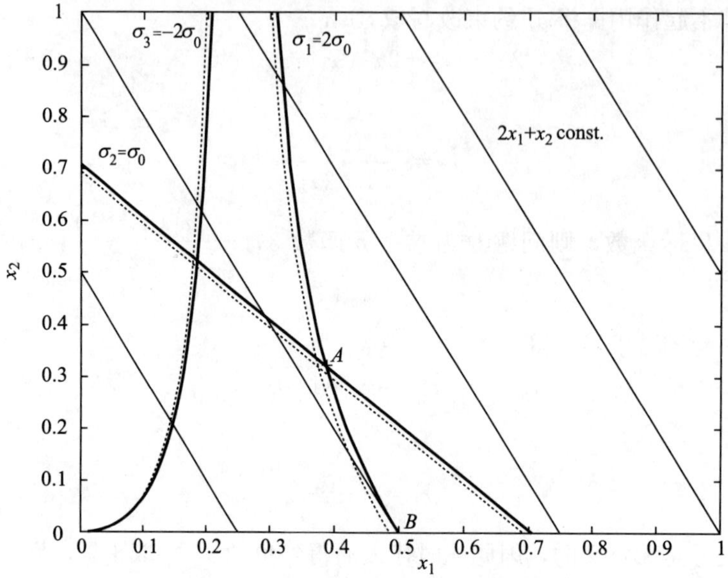

图 2.12 工况 b：B 点是最优解

起作用时取得的，即

$$2x_1-4x_1^2=0$$

解得 $x_1^*=1/2$，$x_1^*=0$ 不是可行设计，因此不考虑。原始优化变量的优化解为

$$A_1^*=\frac{F}{2\sigma_0},\ A_2^*=0$$

最优的质量为

$$\frac{FL\rho_0}{\sigma_0}$$

(3) 工况 c：$\rho_1=(2\sqrt{2}-1)\rho_0$，$\rho_2=\rho_3=\rho_0$，$\sigma_1^{\max}=\sigma_3^{\max}=2\sigma_0$，$\sigma_2^{\max}=\sigma_0$。

相比工况 b，工况 c 提高了杆 1 的密度，则改变了目标函数，此时约束函数不变：

$$(\mathbb{SO})_{\text{nf}}^{4c}\begin{cases}\min\limits_{x_1,x_2} 2\sqrt{2}x_1+x_2\\ \text{s. t.}\begin{cases}\dfrac{2x_1+x_2}{4x_1(x_1+x_2)}-1\leqslant 0\ (\sigma_1)\\ \dfrac{1}{\sqrt{2}(x_1+x_2)}-1\leqslant 0,\ \text{如果 } A_2>0\ (\sigma_2)\\ \dfrac{x_2}{4x_1(x_1+x_2)}-1\leqslant 0\ (\sigma_3)\\ x_1\geqslant 0,\ x_2\geqslant 0\end{cases}\end{cases}$$

该优化问题的图解表示如图 2.13 所示。从图 2.13 中，很难确定优化解是在 σ_1 和 σ_2 约束同时起作用的交点 A，还是杆 2 不存在的 B 点。A 点可以通过计算 σ_1 和 σ_2 约束满足等式条件（即同时起作用）时的值确定，为

$$x_1^* = \frac{4+\sqrt{2}}{14},\ x_2^* = \frac{6\sqrt{2}-4}{14}$$

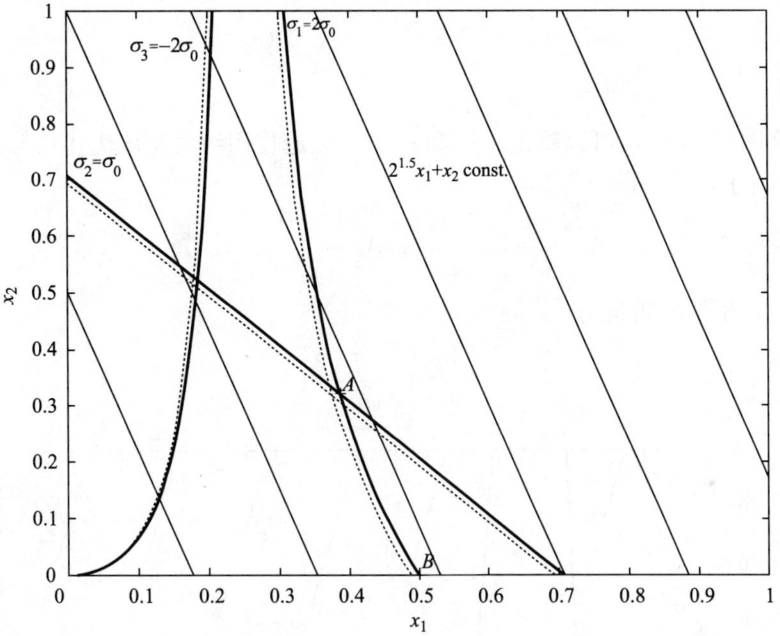

图 2.13　工况 c：A 点和 B 点是最优解

在 B 点，$x_1^{**} = \frac{1}{2}$，$x_2^{**} = 0$。可以证明在这两点的目标函数具有相同数值。分别代入原始变量，则解为

$$A_1^* = \frac{F}{\sigma_0}\left(\frac{4+\sqrt{2}}{14}\right),\ A_2^* = \frac{F}{\sigma_0}\left(\frac{6\sqrt{2}-4}{14}\right)$$

$$A_1^{**} = \frac{F}{2\sigma_0},\ A_2^{**} = 0$$

优化后的质量为

$$\sqrt{2}\frac{FL\rho_0}{\sigma_0}$$

(4) 工况 d：$\rho_1 = 3\rho_0$，$\rho_2 = \rho_3 = \rho_0$，$\sigma_1^{max} = \sigma_3^{max} = 2\sigma_0$，$\sigma_2^{max} = \sigma_0$。

和工况 c 一样，杆 1 的密度也得到了提高。优化问题为：

$$(\mathbb{SO})_{\mathrm{nf}}^{4\mathrm{d}}\begin{cases}\min\limits_{x_1,x_2} 4x_1+x_2\\ \text{s. t.}\begin{cases}\dfrac{2x_1+x_2}{4x_1(x_1+x_2)}-1\leqslant 0\ (\sigma_1)\\ \dfrac{1}{\sqrt{2}(x_1+x_2)}-1\leqslant 0\text{，如果 } A_2>0\ (\sigma_2)\\ \dfrac{x_2}{4x_1(x_1+x_2)}-1\leqslant 0\ (\sigma_3)\\ x_1\geqslant 0\text{，}x_2\geqslant 0\end{cases}\end{cases}$$

在图 2.14 中，可以看出，σ_1 和 σ_2 约束是起作用约束，该优化点已在工况 c 中进行了计算，即

$$A_1^*=\frac{F}{\sigma_0}\left(\frac{4+\sqrt{2}}{14}\right)\text{，}A_2^*=\frac{F}{\sigma_0}\left(\frac{6\sqrt{2}-4}{14}\right)$$

优化后，桁架的质量为

$$\frac{FL\rho_0}{\sigma_0}\left(\frac{6+5\sqrt{2}}{7}\right)$$

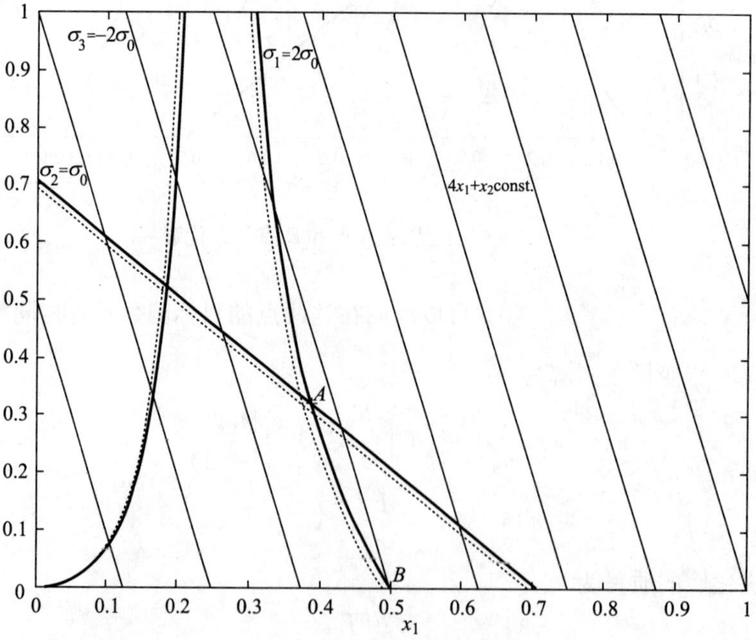

图 2.14　工况 d：A 点是最优解

(5) 工况 e：$\rho_1=\rho_3=\rho_0$，$\rho_2=2\rho_0$，$\sigma_1^{\max}=\sigma_3^{\max}=2\sigma_0$，$\sigma_2^{\max}=\sigma_0$。

该工况中将工况 b 中杆 2 的密度提高了 1 倍，则优化问题为

$$
(\mathbb{SO})_{\mathrm{nf}}^{4\mathrm{e}}\begin{cases}\min\limits_{x_1,x_2} x_1+x_2\\ \text{s. t.}\begin{cases}\dfrac{2x_1+x_2}{4x_1(x_1+x_2)}-1\leqslant 0\ (\sigma_1)\\ \dfrac{1}{\sqrt{2}(x_1+x_2)}-1\leqslant 0,\ \text{如果}\ A_2>0\ (\sigma_2)\\ \dfrac{x_2}{4x_1(x_1+x_2)}-1\leqslant 0\ (\sigma_3)\\ x_1\geqslant 0,\ x_2\geqslant 0\end{cases}\end{cases}
$$

参见图 2.15，可知，B 点为优化解，此时杆 2 是不存在的：

$$
A_1^*=\frac{F}{2\sigma_0},\ A_2^*=0
$$

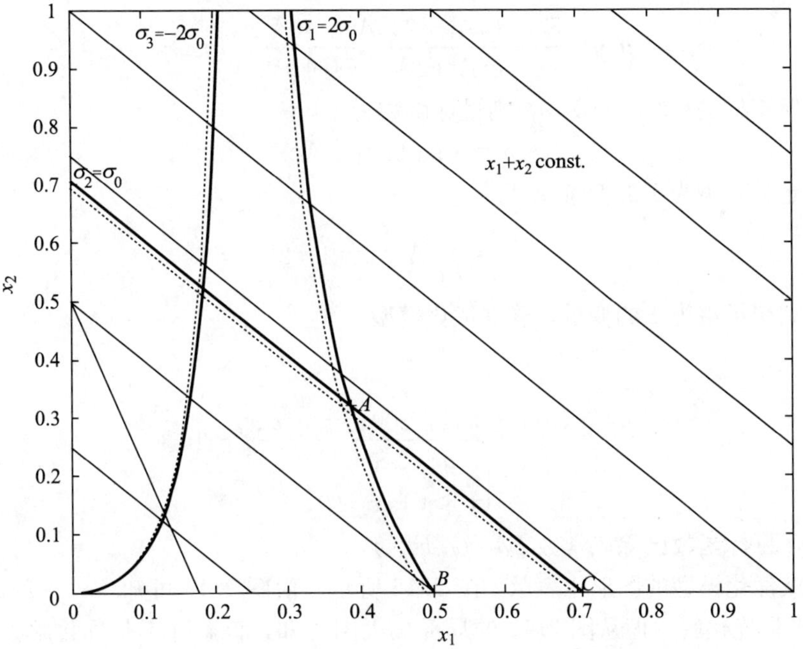

图 2.15　工况 e：B 点是最优解

优化后，桁架的质量为

$$
\frac{FL\rho_0}{\sigma_0}
$$

该工况具有和工况 b 同样的解，原因是虽然杆 2 的密度提高了一倍，然而优化后，杆 2 是不存在的。

假设杆 2 的截面积 A_2 不允许取太小的值，即 $A_2\geqslant 0.1F/\sigma_0$ 或 $x_2\geqslant 0.1$。

由于 σ_2 约束和目标函数的等值线平行，此时可以认为存在无数解，即在 σ_2 约束的边界线上 A 点和 C 点之间的所有点都满足 $x_2 \geqslant 0.1$。此时，C 点的值为 $x_1 = 1/\sqrt{2}$，$x_2 = 0$。

2.2.5 刚度约束三杆桁架质量最小

本节将以刚度为约束条件，优化 2.2.4 中的三杆桁架，使得结构质量最小。位移向量的 2 范数小于给定的 $\delta_0 > 0$，即 $\boldsymbol{u}^{\mathrm{T}}\boldsymbol{u} \leqslant \delta_0^2$。比例系数 $\beta = 0.1$，即杆 3 的长度是杆 1 和杆 2 长度的 10 倍。自由结点的位移如式（2.32）和式（2.33）所示。将 $\beta = 0.1$ 代入这些表达式后得：

$$\boldsymbol{u} = \frac{FL}{EA_1(2A_1 + 11A_2)}\begin{pmatrix} 2A_1 + 10A_2 \\ 10A_2 \end{pmatrix}$$

因此，刚度约束可记为：

$$\boldsymbol{u}^{\mathrm{T}}\boldsymbol{u} = \frac{F^2L^2(4A_1^2 + 200A_2^2 + 40A_1A_2)}{E^2A_1^2(2A_1 + 11A_2)^2} \leqslant \delta_0^2$$

所有杆的材料密度为 ρ，则目标函数为

$$W = \rho_0 L(11A_1 + A_2)$$

定义量纲为 1 的变量 x_i 为

$$x_i = \frac{E\delta_0}{FL}A_i, \quad i = 1, 2$$

利用量纲为 1 的变量，建立优化模型：

$$(\mathbb{SO})_{\mathrm{nf}}^{5}\begin{cases} \min\limits_{x_1, x_2} 11x_1 + x_2 \\ \text{s. t.} \begin{cases} \dfrac{4x_1^2 + 200x_2^2 + 40x_1x_2}{x_1^2(2x_1 + 11x_2)^2} - 1 \leqslant 0 \\ x_1 > 0, \ x_2 \geqslant 0 \end{cases} \end{cases}$$

式中，目标函数已除以常数 $E\delta_0/(\rho_0 FL^2)$。

该优化模型的图形化表示如图 2.16 所示。由图 2.16 可知，$x_1 = 1$，$x_2 = 0$ 似乎是优化解。但从图 2.17 的局部放大图可知，该解并不是优化解。该解也可通过将起作用约束—刚度约束方程改写成 x_1 的函数，代入目标函数，计算关于 x_1 的一个强非线性一维目标函数。该问题的解是 $x_1^* = 0.995$，$x_2^* = 0.0169$。利用式（2.40），就可得到各杆的最佳横截面积。对于如 $(\mathbb{SO})_{\mathrm{nf}}^{5}$ 式所示的二维优化问题，一种更为简单的求解方法是将图形绘制更加精细，然后在图形上读出问题的优化解。

由于杆 2 的截面积很小，如果我们将杆 2 拿掉，然后再建立优化模型，最终桁架的质量是多少呢？若杆 2 不存在，则桁架的刚度约束为

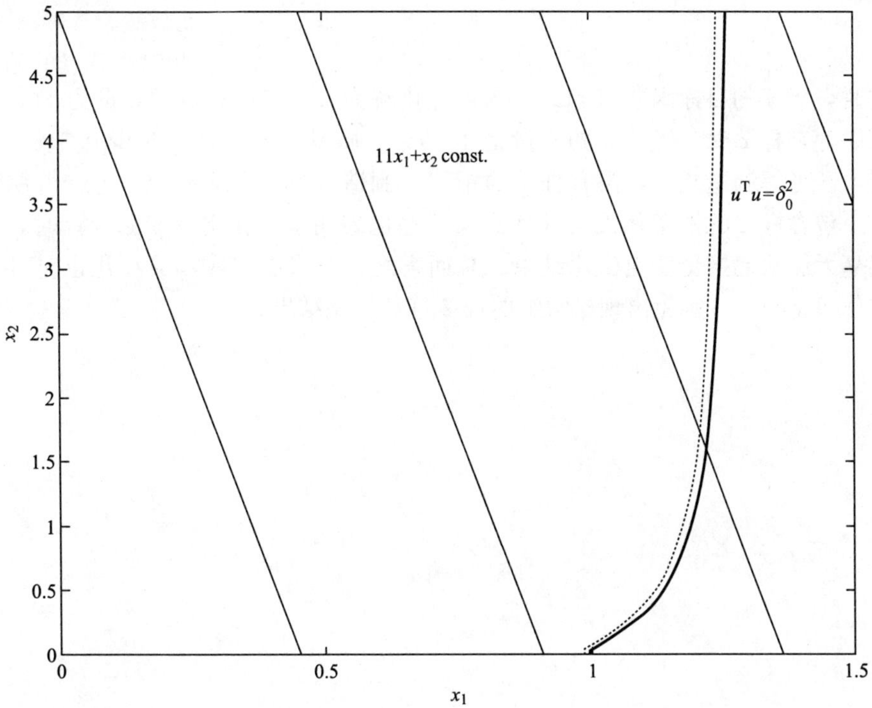

图 2.16　$(\mathbb{SO})_{\mathrm{nf}}^5$问题的图解法

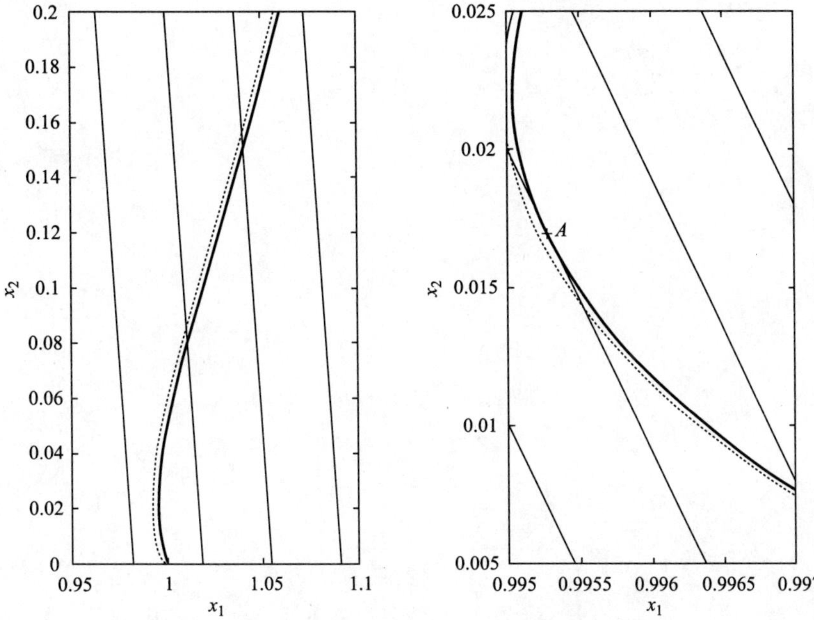

图 2.17　点 A 是 $(\mathbb{SO})_{\mathrm{nf}}^5$的解

$$\frac{1}{x_1^2}-1\leqslant 0$$

此时，桁架的目标函数为 $11x_1$。求得优化解为 $x^*=1$，相应的质量为 11。桁架中存在杆 2 时，优化后的质量是 10.965，质量仅比无杆 2 时少 0.3%。但是，若考虑制造成本，没有杆 2 的桁架的制造成本将显著降低，意味着制造一个包含杆 2 的桁架将没有任何意义。这也表明了，在实际产品设计时，不能毫无保留地接受任何优化结果。总而言之，若将制造成本最小化也包含在优化模型中，应避免出现非常细的杆 2 这种优化结果。

第 3 章　凸规划基本理论

由前面章节可知，优化问题求解的关键是识别约束的性质，即起作用约束和不起作用约束。对于两个设计变量而言，求解很方便。而实际问题涉及的设计变量数量很多，甚至多达 100 000 或更多，此时就需要更为系统的求解方法。本章和后续章节将从数学规划的角度对适合大型优化问题的求解方法进行研究。作为基础，本章首先复习数学规划的一些基本结论，特别是凸规划理论。然而，实际优化问题都是非凸的，但并不影响凸规划对结构优化研究的意义。实际上，凸规划在非凸优化问题的求解中扮演着重要角色。

3.1　优化设计问题的极值

优化问题是求 n 个设计变量在满足约束条件下使目标函数达到极小值，即

$$\begin{cases} \min f(\boldsymbol{x})=f(\boldsymbol{x}^*) \\ \text{s.t.} \begin{cases} g_j(\boldsymbol{x}^*)\leqslant 0,\ j=1,\ 2,\ \cdots,\ l \\ h_k(\boldsymbol{x}^*)=0,\ k=1,\ 2,\ \cdots,\ m \text{ 且 } m<n \end{cases} \\ \boldsymbol{x}^*\in\boldsymbol{x}\in R^n \end{cases} \tag{3.1}$$

称 $\boldsymbol{x}^*$ 为极值点，$f(\boldsymbol{x}^*)$ 为极值。极值点 $\boldsymbol{x}^*$ 和极值 $f(\boldsymbol{x}^*)$ 构成了一个约束最优解。

如果一组设计变量 x_1，x_2，…，x_n 仅使目标函数取极小值，而不受任何约束条件的限制，即

$$\min f(\boldsymbol{x})=f(\boldsymbol{x}^*),\ \boldsymbol{x}^*\in\boldsymbol{x}\in R^n \tag{3.2}$$

则称 $\boldsymbol{x}^*$ 和 $f(\boldsymbol{x}^*)$ 为无约束最优解。

值得注意的是，对于一般约束优化问题，约束极值一般都应处于一个或几个起作用约束的集合上，因此有时又称它为边界极值；显然，起作用约束边界的变动，将改变极值点的位置或极值的结果。当设计模型没有一个约束起作用时，这就需要重新审查所建立的约束条件是否合理和全面。

3.2　局部极值和全局极值

考虑一个不等式约束极小化问题，其中设计变量具有上、下边界，称为

框式约束（box constraints），且可分别考虑：

$$(\mathbb{P})\begin{cases}\min\limits_{\boldsymbol{x}} g_0(\boldsymbol{x})\\ \text{s. t. } g_i(\boldsymbol{x})\leqslant 0,\ i=1,\ 2,\ \cdots,\ l\\ \boldsymbol{x}\in\chi\end{cases}$$

式中，g_i：$R^n\to R(i=1,\ 2,\ \cdots,\ l)$，假设为连续可导函数，且

$$\chi=\{\boldsymbol{x}\in R^n;\ x_j^{\min}\leqslant x_j\leqslant x_j^{\max},\ j=1,\ 2,\ \cdots,\ n\}$$

设计变量 x_j 的下边界 $x_j^{\min}$ 和上边界 $x_j^{\max}$（$x_j^{\max}>x_j^{\min}$）不要求有界，即允许 $x_j^{\min}=-\infty$，$x_j^{\max}=+\infty$，$j=1,\ 2,\ \cdots,\ n$。实际上，若所有设计变量的上、下边界都是无限的，则意味着框式约束不起作用。

满足所有约束 $g_i(\boldsymbol{x})\leqslant 0$，$i=1,\ 2,\ \cdots,\ l$ 且 $\boldsymbol{x}\in\chi$ 的点称为（$\mathbb{P}$）的可行点，可行点的集合称为可行集。因此，问题（$\mathbb{P}$）可以概括为：找到一个可行点 $\boldsymbol{x}^*$，满足 $g_i(\boldsymbol{x}^*)\leqslant g_i(\bar{\boldsymbol{x}})$，$\bar{\boldsymbol{x}}$ 为（$\mathbb{P}$）所有可行点。这样的可行点 $\boldsymbol{x}^*$ 称为 g_0 的全局极小点。

实际上，优化问题可能既不存在可行点，也不存在优化解。考虑如下优化问题：

$$\begin{cases}\min\limits_{x_1,x_2}\delta(x_1,\ x_2)=\dfrac{1}{x_1^3}+\dfrac{1}{x_2^3}\\ \text{s. t. } x_1>0,\ x_2>0\end{cases}\tag{3.3}$$

对每一个可行点$(\bar{x}_1,\ \bar{x}_2)$，总能找到另一个可行点$(\bar{\bar{x}}_1,\ \bar{\bar{x}}_2)$，$\bar{\bar{x}}_1>\bar{x}_1$，$\bar{\bar{x}}_2>\bar{x}_2$，使得 $\delta(\bar{\bar{x}}_1,\ \bar{\bar{x}}_2)<\delta(\bar{x}_1,\ \bar{x}_2)$，因此不存在极小点。然而，若在某种约束条件下，如质量约束，且设计变量 x_1 和 x_2 必须大于某一最小值 $x_1^{\min}$，$x_2^{\min}$，则得到新的优化模型为：

$$\begin{cases}\min\limits_{x_1,x_2}\delta(x_1,\ x_2)=\dfrac{1}{x_1^3}+\dfrac{1}{x_2^3}\\ \text{s. t. }\begin{cases}C(x_1+x_2)\leqslant W\\ x_1\geqslant x_1^{\min}>0,\ x_2\geqslant x_2^{\min}>0\end{cases}\end{cases}\tag{3.4}$$

此时，如果 $x_1^{\min}+x_2^{\min}>W/C$，则不存在可行点，显然也不存在优化解。

一般地，确定优化模型的全局极小值是非常麻烦的。能否仅找局部极小呢？目标函数 g_0 在点 $\boldsymbol{x}^*$ 的邻域内任意一点的值大于或等于 $g_0(\boldsymbol{x}^*)$，则称 $\boldsymbol{x}^*$ 为局部极小点。显然，全局极小也是局部极小。对于一个无约束优化问题，局部（或全局）极值一般在驻点，即目标函数 g_0 梯度为零的点取得：

$$\nabla g_0(\boldsymbol{x}^*)=\begin{bmatrix}\dfrac{\partial g_0(\boldsymbol{x}^*)}{\partial x_1}\\ \vdots\\ \dfrac{\partial g_0(\boldsymbol{x}^*)}{\partial x_n}\end{bmatrix}=\mathbf{0}$$

然而，驻点不一定是局部极小点，也可能局部最大点。对于约束优化问题，局部极小点不一定在驻点上，因为它们可能在可行域的边界上。为了更好地理解驻点、局部极小和全局极小的不同，考虑函数 g_0：$[x_1, x_6] \to R$，如图 3.1 所示。x_2，$[x_3, x_4]$和 x_5 是驻点；x_1，(x_3, x_4)和 x_5 是局部极小点；$[x_3, x_4]$和 x_6 是局部最大点。x_2 既不是局部最小点也不是局部最大点；x_1 是全局最小点；x_6 是全局最大点。

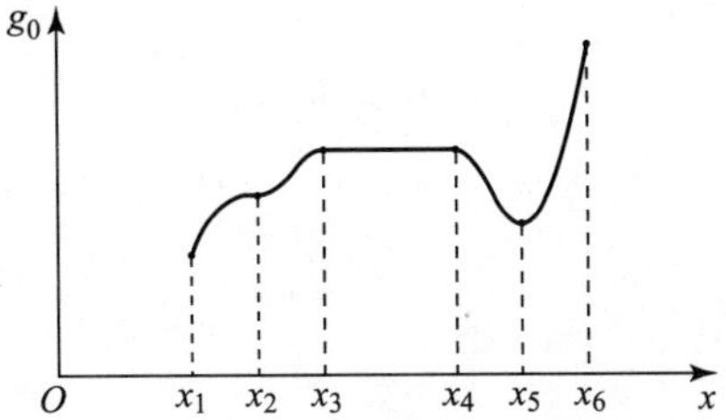

图 3.1　具有多个局部极值的函数

一般地，局部极小和全局极小没有必然联系，但对于凸问题而言，它们之间存在着必然的关系。

3.3　函数的凸性

优化设计一般总期望能获得函数的全局极值，但在什么情况下可以获得全局极值，这与函数的凸性有密切关系。众所周知，对于一维函数来说，若 $f(x)$ 在 $a \leqslant x \leqslant b$ 区间内是下凸的且为单峰，则它在 $[a, b]$ 区间内必有唯一的极小点。因而，我们称这种函数为具有凸性的函数。

为考虑多元函数的凸性，并对凸函数进行定义，首先建立凸集的概念。设 D 为 n 维欧式空间中设计点的一个集合，$D \subset R^n$，取任意两点 $\boldsymbol{x}^{(1)}$ 和 $\boldsymbol{x}^{(2)}$，若它们连线上的所有点都属于集合 D，则称 D 为 n 维欧式空间中的一个凸集，即

$$\lambda \boldsymbol{x}_1 + (1-\lambda)\boldsymbol{x}_2 \in D,\ \lambda \in (0,\ 1) \tag{3.5}$$

二维函数的情况如图 3.2 所示，其中图（a）为凸集，图（b）则是非凸集。

凸函数的定义如下：设 $f(\boldsymbol{x})$ 为定义在 n 维欧式空间中凸集 D 上的函数，若对任何实数 $\zeta(0 \leqslant \zeta \leqslant 1)$ 及 D 域中任意两点 $\boldsymbol{x}^{(1)}$ 和 $\boldsymbol{x}^{(2)}$，$\boldsymbol{x}^{(1)} \neq \boldsymbol{x}^{(2)}$，存在如下不等式

$$f[\alpha \boldsymbol{x}^{(1)} + (1-\alpha)\boldsymbol{x}^{(2)}] \leqslant \alpha f(\boldsymbol{x}^{(1)}) + (1-\alpha) f(\boldsymbol{x}^{(2)}), \tag{3.6}$$

则称函数 $f(\boldsymbol{x})$ 是定义在凸集 D 上的一个凸函数。这一概念可以用图 3.3 所

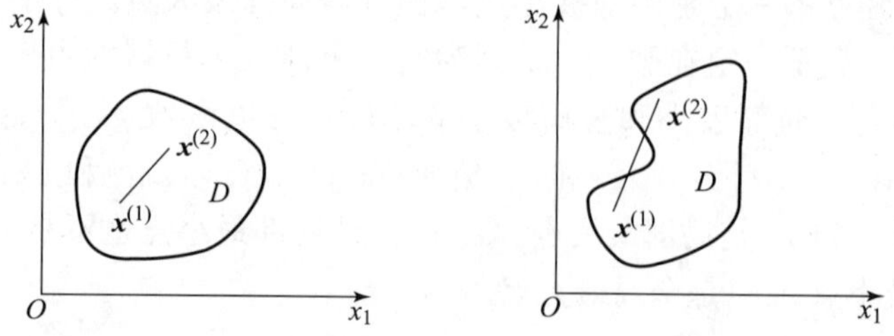

(a)　　　　(b)

图 3.2　凸集的概念

(a) 凸集；(b) 非凸集

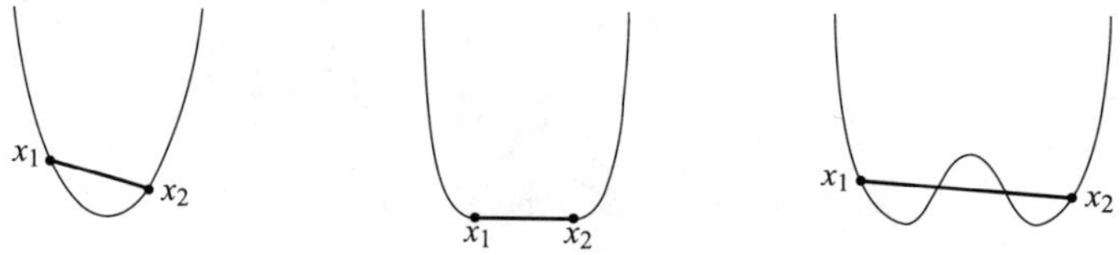

图 3.3　严格凸（左）、凸（中）和非凸函数（右）

示的一维函数来说明。在凸集（轴）上取 $x^{(1)}$ 和 $x^{(2)}$ 两点，连接该函数曲线上的两个相应点成直线，若在 $x^{(1)}$ 和 $x^{(2)}$ 之间的 $f(x)$ 为凸函数，则其连线上任一点的 $x^{(k)}$ 值 $\alpha f(x^{(1)})+(1-\alpha)f(x^{(2)})$ 恒大于该点的函数值 $f[\alpha x^{(1)}+(1-\alpha)x^{(2)}]$。

若将式（3.6）中的符号“$\leqslant$”改为“$<$”，此时的 $f(x)$ 称为严格凸函数。

引理 3.1　(i) 如果函数 g_i：$\mathbb{R}^n\to\mathbb{R}$，$i=1, 2, \cdots, l$ 是凸函数，则集合 $S=\{\boldsymbol{x}\in\chi: g_i(\boldsymbol{x})\leqslant 0, i=1, 2, \cdots, l\}$ 是凸集。

(ii) 假设 S 是凸集，如果 f：$S\to\mathbb{R}$，g：$S\to\mathbb{R}$是凸函数，h：$S\to\mathbb{R}$是严格凸函数，则 $\alpha f(\alpha\geqslant 0)$ 是凸函数，$f+g$ 是凸函数，$f+h$ 是严格凸函数。

如果（$\mathbb{P}$）中的目标函数是凸函数，可行集是凸集，则（$\mathbb{P}$）为凸规划问题。上述定理表明如果（$\mathbb{P}$）中目标函数和所有约束函数 g_i，$i=1, 2, \cdots, l$ 都为凸函数，则（$\mathbb{P}$）为凸规划。

前面所述，对于凸规划问题，局部极小也是全局极小。然而，式（3.3）和式（3.4）所述的凸规划并没有解。当可行集是紧集（Compact Set），即集合是封闭边界时，总是存在解。如果目标函数严格凸，且可行域是凸集，则最多存在一个解。此外，若此时可行集是紧集，则存在唯一解。例如，在封闭但没边界的凸集 $x\geqslant 1$ 上，如果严格凸函数 $1/x$ 取极小，此时无解。若该函数的可行域为紧集 [1, 2]，则该函数在 $x^*=2$ 处存在极小。注意到，此时可行域的凸性起到了非常关键的作用。再如，严格凸函数 $x_1^2+x_2^2$ 在非凸的紧集

$1 \leqslant x_1^2 + x_2^2 \leqslant 2$ 上取极小，此时存在无限个全局极小，即所有的点(x_1^*，x_2^*)满足 $(x_1^*)^2 + (x_2^*)^2 = 1$。

为了确定一个连续可导函数的凸性，我们需要研究函数的梯度。

定理 3.1　若函数 f：$S \to \mathbb{R}$，其中 S 是凸集，f 连续可导，那么 f 是（严格）凸函数的充分必要条件是：函数的梯度 ∇f（严格）单调。

这里，函数 g：$S \to \mathbb{R}^n$ 在 S 上是单调的条件是：任取两点 $\boldsymbol{x}_1$，$\boldsymbol{x}_2 \in S$ 且 $\boldsymbol{x}_1 \neq \boldsymbol{x}_2$，若满足

$$(\boldsymbol{x}_2 - \boldsymbol{x}_1)^{\mathrm{T}}(g(\boldsymbol{x}_2) - g(\boldsymbol{x}_1)) \geqslant 0 \tag{3.7}$$

则称函数 g 在 S 上是单调的。若上式中不等式符号为“$>$”，则称函数 g 在 S 上是严格单调的。

这个概念是单变量单调递增函数的推广：如果 $x_2 > x_1$，g 是单调递增函数，则 $g(x_2) > g(x_1)$。

例 3.1　函数 f：$\mathbb{R} \to \mathbb{R}$，$f(x) = x^4$ 是在 $\mathbb{R}$ 上的严格凸函数。因为 $\nabla f(x) = 4x^3$ 在 $\mathbb{R}$ 上是严格单调的：

$$\begin{aligned}(x_2 - x_1)(x_2^3 - x_1^3) &= (x_2 - x_1)^2(x_1^2 + x_1 x_2 + x_2^2)\\ &= (x_2 - x_1)^2\left[\left(x_1 + \frac{1}{2}x_2\right)^2 + \frac{3}{4}x_2^2\right] > 0，\ x_1 \neq x_2\end{aligned}$$

对于二次可导函数，凸性判断的最有效方法是检验函数的海塞矩阵。

定理 3.2　若 f：$S \to \mathbb{R}$，其中 S 是凸集，f 两次连续可导，那么

(i) f 是凸函数的充分必要条件是：函数的海塞矩阵 $\nabla^2 f$ 半正定；

(ii) f 是严格凸函数的充分必要条件是：函数的海塞矩阵 $\nabla^2 f$ 正定。

这里，海塞矩阵定义为

$$\nabla^2 f(\boldsymbol{x}) = \begin{bmatrix} \dfrac{\partial^2 f(\boldsymbol{x})}{\partial x_1^2} & \dfrac{\partial^2 f(\boldsymbol{x})}{\partial x_1 \partial x_2} & \cdots & \dfrac{\partial^2 f(\boldsymbol{x})}{\partial x_1 \partial x_n} \\ \dfrac{\partial^2 f(\boldsymbol{x})}{\partial x_2 \partial x_1} & \dfrac{\partial^2 f(\boldsymbol{x})}{\partial x_2^2} & \cdots & \dfrac{\partial^2 f(\boldsymbol{x})}{\partial x_2 \partial x_n} \\ \vdots & \vdots & \ddots & \vdots \\ \dfrac{\partial^2 f(\boldsymbol{x})}{\partial x_n \partial x_1} & \dfrac{\partial^2 f(\boldsymbol{x})}{\partial x_n \partial x_2} & \cdots & \dfrac{\partial^2 f(\boldsymbol{x})}{\partial x_n^2} \end{bmatrix}$$

矩阵 $\boldsymbol{A} \in \mathbb{R}^{n \times n}$ 是半正定的条件是 $\boldsymbol{y}^{\mathrm{T}}\boldsymbol{A}\boldsymbol{y} \geqslant 0$，$\boldsymbol{y} \in \mathbb{R}^n$，如果 $\boldsymbol{y}^{\mathrm{T}}\boldsymbol{A}\boldsymbol{y} > 0$，$\boldsymbol{y} \in \mathbb{R}^n$，$\boldsymbol{y} \neq \boldsymbol{0}$，则 $\boldsymbol{A}$ 为正定阵。对称矩阵的正定性可以利用 Sylvester 准则进行检验：

定理 3.3　对称矩阵 $\boldsymbol{A} \in \mathbb{R}^{n \times n}$ 正定的充分必要条件是：对于任一常数 $k = 1, \cdots, n$，当且仅当左上角 $k \times k$ 子矩阵的特征主子式为正。

同理，当且仅当对称矩阵 $\boldsymbol{A}$ 可以进行 Cholesky 分解，即 $\boldsymbol{A} = \boldsymbol{L}\boldsymbol{L}^{\mathrm{T}}$，$\boldsymbol{L}$ 为

非奇异下三角矩阵，则矩阵 $\boldsymbol{A}$ 正定。

例 3.2 考虑函数 f：$\mathbb{R}^2\to\mathbb{R}$，$f(x_1, x_2)=x_1^2+x_2^2$，则

$$\nabla f(x_1, x_2)=\begin{bmatrix}2x_1\\2x_2\end{bmatrix}, \nabla^2 f(x_1, x_2)=\begin{bmatrix}2 & 0\\0 & 2\end{bmatrix}$$

由于 $2>0$，$2\times2-0\times0>0$，由 Sylvester 准则，可知海塞矩阵是正定阵。由定理 3.2（ii）可知，函数 f 在 $\mathbb{R}^2$ 上是严格凸函数。

例 3.3 函数 f：$\mathbb{R}\to\mathbb{R}$，$f(x)=x^4$，海塞矩阵 $\nabla^2 f(\boldsymbol{x})=12x^2>0$，$x\neq 0$。由定理 3.2（i），$f$ 至少是凸函数。在原点，海塞矩阵为零，因此不是正定矩阵。因此由定理 3.2（ii），不能得出 f 是严格凸函数。然而，分析函数 f 的梯度 $\nabla f(\boldsymbol{x})$ 可知，f 确实是严格凸函数。

下面，分别考察第 2 章的五个问题中哪些是凸问题。问题 $(\mathbb{SO})_{\mathrm{nf}}^1$ 为正定两杆桁架在应力约束下质量最小，目标函数是线性函数，因此是凸函数，约束为框式约束，设计域为凸集，因此 $(\mathbb{SO})_{\mathrm{nf}}^1$ 是凸问题。

其余问题呢？请读者自行讨论。

3.4 KKT 条件

针对一个凸优化问题，如何判别局部极小和全局极小。首先，定义 34 页 $(\mathbb{P})$ 的一个拉格朗日函数 $\mathcal{L}$：$\mathbb{R}^n\times\mathbb{R}^l\to\mathbb{R}$：

$$\mathcal{L}(\boldsymbol{x}, \boldsymbol{\lambda})=g_0(\boldsymbol{x})+\sum_{i=1}^{l}\lambda_i g_i(\boldsymbol{x}) \tag{3.8}$$

式中，λ_i，$i=1, 2, \cdots, l$ 为拉格朗日乘子。KKT（Karush-Kuhn-Tucker）条件定义为

若 $x_j=x_j^{\max}$，则

$$\frac{\partial\mathcal{L}(\boldsymbol{x}, \boldsymbol{\lambda})}{\partial x_j}\leqslant 0 \tag{3.9}$$

若 $x_j^{\min}<x_j<x_j^{\max}$，则

$$\frac{\partial\mathcal{L}(\boldsymbol{x}, \boldsymbol{\lambda})}{\partial x_j}=0 \tag{3.10}$$

若 $x_j=x_j^{\min}$，则

$$\frac{\partial\mathcal{L}(\boldsymbol{x}, \boldsymbol{\lambda})}{\partial x_j}\geqslant 0 \tag{3.11}$$

$$\lambda_i g_i(\boldsymbol{x})=0 \tag{3.12}$$

$$g_i(\boldsymbol{x})\leqslant 0 \tag{3.13}$$

$$\lambda_i\geqslant 0 \tag{3.14}$$

$$x \in \chi \tag{3.15}$$

对所有的 $j=1, 2, \cdots, n$ 和 $i=1, 2, \cdots, l$，拉格朗日函数 $\mathcal{L}(\boldsymbol{x}, \boldsymbol{\lambda})$ 对设计变量求偏导为

$$\frac{\partial \mathcal{L}(\boldsymbol{x}, \boldsymbol{\lambda})}{\partial x_j} = \frac{\partial g_0(\boldsymbol{x})}{\partial x_j} + \sum_{i=1}^{l} \lambda_i \frac{\partial g_i(\boldsymbol{x})}{\partial x_j}$$

通常情况下，设计变量的盒式约束（box constraint）都是作为不等式约束处理，即 $x_j^{\min} - x_j \leqslant 0$，$x_j - x_j^{\max} \leqslant 0$，$j=1, 2, \cdots, n$。根据 KKT 条件，所有约束的拉格朗日乘子可以较为容易确定。由式 $\lambda_i g_i(\boldsymbol{x})=0$ 可知，若约束 g_i 不起作用，即 $g_i(\boldsymbol{x}) \neq 0$，则相应的 $\lambda_i=0$。同理，如果 $\lambda_i \neq 0$，则 g_i 为起作用约束，$g_i(\boldsymbol{x})=0$。每一个满足 KKT 条件的点 $(\boldsymbol{x}^*, \boldsymbol{\lambda}^*) \in R^n \times R^l$ 称为 KKT 点。对于非凸优化问题，KKT 条件是充分的，但不必要，也就是说，满足 KKT 条件的点可能是局部极值点。对于凸规划问题，KKT 点就是优化极值点。

定理 3.4　如果优化问题（$\mathbb{P}$）为凸，且满足 Slater 约束条件，即存在一点 $\hat{\boldsymbol{x}} \in \chi$ 使得 $g_i(\hat{\boldsymbol{x}})<0$，$i=1, 2, \cdots, l$。设 $\boldsymbol{x}^*$ 是（$\mathbb{P}$）的一个局部或全局极小值，那么存在一个 λ^* 使得 $(\boldsymbol{x}^*, \lambda^*)$ 是（$\mathbb{P}$）的一个 KKT 点。

定理 3.5　假设优化问题（$\mathbb{P}$）为凸，且 $(\boldsymbol{x}^*, \lambda^*)$ 是（$\mathbb{P}$）一个 KKT 点，则 $\boldsymbol{x}^*$ 是（$\mathbb{P}$）的一个局部或全局极小值。

这两个定理的几何解释如图 3.4 所示，图中设计变量不是盒式约束。KKT 条件表明 $-\nabla g_0(\boldsymbol{x})$ 应在 $\boldsymbol{x}$ 点由起作用约束所构成的锥角内。对于图中的 $\bar{\boldsymbol{x}}_1$ 点，$-\nabla g_0(\bar{\boldsymbol{x}}_1)=\lambda_1 \nabla g_1(\bar{\boldsymbol{x}}_1)+\lambda_2 \nabla g_2(\bar{\boldsymbol{x}}_1)$，$\lambda_1 \geqslant 0$，$\lambda_2 \geqslant 0$，$\bar{\boldsymbol{x}}_1$ 既是 KKT 点，又是优化值。对于 $\bar{\boldsymbol{x}}_2$ 点，$-\nabla g_0(\bar{\boldsymbol{x}}_2)$ 不属于该点起作用约束所构成的锥角内，即不存在 $\lambda_2 \geqslant 0$，$\lambda_3 \geqslant 0$，使得 $-\nabla g_0(\bar{\boldsymbol{x}}_2)=\lambda_1 \nabla g_2(\bar{\boldsymbol{x}}_2)+\lambda_2 \nabla g_3$

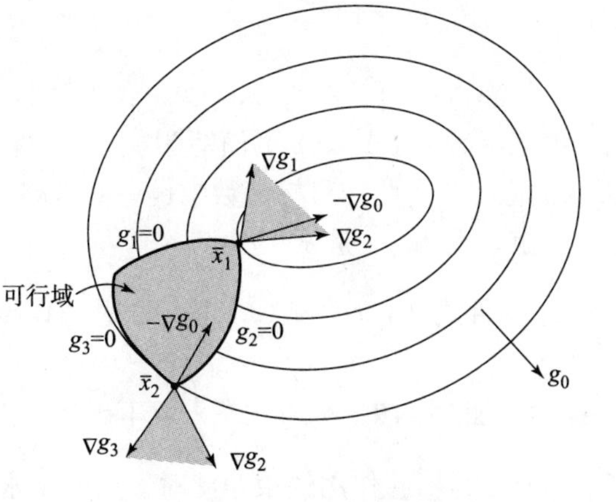

图 3.4　KKT 条件的图解表示

($\bar{\boldsymbol{x}}_2$)，因此 $\bar{\boldsymbol{x}}_2$ 不是 KKT 点，由定理可知，该点也不是优化极值点。

例 3.4 针对 2.2.3 节的两杆桁架优化问题。本章将通过计算 KKT 点求解优化问题。在位移约束和应力约束条件下，桁架质量最小的优化模型为：

$$\begin{cases}\min\limits_{A_1,A_2} \rho L\left(\dfrac{2}{\sqrt{3}}A_1+A_2\right) \\ \text{s. t.}\begin{cases}F\left(\dfrac{8}{\sqrt{3}A_1}+\dfrac{3}{A_2}\right)\leqslant\sigma_0 \\ -\sigma_0\leqslant\dfrac{2F}{A_1}\leqslant\sigma_0 \\ -\sigma_0\leqslant-\dfrac{\sqrt{3}F}{A_2}\leqslant\sigma_0 \\ A_1\geqslant 0,\ A_2\geqslant 0\end{cases}\end{cases}$$

将上式改写成（$\mathbb{P}$）的标准形式：

$$(\mathbb{P})_1\begin{cases}\min\limits_{A_1,A_2} g_0=\dfrac{2}{\sqrt{3}}A_1+A_2 \\ \text{s. t.}\begin{cases}g_1=F\left(\dfrac{8}{\sqrt{3}A_1}+\dfrac{3}{A_2}\right)-\sigma_0\leqslant 0 \\ g_2=\dfrac{2F}{A_1}-\sigma_0\leqslant 0 \\ g_3=-\dfrac{2F}{A_1}-\sigma_0\leqslant 0 \\ g_4=-\dfrac{\sqrt{3}F}{A_2}-\sigma_0\leqslant 0 \\ g_5=\dfrac{\sqrt{3}F}{A_2}-\sigma_0\leqslant 0 \\ (A_1,\ A_2)\in\chi=\{(A_1,\ A_2):\ A_1\geqslant 0,\ A_2\geqslant 0\}\end{cases}\end{cases}$$

为方便起见，约束函数 $g_i(A_1,\ A_2)$ 简写为 g_i，$i=1,\ 2,\ \cdots,\ 5$，此外，ρL 为常数，不影响优化解，因此在目标函数中也一并省略。g_1 约束是位移约束，g_2 和 g_3 是 σ_1 约束，g_4 和 g_5 是 σ_2 约束。

下面，构造 KKT 条件式（3.9）~式(3.15)。显然，$A_1\neq 0$，否则约束$\dfrac{2F}{A_1}\leqslant\sigma_0$ 矛盾；同理，$A_2\neq 0$，此时约束$-\sigma_0\leqslant-\dfrac{\sqrt{3}F}{A_2}$才不矛盾。由于 $F>0$，$\sigma_0>0$，$A_1>0$，$A_2>0$，g_3 和 g_4 为不起作用约束，此时 g_3 和 g_4 永远小于零。因此，对应的拉格朗日乘子 λ_3 和 λ_4 均为零。

此外，$g_2=\frac{2F}{A_1}-\sigma_0<F\left(\frac{8}{\sqrt{3}A_1}+\frac{3}{A_2}\right)-\sigma_0=g_1\leqslant 0$，因此 g_2 也不起作用，$\lambda_2=0$。同理，$g_5=\frac{\sqrt{3}F}{A_2}-\sigma_0<F\left(\frac{8}{\sqrt{3}A_1}+\frac{3}{A_2}\right)-\sigma_0=g_1\leqslant 0$，因此 $\lambda_5=0$。

这样，仅 λ_1 可能是非零值。由于杆的截面积不为零，因此 KKT 条件为

$$\begin{bmatrix}\frac{2}{\sqrt{3}}\\1\end{bmatrix}+\lambda_1\begin{bmatrix}-\frac{8}{\sqrt{3}A_1^2}\\-\frac{3}{A_2^2}\end{bmatrix}=\begin{bmatrix}0\\0\end{bmatrix} \tag{3.16}$$

$$\lambda_1\left(\frac{8F}{\sqrt{3}A_1}+\frac{3F}{A_2}-\sigma_0\right)=0 \tag{3.17}$$

由式（3.16）的第二行，解得 $\lambda_1=\frac{A_2^2}{3}\neq 0$

代入第一行，得

$$\frac{2}{\sqrt{3}}-\frac{8A_2^2}{3\sqrt{3}A_1^2}=0$$

解得

$$A_2=\frac{\sqrt{3}}{2}A_1$$

代入式（3.17），解得

$$A_1^*=\frac{14F}{\sqrt{3}\sigma_0},\ A_2^*=\frac{7F}{\sigma_0}$$

由于该优化问题是凸规划，因此 KKT 点就是全局极值点，如图 3.5 所示。

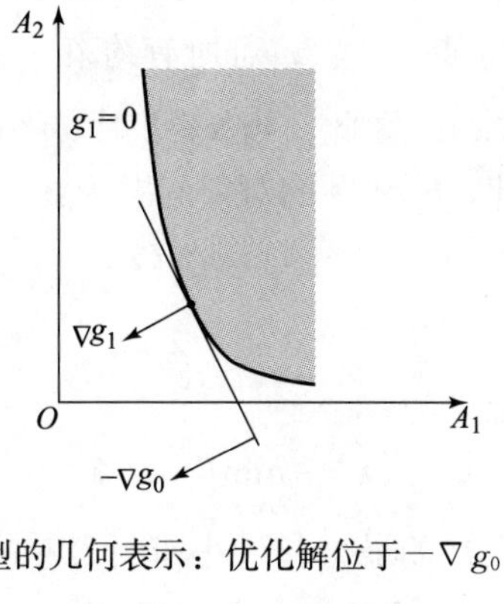

图 3.5　$(\mathbb{P})_1$ 模型的几何表示：优化解位于 $-\nabla g_0=\lambda_1\nabla g_1$，$\lambda_1>0$

在 $(\mathbb{P})_1$ 中，应力约束是作为一般约束处理的，即它们写成 $g_2\leqslant 0$，…，$g_5\leqslant 0$。实际上（对于任何静定桁架），杆的应力仅依赖于杆的截面积，参考式（2.22），因此应力约束可写成简单的盒式约束形式，即

$$(\mathbb{P})_2\begin{cases}\min\limits_{A_1,A_2} g_0=\dfrac{2}{\sqrt{3}}A_1+A_2\\ \text{s. t.}\begin{cases}g_1=F\left(\dfrac{8}{\sqrt{3}A_1}+\dfrac{3}{A_2}\right)-\sigma_0\leqslant 0\\ (A_1,A_2)\in\chi=\left\{(A_1,A_2):A_1\geqslant\dfrac{2F}{\sigma_0},\ A_2\geqslant\dfrac{\sqrt{3}F}{\sigma_0}\right\}\end{cases}\end{cases}$$

该问题的 KKT 条件和式（3.16）和式（3.17）是一样的，因为盒式约束是不起作用约束。

3.5 拉格朗日对偶法

3.5.1 拉格朗日对偶法概述

从 3.4 节可以看出，直接求解组成 KKT 条件式（3.9）～式（3.15）的非线性方程组和不等式方程获得（$\mathbb{P}$）的最优解，这个过程很繁琐。因此，本节将介绍另一个获得最优解的方法，该方法特别有效，尤其是处理大规模的结构优化问题。

可以证明，（$\mathbb{P}$）等同于如下的最大一最小问题：

$$(\mathbb{P}_{\mathcal{L}})\ \min_{x\in\chi}\max_{\lambda\geqslant 0}\mathcal{L}(\boldsymbol{x},\boldsymbol{\lambda})=\min_{x\in\chi}\max_{\lambda\geqslant\mathbf{0}}\left(g_0(\boldsymbol{x})+\sum_{i=1}^{l}\lambda_i g_i(\boldsymbol{x})\right)$$

首先，先固定 $\boldsymbol{x}$，在 $\boldsymbol{\lambda}\geqslant\mathbf{0}$ 条件下，求问题（$\mathbb{P}$）的拉格朗日函数 $\mathcal{L}(\boldsymbol{x},\boldsymbol{\lambda})$ 的最大值，然后再以 $\boldsymbol{x}(\boldsymbol{x}\in\chi)$ 为变量求极小值。值得注意的是，若存在 $g_i(\boldsymbol{x})>0$，最大值可能为 $+\infty$；若所有约束 $g_i(\boldsymbol{x})\leqslant 0$，$i=1,2,\cdots,l$，拉氏函数的最大值为 $g_0(\boldsymbol{x})$。因此，当 $\boldsymbol{x}\in\chi$ 时，将最大值进行最小化就得到了原问题的优化解。因此，原问题的对偶问题为：

$$(\mathbb{D})\begin{cases}\max\limits_{\lambda}\varphi(\boldsymbol{\lambda})\\ \text{s. t. }\boldsymbol{\lambda}\geqslant 0\end{cases}$$

式中，对偶目标函数 φ 定义为

$$\varphi(\boldsymbol{\lambda})=\min_{x\in\chi}\mathcal{L}(\boldsymbol{x},\boldsymbol{\lambda})$$

一般地，将模型（$\mathbb{P}_{\mathcal{L}}$）的最大和最小进行互换，将产生一个完全不同的模型。但是，若原问题（$\mathbb{P}$）是凸的，且满足 Slater 的 CQ 约束条件（参考定

理 3.4)，可以证明对偶问题（𝔻）和（$\mathbb{P}_{\mathcal{L}}$）等效，因此也等效于原问题（ℙ）。

定理 3.6　假设（ℙ）是紧集 χ 上的一个凸问题，且满足 Slater 的 CQ (Constraint Qualification）约束条件。那么存在（𝔻）一个解 $\boldsymbol{\lambda}^*$ 和（ℙ）的一个解 $\boldsymbol{x}^* \in \arg\min\limits_{x\in\chi}\mathcal{L}(\boldsymbol{x}, \boldsymbol{\lambda}^*)$，其中 $g_0(\boldsymbol{x}^*)=\varphi(\boldsymbol{\lambda}^*)$。

为了解（ℙ)，必须解（𝔻)，即求解一个最小一最大问题。值得注意的是，此时这些优化问题的约束非常简单，即 $\boldsymbol{x}\in\chi$ 和 $\boldsymbol{\lambda}\geqslant\mathbf{0}$，这是对偶理论的最大优点。在（ℙ）中，若直接处理 $g_i(\boldsymbol{x})\leqslant 0$，$i=1, 2, \cdots, l$ 是很麻烦的。求对偶函数 φ 的最大值问题就比较简单，不仅约束少，而且 φ 总是凹函数。对一给定的 $\boldsymbol{\lambda}$，$\min\limits_{x\in\chi}\mathcal{L}(\boldsymbol{x}, \boldsymbol{\lambda})$ 有唯一解（唯一解的充要条件是 g_0 严格凸，且 χ 为紧集)，那么 φ 在 $\boldsymbol{\lambda}$ 处的导数总是为

$$\frac{\partial\varphi(\boldsymbol{\lambda})}{\partial\lambda_i}=g_i(\boldsymbol{x}^*(\boldsymbol{\lambda})),\ i=1, 2, \cdots, l \tag{3.18}$$

式中 $\boldsymbol{x}^*(\boldsymbol{\lambda})=\arg\min\limits_{x\in\chi}\mathcal{L}(\boldsymbol{x}, \boldsymbol{\lambda})$

这是在求对偶函数 φ 最大值时非常有用的一个特性。

3.5.2　凸且设计变量可分离的拉格朗日对偶法

考虑以下形式的优化问题

$$(\mathbb{P})_s\begin{cases}\min\ g_0(\boldsymbol{x})\\ \text{s.t. }\ g_i(\boldsymbol{x})\leqslant 0,\ i=1, 2, \cdots, l\\ \boldsymbol{x}\in\chi=\{\boldsymbol{x}\in R^n:\ x_j^{\min}\leqslant x_j\leqslant x_j^{\max},\ j=1, 2, \cdots, n\}\end{cases}$$

其中 $g_i(i=0, 1, 2, \cdots, l)$ 连续可导，g_0 是严格凸函数，其他的 g_i 都是凸函数。此外，g_i 是可分离函数，即可表示为单个变量的函数和：

$$g_i(\boldsymbol{x})=\sum_{j=1}^{n}g_{ij}(x_j),\ i=0, 1, 2, \cdots, l$$

g_i 的分离特性使得该优化问题特别适合运用拉格朗日对偶法进行优化问题的求解。问题（ℙ）$_s$ 的拉格朗日函数 $\mathcal{L}$ 成为：

$$\begin{aligned}\mathcal{L}(\boldsymbol{x}, \boldsymbol{\lambda})&=g_0(\boldsymbol{x})+\sum_{i=1}^{l}\lambda_i g_i(\boldsymbol{x})\\&=\sum_{j=1}^{n}g_{0j}(x_j)+\sum_{i=1}^{l}\lambda_i\left(\sum_{j=1}^{n}g_{ij}(x_j)\right)\\&=\sum_{j=1}^{n}\underbrace{\left(g_{0j}(x_j)+\sum_{i=1}^{l}\lambda_i g_{ij}(x_j)\right)}_{\mathcal{L}_j(x_j, \boldsymbol{\lambda})}\end{aligned}$$

式中，$\lambda_i\geqslant 0$，$i=0, 1, 2, \cdots, l$。注意 $\mathcal{L}_j(x_j, \boldsymbol{\lambda})$ 是严格凸函数。对偶函

数为

$$\varphi(\lambda)=\min_{x\in\chi}\mathcal{L}(\boldsymbol{x},\boldsymbol{\lambda})=\min_{x\in\chi}\sum_{j=1}^{n}\mathcal{L}_j(\boldsymbol{x}_j,\boldsymbol{\lambda})=\sum_{j=1}^{n}\min_{x_j^{\min}\leqslant x_j\leqslant x_j^{\max}}\mathcal{L}_j(\boldsymbol{x}_j,\boldsymbol{\lambda})$$

在 $\boldsymbol{x}\in\chi$ 时，为了求拉格朗日函数的极小值，在盒式约束下，仅需计算 n 次单变量的极小值。这就是拉格朗日对偶法在凸且变量独立问题的显著优势。当设计变量存在上、下边界且有界时，$\mathcal{L}_j$ 的极小值为（如图 3.6 所示）：

如果 $\dfrac{\partial\mathcal{L}_j(x_j^{\min},\boldsymbol{\lambda})}{\partial x_j}\geqslant 0$，则 $x_j^*=x_j^{\min}$

否则，如果 $\dfrac{\partial\mathcal{L}_j(x_j^{\max},\boldsymbol{\lambda})}{\partial x_j}\leqslant 0$，则 $x_j^*=x_j^{\max}$ （3.19）

其他 $x_j^*=x_j^*(\boldsymbol{\lambda})$，$\dfrac{\partial\mathcal{L}_j(x_j^{\max},\boldsymbol{\lambda})}{\partial x_j}=0$。

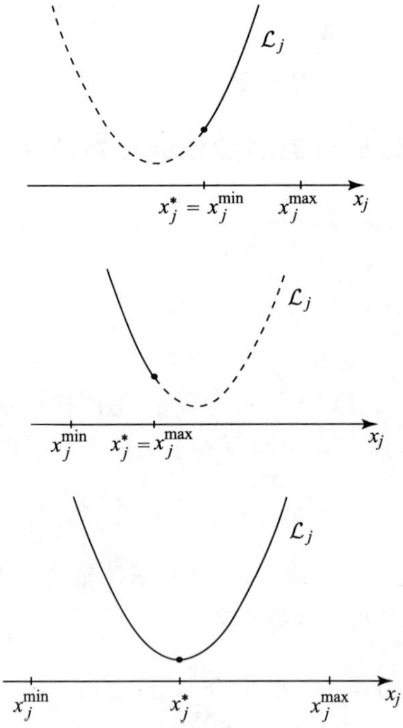

图 3.6 $\mathcal{L}_j$ 的极小化图示

因为 $x_j\mapsto\mathcal{L}_j(x_j,\boldsymbol{\lambda})$ 是严格凸函数，则这一极小化问题存在唯一的解。对每一个变量 x_j，$1\leqslant j\leqslant n$，按式（3.19）进行计算可得对应的对偶函数，然后在 $\boldsymbol{\lambda}\geqslant\mathbf{0}$ 下计算对偶函数的极大值。

例 3.6 思考如下具有独立变量的凸函数优化问题，试用拉格朗日对偶法求最小值。该问题的图示如图 3.7 所示。

$$(\mathbb{P})_3\begin{cases}\min\limits_{x_1,x_2}(x_1-3)^2+(x_2+1)^2\\ \text{s. t. } x_1+x_2-1.5\leqslant 0\\ \boldsymbol{x}\in\chi=\{\boldsymbol{x}:0\leqslant x_1\leqslant 1,\ -2\leqslant x_2\leqslant 1\}\end{cases}$$

解： 原问题的拉格朗日函数为

$$\begin{aligned}\mathcal{L}(\boldsymbol{x},\boldsymbol{\lambda})&=(x_1-3)^2+(x_2+1)^2+\lambda(x_1+x_2-1.5)\\&=\underbrace{(x_1-3)^2+\lambda x_1}_{\mathcal{L}_1(x_1,\lambda)}+\underbrace{(x_2+1)^2+\lambda x_2-1.5\lambda}_{\mathcal{L}_2(x_2,\lambda)}\end{aligned}$$

分别对 x_1 和 x_2 求偏导

$$\frac{\partial\mathcal{L}_1}{\partial x_1}=2x_1+\lambda-6,\quad \frac{\partial\mathcal{L}_2}{\partial x_2}=2x_2+\lambda+2$$

当 $\lambda\geqslant 0$ 时，由式（3.19），可得使$\mathcal{L}$极小的值，用 x^* 表示。

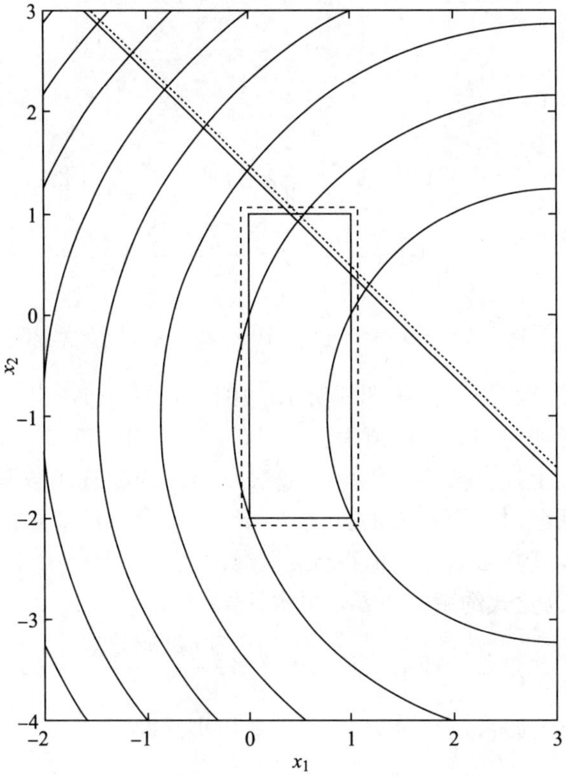

图 3.7　一个简单的变量独立凸函数优化问题

$$\frac{\partial \mathcal{L}_1(0,\lambda)}{\partial x_1}=\lambda-6\geqslant 0，如果 \lambda\geqslant 6，那么 x_1^*=0$$

$$\frac{\partial \mathcal{L}_1(1,\lambda)}{\partial x_1}=\lambda-4\leqslant 0，如果 0\leqslant\lambda\leqslant 4，那么 x_1^*=1$$

$$\frac{\partial \mathcal{L}_1(x_1,\lambda)}{\partial x_1}=2x_1+\lambda-6=0，如果 4\leqslant\lambda\leqslant 6，那么 x_1^*=3-\frac{\lambda}{2}$$

$$\frac{\partial \mathcal{L}_2(-2,\lambda)}{\partial x_2}=\lambda-2\geqslant 0，如果 \lambda\geqslant 2，那么 x_2^*=-2$$

$$\frac{\partial \mathcal{L}_2(1,\lambda)}{\partial x_2}=\lambda+4\leqslant 0，因为 \lambda\geqslant 0，不满足$$

$$\frac{\partial \mathcal{L}_2(x_2,\lambda)}{\partial x_2}=2x_2+\lambda+2=0，如果 0\leqslant\lambda\leqslant 2，那么 x_2^*=-1-\frac{\lambda}{2}$$

对偶目标函数

$$\varphi(\lambda)=(x_1^*-3)^2+\lambda x_1^*+(x_2^*+1)^2+\lambda x_2^*-1.5\lambda$$

成为

$$\begin{cases} 4+\lambda+\dfrac{\lambda^2}{4}-\lambda-\dfrac{\lambda^2}{2}-\dfrac{3}{2}\lambda=-\dfrac{\lambda^2}{4}-\dfrac{3}{2}\lambda+4 & 0\leqslant\lambda\leqslant 2 \\ 4+\lambda+1-2\lambda-\dfrac{3}{2}\lambda=-\dfrac{5}{2}\lambda+5 & 2\leqslant\lambda\leqslant 4 \\ \dfrac{\lambda^2}{4}+3\lambda-\dfrac{\lambda^2}{2}+1-2\lambda-\dfrac{3}{2}\lambda=-\dfrac{\lambda^2}{4}-\dfrac{\lambda}{2}+1 & 4\leqslant\lambda\leqslant 6 \\ 9+1-2\lambda-\dfrac{3}{2}\lambda=-\dfrac{7}{2}\lambda+10 & \lambda\geqslant 6 \end{cases}$$

对偶函数连续可导，如图 3.8 所示。由图 3.8 可知，当 $\lambda^*=0$ 时，$\varphi(\lambda)$ 有最大值。因此原问题的最优值为 $x_1^*=1$，$x_2^*=-1$。

一般地，用上述方法将对偶函数 φ 表示成 λ 的显式函数是很麻烦的。当求解小型优化问题时，更有效的方法是：首先假设设计变量的盒式约束不起作用，如果对偶函数 φ 取最大值得到 λ^*，计算得到的 $\boldsymbol{x}^*$ 并不满足盒式约束，这时可将 $\boldsymbol{x}^*$ 作为盒式约束的边界，再次计算。

针对上例，如果盒式约束不起作用，当 $\dfrac{\partial \mathcal{L}_1(x_1,\lambda)}{\partial x_1}=0$，$\dfrac{\partial \mathcal{L}_2(x_2,\lambda)}{\partial x_2}=0$ 时，拉氏函数 $\mathcal{L}_1(x_1,\lambda)$，$\mathcal{L}_2(x_2,\lambda)$ 取极小。即

$$x_1^*=3-\frac{\lambda}{2} \tag{3.20}$$

$$x_2^*=-1-\frac{\lambda}{2} \tag{3.21}$$

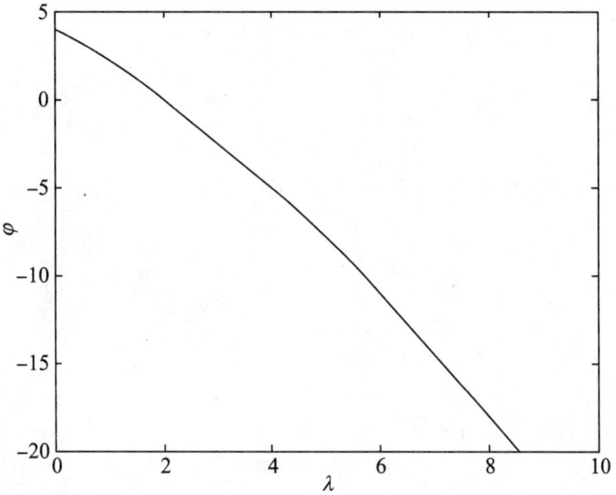

图 3.8　对偶目标函数

将其代入对偶函数 $\varphi(\lambda)$，得

$$\varphi(\lambda)=-\frac{\lambda^2}{2}+\frac{\lambda}{2}$$

当 $\lambda^*=\frac{1}{2}$ 时，$\varphi(\lambda^*)$ 最大。由式（3.20）和式（3.21），$x_1^*=3-\frac{\lambda}{2}=\frac{11}{4}$，$x_2^*=-\frac{5}{4}$。因为 $x_1^*>1$，所以这并不是实际解。此时，令 $x_1^*=1$，然后求 x_2^*。由 $\frac{\partial \mathcal{L}_2(x_2, \lambda)}{\partial x_2}=0$ 求得 $x_2^*=-1-\frac{\lambda}{2}$，则对偶目标函数为：

$$\varphi(\lambda)=-\frac{\lambda^2}{4}-\frac{3}{2}\lambda+4$$

当 $\lambda^*=0$ 时，$\varphi(\lambda^*)$ 最大。此时的优化解为 $x_1^*=1$，$x_2^*=-1$。很显然，此时满足式（3.19）的条件，因此拉格朗日函数确实在 $\boldsymbol{x}^*$ 取得极小值。与此同时对偶函数取极大，因此求得的 $\boldsymbol{x}^*$ 就是原问题的最优解。

例 3.7　用拉格朗日对偶法求第 17 页两杆桁架优化问题。前文例 3.4 中的优化模型 $(\mathbb{P})_2$ 的拉格朗日函数为

$$\mathcal{L}(A_1, A_2, \lambda)=\frac{2}{\sqrt{3}}A_1+A_2+\lambda\left(\frac{8}{\sqrt{3}A_1}+\frac{3}{A_2}-\frac{\sigma_0}{F}\right) \tag{3.22}$$

对 $\mathcal{L}$ 求导，假设框式约束不起作用，则

$$\frac{\partial \mathcal{L}}{\partial A_1}=\frac{2}{\sqrt{3}}-\frac{8}{\sqrt{3}A_1^2}\lambda=0,$$

$$\frac{\partial \mathcal{L}}{\partial A_2}=1-\frac{3}{A_2^2}\lambda=0$$

可得

$$A_1=2\sqrt{\lambda},\ A_2=\sqrt{3\lambda} \tag{3.23}$$

将式（3.23）代入拉格朗日函数式（3.22），则对偶目标函数为

$$\varphi(\lambda)=\frac{4}{\sqrt{3}}\sqrt{\lambda}+\sqrt{3\lambda}+\lambda\left(\frac{4}{\sqrt{3}\sqrt{\lambda}}+\frac{3}{\sqrt{3\lambda}}-\frac{\sigma_0}{F}\right)$$
$$=\frac{14}{\sqrt{3}}\sqrt{\lambda}-\frac{\sigma_0}{F}\lambda$$

当 $\lambda \geqslant 0$ 时，求 $\varphi(\lambda)$ 的极大值，得

$$\sqrt{\lambda}=\frac{7F}{\sqrt{3}\sigma_0}$$

将其代入式（3.23），就得到了杆截面积的最优解。此时很容易检验框式约束确实没起作用。

在这个问题中，目标函数是线性函数，因此是凸函数，但不是严格凸函数。这里，我们却得到了式（3.19）的唯一解，原因是在 $(\mathbb{P})_2$ 中，g_1 是严格凸函数，且对应的拉格朗日乘子 $\lambda>0$，因此 $x_j \mapsto \mathcal{L}_j(x_j, \boldsymbol{\lambda})$ 也是严格凸函数。

例 3.8 如图 3.9 所示三杆桁架，在结点 1 和结点 2 分别受到力 $P(P>0)$，柔度定义为 $|u_{1x}|+|u_{1y}|+|u_{2x}|$，式中，$u_{1x}$，$u_{1y}$，$u_{2x}$ 分别为结点 1 和结点 2 的位移。设计目标为桁架的柔度最小，即桁架刚度最大，且此时桁架的体积不超过 V_0。设计变量取为各杆的截面积 A_1，A_2 和 A_3。

（1）建立优化设计模型；

（2）用拉格朗日对偶法求解优化问题。

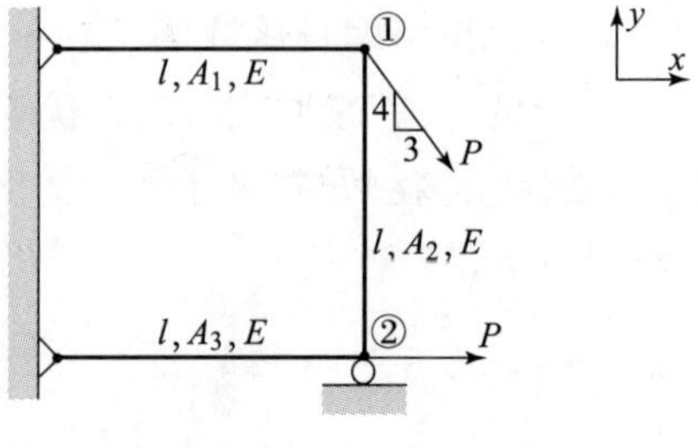

图 3.9　三杆桁架结构

解：（1）令 $A_1 \equiv x_1$，$A_2 \equiv x_2$，$A_3 \equiv x_3$，由题意写出优化模型为：

$$\begin{cases}\min & |u_{1x}|+|u_{1y}|+|u_{2x}| \\ \text{s. t.} & l(x_1+x_2+x_3)\leqslant V_0 \\ x_1,\ x_2,\ x_3\geqslant 0\end{cases} \tag{3.24}$$

分别以结点 1 和 2 为研究对象（如图 3.10），列出平衡方程：

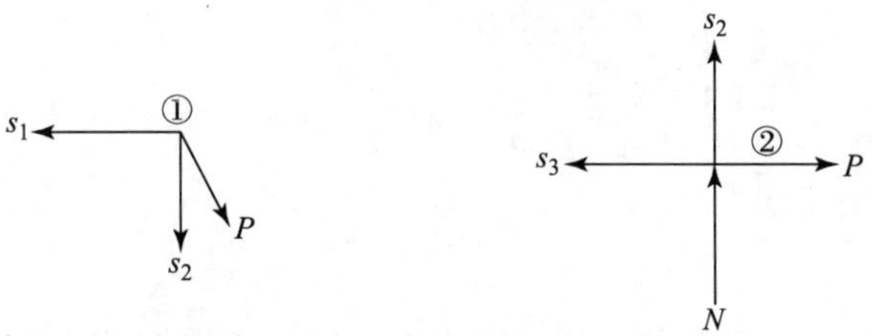

图 3.10　结点 1 和 2 的受力分析图

结点 1：$\frac{3}{5}P-s_1=0$（x 方向），$-s_2-\frac{4}{5}P=0$（y 方向）。

结点 2：$P-s_3=0$（x 方向）。

由弹性力学的小变形理论，各杆的伸长量为：$\delta_1=u_{1x}$，$\delta_2=u_{1y}$，$\delta_3=u_{2x}$

由胡克定律建立杆的载荷和伸长量关系式：$\delta_i=\frac{s_i l_i}{E_i A_i}$，$i=1$，2，3，得各杆的变形量为：

$$u_{1x}=\delta_1=\frac{s_1 l}{Ex_1}=\frac{3Pl}{5Ex_1}$$

$$u_{1y}=\delta_2=\frac{s_2 l}{Ex_2}=-\frac{4Pl}{5Ex_1}$$

$$u_{2x}=\delta_3=\frac{s_3 l}{Ex_3}=\frac{Pl}{Ex_3}$$

因此，优化目标函数重写为 $|u_{1x}|+|u_{1y}|+|u_{2x}|=\frac{Pl}{5E}\left(\frac{3}{x_1}+\frac{4}{x_2}+\frac{5}{x_3}\right)$

最终，建立的优化模型为（由于$\frac{Pl}{5E}$不影响优化结果，故在模型中略去。）

$$\begin{cases}\min & \frac{3}{x_1}+\frac{4}{x_2}+\frac{5}{x_3} \\ \text{s. t.} & x_1+x_2+x_3-\frac{V_0}{l}\leqslant 1 \\ x_1,\ x_2,\ x_3\geqslant 0\end{cases} \tag{3.25}$$

（2）拉格朗日对偶法求解。

优化模型的拉格朗日函数为

$$\mathcal{L}(x,\ \lambda)=\underbrace{\frac{3}{x_1}+\lambda x_1}_{\mathcal{L}_1(x_1,\lambda)}+\underbrace{\frac{4}{x_2}+\lambda x_2}_{\mathcal{L}_2(x_2,\lambda)}+\underbrace{\frac{5}{x_3}+\lambda x_3-\frac{V_0}{L}}_{\mathcal{L}_3(x_3,\lambda)} \tag{3.26}$$

对偶函数为

$$\varphi(\lambda)=\min_{x_1,x_2,x_3\geqslant 0}\mathcal{L}(x,\lambda)$$

对拉格朗日函数求各设计变量的偏导为：

$$\begin{cases}\dfrac{\partial L}{\partial x_1}=-\dfrac{3}{x_1^2}+\lambda=0\Rightarrow x_1=\underset{(-)}{+}\dfrac{\sqrt{3}}{\sqrt{\lambda}}\\ \dfrac{\partial L}{\partial x_2}=-\dfrac{4}{x_2^2}+\lambda=0\Rightarrow x_2=\underset{(-)}{+}\dfrac{2}{\sqrt{\lambda}}\\ \dfrac{\partial L}{\partial x_3}=-\dfrac{5}{x_3^2}+\lambda=0\Rightarrow x_3=\underset{(-)}{+}\dfrac{\sqrt{5}}{\sqrt{\lambda}}\end{cases}\tag{3.27}$$

由于设计变量为各杆截面积，恒为正，因此上式取“＋”。代入拉格朗日函数式（3.26），得对偶目标函数为 $\varphi(\lambda)=\sqrt{3\lambda}+2\sqrt{\lambda}+\sqrt{5\lambda}+\sqrt{3\lambda}+2\sqrt{\lambda}+\sqrt{5\lambda}-\dfrac{V_0}{l}$。

对偶问题为 $\max\limits_{\lambda\geqslant 0}\varphi(\lambda)$。将对偶目标函数对 λ 求导得

$$\varphi'(\lambda)=\frac{2(\sqrt{3}+2+\sqrt{5})}{2\sqrt{\lambda}}-\frac{V_0}{l}=0\Rightarrow\frac{1}{\sqrt{\lambda}}=\frac{1}{\sqrt{3}+2+\sqrt{5}}\frac{V_0}{l}$$

代入式（3.27）得各杆优化后的截面积为：

$$A_1^*=x_1^*=\frac{\sqrt{3}}{\sqrt{3}+2+\sqrt{5}}\frac{V_0}{l}\approx 0.29\frac{V_0}{l}$$

$$A_2^*=x_2^*=\frac{2}{\sqrt{3}+2+\sqrt{5}}\frac{V_0}{l}\approx 0.34\frac{V_0}{l}$$

$$A_3^*=x_3^*=\frac{\sqrt{5}}{\sqrt{3}+2+\sqrt{5}}\frac{V_0}{l}\approx 0.37\frac{V_0}{l}$$

第 4 章　序列显式凸近似方法

一般地，对于小型优化问题，目标函数和约束函数都可写成设计变量的显式函数，如第 2 章的优化实例所示。对于大型问题而言，若想获得显式表达，实际上是很困难的。本章目的是如何通过构造序列子问题，来对原问题进行近似，以便进行大型优化问题的求解。

此外，结构优化中的多数问题都是非凸的。而对于非凸问题的求解，本身存在许多内在的困难，因此如何近似原问题，以便变成凸问题，也是本章的重点之一。

本章将介绍一系列近似方法，这些近似方法都和一定的结构优化问题有着直接的联系。

4.1　嵌套问题的一般求解过程

首先，研究一个有限自由度的结构优化问题，如桁架。假设材料满足线弹性，可以采用如下的联立方程组描述：

$$(\mathbb{SO})_{sf}\begin{cases}\min\limits_{\boldsymbol{x},\boldsymbol{u}} g_0(\boldsymbol{x},\ \boldsymbol{u})\\ \text{s. t.}\ \begin{cases}\boldsymbol{K}(\boldsymbol{x})\boldsymbol{u}=\boldsymbol{F}(\boldsymbol{x})\\ g_i(\boldsymbol{x},\ \boldsymbol{u})\leqslant 0,\ i=1,\ 2,\ \cdots,\ l\end{cases}\\ \boldsymbol{x}\in\chi=\{\boldsymbol{x}\in R^n:\ x_j^{\min}\leqslant x_j\leqslant x_j^{\max},\ j=1,\ 2,\ \cdots,\ n\}\end{cases}$$

式中，$\boldsymbol{K}(\boldsymbol{x})$ 为结构刚度矩阵，$\boldsymbol{u}$ 为结构结点位移列阵，$\boldsymbol{F}(\boldsymbol{x})$ 是结构结点载荷列阵。在某些情况，该问题直接求解也是可能的。但存在一个大的问题是，对于大型问题，由平衡方程产生的约束数目很大。若刚度矩阵非奇异，则可以利用结构平衡方程将位移写成设计变量的函数形式，即 $\boldsymbol{u}(\boldsymbol{x})=\boldsymbol{K}^{-1}(\boldsymbol{x})\boldsymbol{F}(\boldsymbol{x})$。对于小型优化问题，可以较为简单地得到位移列阵的显式函数，如用符号运算。对于大型问题，若想得到位移列阵的显式表达，是非常耗时的。此时，平衡方程用于隐式定义 $\boldsymbol{u}(\boldsymbol{x})$，即不用直接写成显式形式，而是利用平衡方程中变量之间的关系建立。虽然，在大型问题的计算上，不可能得到显式表达，但可以采用对平衡方程进行数值计算得到任意设计变量 $\bar{\boldsymbol{x}}$ 的位移列阵 $\boldsymbol{u}(\bar{\boldsymbol{x}})$。

利用平衡方程将位移写成设计变量的函数形式，得到结构优化问题的嵌

套形式为

$$(\mathbb{SO})_{\mathrm{nf}}\begin{cases}\min\limits_{x}\hat{g}_0(\boldsymbol{x})\\ \text{s.t. }\ \hat{g}_i(\boldsymbol{x})\leqslant 0,\ i=1,\ 2,\ \cdots,\ l\\ \boldsymbol{x}\in\chi=\{\boldsymbol{x}\in R^n:\ x_j^{\min}\leqslant x_j\leqslant x_j^{\max},\ j=1,\ 2,\ \cdots,\ n\}\end{cases}$$

式中，$\hat{g}_i(\boldsymbol{x})=g_i(\boldsymbol{x},\ \boldsymbol{u}(\boldsymbol{x}))$，$i=0,\ 1,\ \cdots,\ l$。该模型将通过原问题的近似，得到一系列显式子问题，然后进行求解。子问题求解的算法将利用函数 $\hat{g}_i(\boldsymbol{x})$，$i=0,\ 1,\ \cdots,\ l$ 的信息，可能的话，还有它们的导数信息。如果算法中导数的最高阶次为 j，则称算法为 j 阶算法。在结构优化中，一阶方法是最常用的方法。二阶或高阶方法很少应用，主要是高阶导数的计算成本太高。零阶方法，即仅用$\hat{g}_i(\boldsymbol{x})$，$i=0,\ 1,\ \cdots,\ l$ 进行计算的方法，近些年来得到了一些关注。

利用一阶方法计算结构优化问题中的嵌套方程的过程如下：

(1) 给定初始设计 $\boldsymbol{x}^0$，迭代次数 $k=0$；

(2) 采用有限元平衡方程 $\boldsymbol{K}(\boldsymbol{x}^k)\boldsymbol{u}(\boldsymbol{x}^k)=\boldsymbol{F}(\boldsymbol{x}^k)$ 计算位移列阵 $\boldsymbol{u}(\boldsymbol{x}^k)$；

(3) 计算目标函数$\hat{g}_0(\boldsymbol{x}^k)$、约束函数$\hat{g}_i(\boldsymbol{x}^k)$，$i=1,\ 2,\ \cdots,\ l$，以及各自梯度$\nabla\hat{g}_i(\boldsymbol{x}^k)$，$i=0,\ 1,\ 2,\ \cdots,\ l$；

(4) 在 $\boldsymbol{x}^k$ 点构造原优化模型的显式凸近似优化模型；

(5) 利用非线性优化算法得到一个新的设计 $\boldsymbol{x}^{k+1}$；

(6) 令 $k=k+1$，返回第二步，若满足收敛准则，则停止迭代。

下面，描述四种不同的显式近似方法：序列线性规划（SLP）、序列二次规划（SQP）、凸线性方法（CONLIN）和移动渐近线方法（MMA）。

4.2 序列线性规划（Sequential Linear Programming: SLP）

在设计 $\boldsymbol{x}^k$ 点时，目标函数和所有约束函数进行线性化处理，得到 k 次迭代的子问题：

$$(\text{SLP})\begin{cases}\min\limits_{\boldsymbol{x}} g_0(\boldsymbol{x}^k)+\nabla g_0(\boldsymbol{x}^k)^{\mathrm{T}}(\boldsymbol{x}-\boldsymbol{x}^k)\\ \text{s.t. }\ g_i(\boldsymbol{x}^k)+\nabla g_i(\boldsymbol{x}^k)^{\mathrm{T}}(\boldsymbol{x}-\boldsymbol{x}^k)\leqslant 0,\ i=1,\ 2,\ \cdots,\ l\\ \qquad \boldsymbol{x}\in\chi\\ \qquad -l_j^k\leqslant x_j-x_j^k\leqslant u_j^k,\ j=1,\ 2,\ \cdots,\ n\end{cases}$$

式中，l_j^k 和 u_j^k，$j=1,\ 2,\ \cdots,\ n$ 称为移动限（Move limits），线性化一般仅在当前设计 $\boldsymbol{x}^k$ 的邻域内才具有足够的精度。在迭代过程中，根据人为定义的规则更新移动限。实际证明，移动限的选择对 SLP 的效率有显著的影响。

一旦 $g_i(\boldsymbol{x}^k)$ 和 $\nabla g_i(\boldsymbol{x}^k)$，$i=0, 1, \cdots, n$ 能够计算出来，则 SLP 中所有表达式都是确定的，都为设计变量 $\boldsymbol{x}$ 的显式函数。

此外，可以看出，目标函数和所有约束函数都是设计变量 $\boldsymbol{x}$ 的仿射函数，即它们可以写成如下形式 $\boldsymbol{a}^{\mathrm{T}}\boldsymbol{x}+b$，式中 $\boldsymbol{a}$ 和 b 为常数。仿射函数都是凸函数。因此，SLP 是一个凸规划问题。由于 g_i，$i=0, 1, \cdots, n$ 都是仿射函数，因此 SLP 是一个线性问题，可以用单纯形法（Simplex Algorithm）求解（参见附录 D）。

4.3　序列二次规划方法（Sequential Quadratic Programming：SQP）

在目标函数的泰勒展开式中，增加二阶项，则得到了序列二次规划：

$$(\mathrm{SQP})\begin{cases}\min\limits_{\boldsymbol{x}} g_0(\boldsymbol{x}^k)+\nabla g_0(\boldsymbol{x}^k)^{\mathrm{T}}(\boldsymbol{x}-\boldsymbol{x}^k)+\dfrac{1}{2}(\boldsymbol{x}-\boldsymbol{x}^k)^{\mathrm{T}}\boldsymbol{H}(x^k)(x-x^k)\\ \text{s. t. } g_i(\boldsymbol{x}^k)+\nabla g_i(\boldsymbol{x}^k)^{\mathrm{T}}(\boldsymbol{x}-\boldsymbol{x}^k)\leqslant 0,\ i=1, 2, \cdots, l\\ \boldsymbol{x}\in\chi\end{cases}$$

式中，$\boldsymbol{H}(\boldsymbol{x}^k)$ 表示的是目标函数 g_0 在 $\boldsymbol{x}^k$ 点的海赛矩阵正定的一阶近似。目标函数为凸函数，因此 SQP 为凸规划。一般地，由于 SQP 属于一阶方法，在 SQP 的构造中，一般不用目标函数的实际的海赛矩阵（海赛矩阵一般都有二阶导数信息）。此外，在 SQP 中也不包含移动限，原因是在 $\boldsymbol{x}^k$ 点，SQP 比 SLP 的近似程度更好。

4.4　凸线性化（Convex Linearization：CONLIN）

SLP 和 SQP 都可用于求解一般的非线性优化问题，但它们都没有利用结构优化问题中可能包含的一些特殊属性。在 2.2.3 节中，应力可写成

$$\sigma_i=\frac{b_i}{A_i},\ i=1, 2$$

而位移则成为

$$u_i=\sum_{i=1}^{2}\frac{b_{ij}}{A_i},\ i=1, 2$$

式中，$u_1=u_x$，$u_2=u_y$，b_{ij} 为常数。因此，应力和位移都是 $1/A_i$ 的函数。

由此，可以得出结论：若采用 A_i 的逆变量 $1/A_i$ 进行应力和位移约束函数的线性化处理，对于静定桁架而言，这种线性化是很精确的。对于其他类型的桁架，这种线性化不一定精确，但可以相信的是，用 $1/A_i$ 进行线性化肯

定比 SLP 和 SQP 中直接利用 A_i 进行线性化处理好。

然而，用变量 $1/A_i$ 进行每一个目标函数或约束函数的线性化处理是不可取的。如本例中，质量已经是 A_i 的线性函数了。因此，一个想法就是：一些函数用 A_i 线性化，其他函数用 $1/A_i$ 线性化。在 CONLIN 中，就是这么处理的。

在 CONLIN 中，假设所有设计变量严格为正，即在 $(\mathbb{SO})_{\mathrm{nf}}$中设计变量的集合 χ 改为

$$\chi=\{\boldsymbol{x}\in R^n:\ 0<x_j^{\min}\leqslant x_j\leqslant x_j^{\max},\ j=1,\ 2,\ \cdots,\ n\}$$

目标函数 $g_0(x)$和所有的约束函数 $g_i(x)$，$i=1,\ \cdots,\ l$ 在设计点 $\boldsymbol{x}^k$ 处用中间变量 $y_j=y_j(x_j)$，$j=1,\ \cdots,\ n$，进行线性化处理，其中 y_j 可为 x_j 或 $1/x_j$：

$$g_i(\boldsymbol{x})\approx g_i(\boldsymbol{x}^k)+\sum_{j=1}^{n}\frac{\partial g_j(\boldsymbol{x}^k)}{\partial y_j}(y_j(x_j)-y_j(x_j^k)) \tag{4.1}$$

利用链式法则，函数 g_i 对中间变量 y_j 的偏导为

$$\frac{\partial g_j(\boldsymbol{x}^k)}{\partial y_j}=\frac{\partial g_j(\boldsymbol{x}^k)}{\partial x_j}\frac{\mathrm{d}x_j(x_j^k)}{\mathrm{d}y_j}=\frac{\partial g_j(\boldsymbol{x}^k)}{\partial x_j}\frac{1}{\dfrac{\mathrm{d}y_j(x_j^k)}{\mathrm{d}x_j}}$$

下面，分别分析 $y_j=x_j$ 和 $y_j=1/x_j$ 对式（4.1）中求和项的贡献度：

如果 $y_j=x_j$，则

$$g_{i,j}^{L,k}(\boldsymbol{x})=\frac{\partial g_i(\boldsymbol{x}^k)}{\partial x_j}(x_j-x_j^k) \tag{4.2}$$

而对 $y_j=1/x_j$，

$$g_{i,j}^{R,k}(\boldsymbol{x})=\frac{\partial g_i(\boldsymbol{x}^k)}{\partial x_j}\frac{1}{-\dfrac{1}{(x_j^k)^2}}\left(\frac{1}{x_j}-\frac{1}{x_j^k}\right)=\frac{\partial g_i(\boldsymbol{x}^k)}{\partial x_j}\frac{x_j^k(x_j-x_j^k)}{x_j} \tag{4.3}$$

在 $\boldsymbol{x}^k$ 点，定义 g_i 的近似函数为：

$$g_{i,j}^{RL,k}(\boldsymbol{x})=g_i(\boldsymbol{x}^k)+\sum_{j\in\Omega_L}g_{ij}^{L,k}(\boldsymbol{x})+\sum_{j\in\Omega_R}g_{ij}^{R,k}(\boldsymbol{x}) \tag{4.4}$$

式中，$\Omega_L=\{j:\ y_j=x_j\}$，$\Omega_R=\{j:\ y_j=1/x_j\}$。

此外，需要定义一条规则，确定哪个变量用直接变量 x_j 线性化，哪个变量用倒变量 $1/x_j$ 进行线性化。在 CONLIN 中，g_i 函数在 $\boldsymbol{x}^k$ 点的近似为

$$g_i^{C,k}(\boldsymbol{x})=g_i(\boldsymbol{x}^k)+\sum_{j\in\Omega^+}g_{ij}^{L,k}(\boldsymbol{x})+\sum_{j\in\Omega^-}g_{ij}^{R,h}(\boldsymbol{x}) \tag{4.5}$$

式中，$\Omega^+=\{j:\ \partial g_i(\boldsymbol{x}^k)/\partial x_j>0\}$，$\Omega^-=\{j:\ \partial g_i(\boldsymbol{x}^k)/\partial x_j\leqslant 0\}$。即，若设计变量对应的梯度为正，则用直接变量进行线性化，反之，用倒变量进行线性化。相比式（4.4）的近似，CONLIN 近似更为保守，即对于集合 Ω_L 和 Ω_R 中每个可能的选择（哪个变量用直接变量和间接变量线性化），都有 $g_i^{C,k}(\boldsymbol{x})\geqslant g_i^{RL,k}(\boldsymbol{x})$。

$g_i^{C,k}(\boldsymbol{x})$比$g_i^{RL,k}(\boldsymbol{x})$更为保守，即$g_i^{C,k}(\boldsymbol{x})\geqslant g_i^{RL,k}(\boldsymbol{x})$，其原因简述为：对于一个极小化问题，我们选择了一个较大的目标函数，且可行集$\{\boldsymbol{x}\in\chi: g_j^{C,k}\leqslant 0, i=1, 2, \cdots, l\}$比$\{\boldsymbol{x}\in\chi: g_j^{RL,k}\leqslant 0, i=1, 2, \cdots, l\}$更小。如

$$(\mathbb{P})_1\begin{cases}\min\limits_x g_0(x)\\ \text{s. t. } g_1(x)\leqslant 0\end{cases}\qquad(\mathbb{P})_2\begin{cases}\min\limits_x \bar{g}_0(x)\\ \text{s. t. } \bar{g}_1(x)\leqslant 0\end{cases}\tag{4.6}$$

式中，$g_0(x)\leqslant\bar{g}_0(x)$，$g_1(x)\leqslant\bar{g}_1(x)$，如图 4.1 所示。既然$g_0$和$g_1$分别比$\bar{g}_0$和$\bar{g}_1$更为保守，因此$(\mathbb{P})_2$比$(\mathbb{P})_1$更保守（即$(\mathbb{P})_2$的解比$(\mathbb{P}_1)$的解更大）。

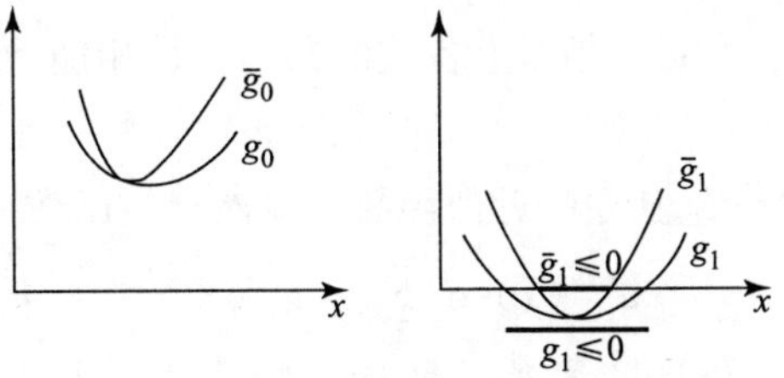

图 4.1　$\bar{g}_i$比g_i更保守，$i=0, 1$

下面证明$g_i^{C,k}(\boldsymbol{x})\geqslant g_i^{RL,k}(\boldsymbol{x})$，由

$$g_i^{C,k}(\boldsymbol{x})-g_i^{RL,k}(\boldsymbol{x})=\sum_{j\in\Omega^+\cap\Omega_R}(g_{ij}^{L,k}(\boldsymbol{x})-g_{ij}^{R,k}(\boldsymbol{x}))+\sum_{j\in\Omega^-\cap\Omega_L}(g_{ij}^{R,k}(\boldsymbol{x})-g_{ij}^{L,k}(\boldsymbol{x}))\tag{4.7}$$

由式（4.2）和式（4.3）得到$g_{ij}^{L,k}(\boldsymbol{x})-g_{ij}^{R,k}(\boldsymbol{x})$为

$$\begin{aligned}g_{ij}^{L,k}(\boldsymbol{x})-g_{ij}^{R,k}(\boldsymbol{x})&=\frac{\partial g_i(\boldsymbol{x}^k)}{\partial x_j}\left(x_j-x_j^k-\frac{x_j^k(x_j-x_j^k)}{x_j}\right)\\&=\frac{\partial g_i(\boldsymbol{x}^k)}{\partial x_j}\frac{x_j-x_j^k}{x_j}(x_j-x_j^k)\end{aligned}$$

根据集合χ的定义，$x_j>0$，因此在式（4.7）中的所有求和项非负，因此$g_i^{C,k}(\boldsymbol{x})\geqslant g_i^{RL,k}(\boldsymbol{x})$。

由此，构造的函数$g_i^{C,k}(\boldsymbol{x})$相比线性近似$g_i^{L,k}(\boldsymbol{x})$具有更高或相同的保守程度：

$$g_i^{L,k}(\boldsymbol{x})=g_i(\boldsymbol{x}^k)+\sum_{j=1}^{n}\frac{\partial g_i(\boldsymbol{x}^k)}{\partial x_j}(x_j-x_j^k)$$

因此，CONLIN 比 SLP 更加保守。然而，$g_i^{C,k}(\boldsymbol{x})$可能比原函数$g_i$欠保守。

关于 CONLIN 法的一些重要特性如下：

(1) $g_i^{C,k}$ 是函数 g_i 的一阶近似，即在 $\boldsymbol{x}=\boldsymbol{x}^k$ 点，函数值和一阶偏导数是精确的：

$$g_i^{C,k}(\boldsymbol{x}^k)=g_i(\boldsymbol{x}^k),\ \partial g_i^{C,k}(\boldsymbol{x}^k)/\partial x_j=\partial g_i(\boldsymbol{x}^k)/\partial x_j$$

(2) $g_i^{C,k}$ 是一个显式凸近似函数。

原因是：对于每个 j，对 $g_i^{C,k}$ 的贡献要么是在 $\boldsymbol{x}^k$ 点处的梯度乘以 $x_j-x_j^k$，要么是

$$\frac{\partial g_i(\boldsymbol{x}^k)}{\partial x_j}\frac{x_j^k}{x_j}(x_j-x_j^k)=\frac{\partial g_i(\boldsymbol{x}^k)}{\partial x_j}\left(x_j^k-\frac{(x_j^k)^2}{x_j}\right)$$

当 g_i 在 x_j 的偏导为负时，用后一个表达式，也意味着这个表达式可写成 $A+B/x_j$ 的形式，其中 $A>0$，$B>0$。$C(x_j-x_j^k)$ 项（式中 $C>0$）和 $A+B/x_j$ 项都是凸函数。由于 $g_i^{C,k}$ 是以上各式的和与常数相加，因此 CONLIN 近似函数 g_i^C 是凸函数。

(3) $g_i^{C,k}$ 是一个变量独立的近似函数，显然存在函数 g_{ij} 使得

$$g_i^{C,k}(\boldsymbol{x})=\sum\nolimits_{j=1}^{n}g_{ij}(x_j)$$

CONLIN 是一个凸且变量独立函数，特别适合拉格朗日对偶法求解，$(\mathbb{SO})_{nf}$ 在 k 次迭代的所似为：

$$(\text{CONLIN})\begin{cases}\min\limits_{\boldsymbol{x}} g_0^{C,k}(\boldsymbol{x})\\ \text{s. t. } g_i^{C,k}(\boldsymbol{x})\leqslant 0,\ i=1,\ 2,\ \cdots,\ l\\ \boldsymbol{x}\in\chi\end{cases}$$

在实际应用中，一般在目标函数中加上 $\alpha\sum\limits_{i=1}^{n}(x_j-x_j^k)^2$，$\alpha$ 为一个小的正数，以保证目标函数为严格凸函数。

例 4.1 计算函数 $g(x)=x+x^2-\frac{1}{40}x^4$ 在 $\bar{x}=1$ 和 $\bar{\bar{x}}=6$ 处的 CONLIN 近似表达式。

对 $g(x)$ 求导：$g_x(x)=\frac{\partial g(x)}{\partial x}=1+2x-\frac{1}{10}x^3$，则 $g(\bar{x})=1.975$，$g_x(\bar{x})-2.9>0$，因此 CONLIN 近似变成了一个线性近似，即 $g^C(x)=g^L(x)=1.975+2.9(x-1)$。在图 4.2 中，绘制了原函数 $g(x)$、CONLIN 近似函数 $g^C(x)$ 和倒变量近似函数 $g^R(x)=1.975+\frac{2.9}{x}(x-1)$ 三个函数的图形。正如前面所述，g^C 大于或等于 g^L 和 g^R。在 $\bar{x}$ 的领域为，g 比 g^C 大，这也证明了，CONLIN 近似不必比原函数更为保守。同理，在 $\bar{\bar{x}}=6$ 处，$g(\bar{\bar{x}})=9.6$，$g_x(\bar{\bar{x}})=-8.6<0$，因此 CONLIN 成为倒变量近似：$g^C(x)=g^R(x)=9.6-$

$\frac{51.6}{x}(x-6)$。为了比较，同时计算了该点的线性近似函数为 $g^L(x)=9.6-8.6(x-6)$，如图 4.2 所示。

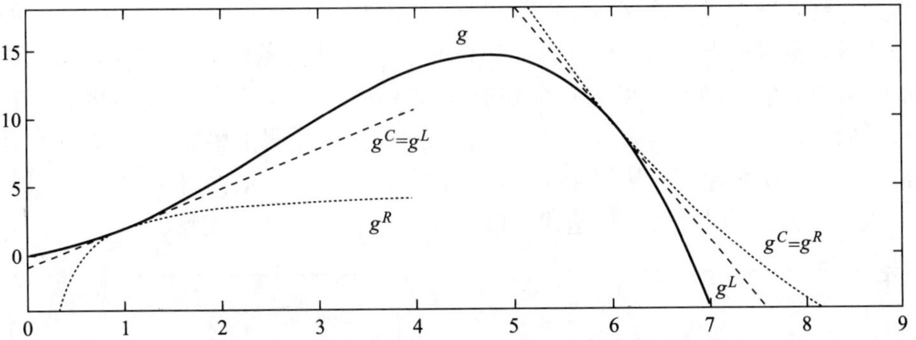

图 4.2　函数 g 的 CONLIN 近似

例 4.2　图 4.3 为四杆桁架结构，所受约束为杆 1 伸长量 $\delta\leqslant\delta_0$，目标函数为体积最小。其中，外力 P 为正，所有杆的长度 l 和杨氏模量 E 相同，且 $A_3=A_2$，$A_4=A_1$。设计变量为 A_1 和 A_2。

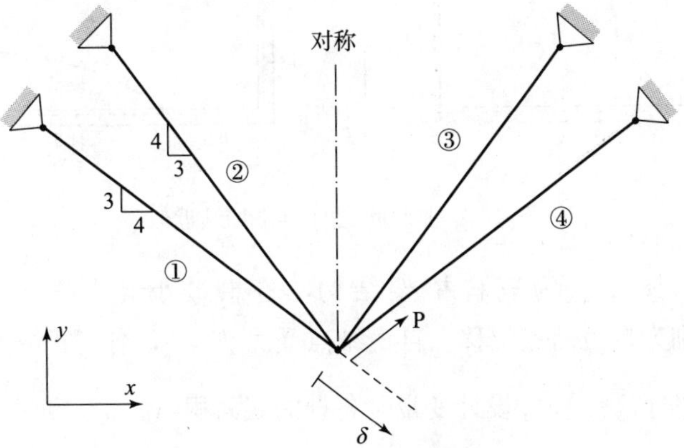

图 4.3　四杆桁架结构

解： 首先定义 $A_0=Pl/(10\delta_0 E)$，假设 A_1 和 A_2 的上下限为 $0.2A_0\leqslant A_i\leqslant 2.5A_0$，$i=1, 2$。引入新的设计变量 $x_i=A_i/A_0$，$i=1, 2$。则优化模型为

$$(\mathbb{P})_3\begin{cases}\min\limits_{x_1,x_2} g_0(x_1, x_2)=x_1+x_2\\ \text{s.t.}\begin{cases}g_1(x_1, x_2)=\dfrac{8}{16x_1+9x_2}-\dfrac{4.5}{9x_1+16x_2}-0.1\leqslant 0\\ 0.2\leqslant x_1\leqslant 2.5,\ 0.2\leqslant x_2\leqslant 2.5\end{cases}\end{cases}$$

如多数结构优化问题一样，该问题也是非凸的，参见图 4.4。本书通过产

生一系列 CONLIN 凸子问题进行求解。初始设计选为 $\boldsymbol{x}^0=(2, 1)$。目标函数的 CONLIN 近似和原函数一致。约束函数 g_1 在 $\boldsymbol{x}^0$ 点的近似如图 4.4 所示。可以看出，CONLIN 近似的子问题是凸函数。如果该子问题采用拉格朗日对偶法求解，则最优点为 $\boldsymbol{x}^1=(1.2, 0.2)$。显然，该点并不是原问题 $(\mathbb{P})_3$ 的最优解，则进行下一次迭代。首先计算 $\boldsymbol{x}^1$ 点处约束函数的 CONLIN 近似，然后计算得到的子问题，得到一个新的设计 $\boldsymbol{x}^2=(0.85, 0.2)$，显然该点不在可行域$\{(x_1, x_2): g_1(x_1, x_2)\leqslant 0\}$内，这进一步证明了函数的 CONLIN 近似并不比原函数保守。从图 4.4 中，可看出 $\boldsymbol{x}^2$ 是 $(\mathbb{P})_3$ 最优解 $\boldsymbol{x}^*$ 的一个很好近似。当然，此时也可继续迭代，以便得到一个更接近 $\boldsymbol{x}^*$ 的解。

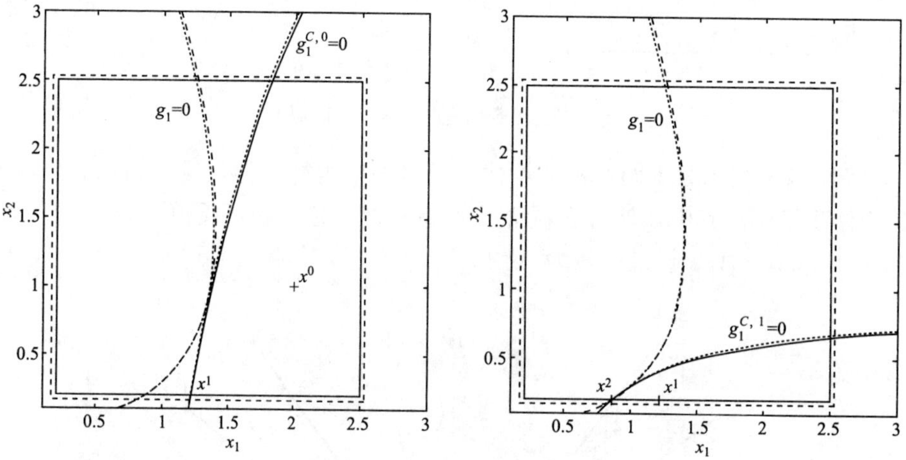

图 4.4 非凸问题的 CONLIN 近似

例 4.3 图 4.5 为三杆桁架结构，若想最小化$|u_x|+|u_y|$，式中(u_x, u_y)分别为自由结点位移。自由结点受力 $P>0$，各杆的长度为 l，桁架体积不允许超过$V_0=\dfrac{Pl}{E}$，设计变量是各杆的截面积 A_1，A_2 和 A_3。

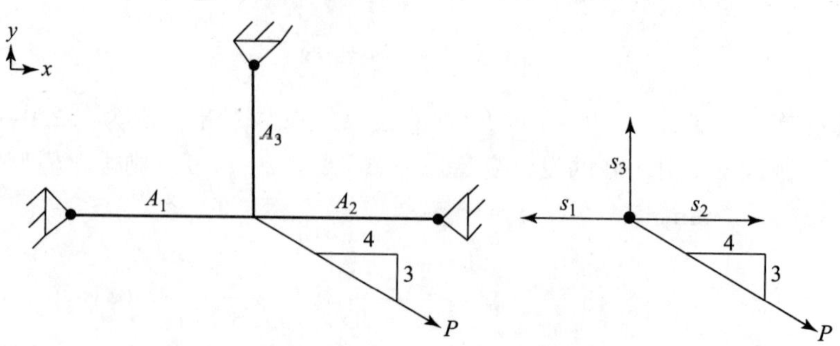

图 4.5 三杆桁架自由结点位移最小

(1) 引入中间变量 $x_i=\dfrac{lA_i}{V_0}$，$i=1$，…，3，建立优化模型；

(2) 在 $x_i=1$，$i=1$，…，3，建立优化模型的 CONLIN 近似。

解：(1) 由题意，写出优化模型为

$$\begin{cases}\min|u_x|+|u_y| \\ \text{s.t.}\quad V\leqslant V_0 \\ A_1,\ A_2,\ A_3\geqslant 0\end{cases}$$

以自由结点为分析对象（参见图 4.5 的右图），列写平衡方程为

$$\begin{cases}F_x+s_2-s_1=0 \\ F_y+s_3=0\end{cases}$$

用矩阵形式表示为

$$\begin{bmatrix}F_x \\ F_y\end{bmatrix}=\begin{bmatrix}1 & -1 & 0 \\ 0 & 0 & -1\end{bmatrix}\begin{bmatrix}s_1 \\ s_2 \\ s_3\end{bmatrix}$$

即 $\boldsymbol{F}=\boldsymbol{B}^{\mathrm{T}}\boldsymbol{s}$。其中 $\boldsymbol{F}=\dfrac{P}{5}\begin{bmatrix}4 \\ -3\end{bmatrix}$。

由 $\sigma_i=\dfrac{s_i}{A_i}=\dfrac{E\delta_i}{l_i}\Leftrightarrow s_i=\dfrac{EA_i\delta_i}{l_i}$，写成矩阵形式为 $\boldsymbol{s}=\boldsymbol{D\delta}$，其中 $\boldsymbol{D}=\dfrac{E}{l}\begin{bmatrix}A_1 & 0 & 0 \\ & A_2 & 0 \\ & & A_3\end{bmatrix}$。

则

$$\boldsymbol{F}=\boldsymbol{B}^{\mathrm{T}}\boldsymbol{s}=\boldsymbol{B}^{\mathrm{T}}\boldsymbol{D\delta}=\boldsymbol{B}^{\mathrm{T}}\boldsymbol{DBu}=\boldsymbol{Ku}$$

$$\boldsymbol{K}=\boldsymbol{B}^{\mathrm{T}}\boldsymbol{DB}=\frac{E}{l}\begin{bmatrix}1 & -1 & 0 \\ 0 & 0 & -1\end{bmatrix}\begin{bmatrix}A_1 & 0 \\ -A_2 & 0 \\ 0 & -A_3\end{bmatrix}=\frac{E}{l}\begin{bmatrix}A_1+A_2 & 0 \\ 0 & A_3\end{bmatrix}$$

由结构平衡方程 $\boldsymbol{Ku}=\boldsymbol{F}$，得

$$\frac{E}{l}\begin{bmatrix}A_1+A_2 & 0 \\ 0 & A_3\end{bmatrix}\begin{bmatrix}u_x \\ u_y\end{bmatrix}=\frac{P}{5}\begin{bmatrix}4 \\ -3\end{bmatrix}$$

解得

$$\boldsymbol{u}=\frac{Pl}{5E}\begin{bmatrix}\dfrac{4}{A_1+A_2} \\ -\dfrac{3}{A_2}\end{bmatrix}\overset{x_i=\frac{A_iE}{P}}{\Rightarrow}\frac{l}{5}\begin{bmatrix}\dfrac{4}{x_1+x_2} \\ -\dfrac{3}{x_3}\end{bmatrix}$$

约束条件 $l(A_1+A_2+A_3)\overset{x_i=\frac{A_iE}{P}}{\Rightarrow}l\left(\dfrac{Px_1}{E}+\dfrac{Px_2}{E}+\dfrac{Px_3}{E}\right)\leqslant V_0\Rightarrow x_1+x_2+$

$x_3-1\leqslant 0$

最终，三杆桁架的优化问题为

$$\begin{cases}\min & g_0(\boldsymbol{x})=\dfrac{4}{x_1+x_2}+\dfrac{3}{x_3}\\ \text{s. t.} & g_1(\boldsymbol{x})=x_1+x_2+x_3-1\leqslant 0\\ & x_1,\ x_2,\ x_3\geqslant 0\end{cases}$$

(2) 计算 $\boldsymbol{x}^0=\begin{pmatrix}1\\1\\1\end{pmatrix}$ 点目标函数值以及设计变量的偏导为

$$g_0(\boldsymbol{x}^0)=2+3=5,$$

$$\frac{\partial g_0(\boldsymbol{x}^0)}{\partial x_1}=-\frac{4}{(x_1+x_2)^2}=-1<0$$

$$\frac{\partial g_0(\boldsymbol{x}^0)}{\partial x_2}=-\frac{4}{(x_1+x_2)^2}=-1<0$$

$$\frac{\partial g_0(\boldsymbol{x}^0)}{\partial x_3}=-\frac{3}{x_3^2}=-3<0$$

由于在 $\boldsymbol{x}^0$ 点，目标函数对设计变量得偏导均小于零，因此各设计变量用倒变量$\dfrac{1}{x_1}$，$\dfrac{1}{x_2}$和$\dfrac{1}{x_3}$进行线性化处理。

$$g_0^C(\boldsymbol{x})=5+(-1)\frac{1}{x_1}(x_1-1)+(-1)\frac{1}{x_2}(x_2-1)+(-3)\frac{1}{x_3}(x_3-1)$$
$$=\frac{1}{x_1}+\frac{1}{x_2}+\frac{3}{x_3}$$

约束函数 $g_1(\boldsymbol{x})$ 已是线性函数，因此不用再进行线性化处理。

因此，优化模型在 $\boldsymbol{x}^0$ 点的 CONLIN 近似模型为

$$\begin{cases}\min & g_0^C(\boldsymbol{x})=\dfrac{1}{x_1}+\dfrac{1}{x_2}+\dfrac{3}{x_3}\\ \text{s. t.} & g_1^C(\boldsymbol{x})=x_1+x_2+x_3-1\leqslant 0\\ & x_1,\ x_2,\ x_3\geqslant 0\end{cases}$$

4.5 移动渐近线法（Method of Moving Asymptotes：MMA）

在许多结构优化问题中，CONLIN 法已被证明是一种有效的方法。然而，正是因为该方法过于保守，有时收敛很慢。另一方面，有时它并不收敛，又显示出它还不够保守。那么是否有方法能用于保守度的控制呢？Svanberg 发明的移动渐近线法就能很好地实现这一想法。

MMA 所用的中间变量为：

$$y_j(x_j)=\frac{1}{x_j-L_j} \text{或者} y_j(x_j)=\frac{1}{U_j-x_j},\ j=1,\ 2,\ \cdots,\ n$$

式中，L_j 和 U_j 就是所谓的移动限，在迭代过程中是变化的，但在 k 次迭代，始终满足

$$L_j^k<x_j^k<U_j^k \tag{4.8}$$

在设计点 $\boldsymbol{x}^k$，g_i，$i=0,\ 1,\ \cdots,\ n$ 的 MMA 近似为

$$g_i^{M,k}(\boldsymbol{x})=r_i^k+\sum_{j=1}^{n}\left(\frac{p_{ij}^k}{U_j^k-x_j}+\frac{q_{ij}^k}{x_j-L_j^k}\right) \tag{4.9}$$

式中，

$$p_{ij}^k=\begin{cases}(U_j^k-x_j^k)^2\dfrac{\partial g_i(\boldsymbol{x}^k)}{\partial x_j}, & \dfrac{\partial g_i(\boldsymbol{x}^k)}{\partial x_j}>0\\ 0, & \text{其他}\end{cases} \tag{4.10}$$

$$q_{ij}^k=\begin{cases}0, & \dfrac{\partial g_i(\boldsymbol{x}^k)}{\partial x_j}\geqslant 0\\ -(x_j^k-L_j^k)^2\dfrac{\partial g_i(\boldsymbol{x}^k)}{\partial x_j}, & \text{其他}\end{cases} \tag{4.11}$$

$$r_i^k=g_i(\boldsymbol{x}^k)-\sum_{j=1}^{n}\left(\frac{p_{ij}^k}{U_j^k-x_j^k}+\frac{q_{ij}^k}{x_j^k-L_j^k}\right) \tag{4.12}$$

因此，如果 p_{ij}^k 不等于零，那么 q_{ij}^k 等于零。反之亦然。对 $g^{M,k}$ 求两次导，得

$$\frac{\partial g_i^{M,k}(\boldsymbol{x})}{\partial x_j}=\frac{p_{ij}^k}{(U_j^k-x_j)^2}-\frac{q_{ij}^k}{(x_j-L_j^k)^2} \tag{4.13}$$

$$\frac{\partial^2 g_i^{M,k}(\boldsymbol{x})}{\partial x_j^2}=\frac{2p_{ij}^k}{(U_j^k-x_j)^3}+\frac{2q_{ij}^k}{(x_j-L_j^k)^3} \tag{4.14}$$

$$\text{如果 } j\neq p,\ \frac{\partial^2 g_i^{M,k}(\boldsymbol{x})}{\partial x_j\partial x_p}=0。 \tag{4.15}$$

与 CONLIN 一样，MMA 也有同样的优点：

(1) MMA 也是一阶近似，即 $g_i^{M,k}(\boldsymbol{x}^k)=g_i(\boldsymbol{x}^k)$，$\partial g_i^{M,k}(\boldsymbol{x}^k)/\partial x_j=\partial g_i(\boldsymbol{x}^k)/\partial x_j$。

(2) $g_i^{M,k}$ 是显式凸函数。

(3) 近似函数是可分离函数。

在 k 次迭代，$(\mathbb{SO})_{nf}$ 的 MMA 近似为：

$$(\text{MMA})\begin{cases}\min\limits_{x} g_0^{M,k}(\boldsymbol{x})\\ \text{s.t. } g_i^{M,k}(\boldsymbol{x})\leqslant 0,\ i=1,\ 2,\ \cdots,\ l\\ \alpha_j^k\leqslant x_j\leqslant \beta_j^k,\ j=1,\ 2,\ \cdots,\ n\end{cases}$$

式中，α_j^k 和 β_j^k 为移动限。该优化模型适合用拉格朗日对偶法求解。通常，为保证目标函数 $g_0^{M,k}$ 为严格凸函数，在 p_{0j}^k 和 q_{0j}^k 中分别加上 $\varepsilon(U_j^k-x_j^k)^2/(U_j^k-L_j^k)$ 和 $\varepsilon(x_j^k-L_j^k)^2/(U_j^k-L_j^k)$，式中 $\varepsilon>0$。

移动限是如何影响 MMA 的近似效果的呢？首先研究两组移动限：$(L_j^k,\ U_j^k)$ 和 $(\overline{L}_j^k,\ \overline{U}_j^k)$，其中

$$\overline{L}_j^k \leqslant L_j^k < x_j^k < U_j^k \leqslant \overline{U}_j^k \tag{4.16}$$

构造函数：

$$f_i^{M,k}(\boldsymbol{x}) = g_i^M(\boldsymbol{x}) - \overline{g}_i^{M,k}(\boldsymbol{x})$$

式中，$\overline{g}_i^{M,k}(\boldsymbol{x})$ 是在 $(\overline{L}_j^k,\ \overline{U}_j^k)$ 上定义的 $g_i^M(\boldsymbol{x})$。很容易证明，在 $L_j^k<x_j<U_j^k$ 内使 $f_i^{M,k}(\boldsymbol{x})=0$ 的唯一解是 $x_j=x_j^k$。对 $f_i^{M,k}(\boldsymbol{x})$ 求导，得 $\partial f_i^{M,k}(\boldsymbol{x})/\partial x_j=0$，此时 $f_i^{M,k}(\boldsymbol{x})$ 在 $\boldsymbol{x}^k$ 点的海塞矩阵中唯一非零元素为

$$\frac{\partial^2 f_i^{M,k}(\boldsymbol{x})}{\partial x_j^2} = \begin{cases} \dfrac{2}{U_j^k - x_j^k} g_{i,j} - \dfrac{2}{\overline{U}_j^k - x_j^k} g_{i,j}, & \text{如果 } g_{i,j} \geqslant 0 \\[2ex] -\dfrac{2}{x_j^k - L_j^k} g_{i,j} + \dfrac{2}{x_j^k - \overline{L}_j^k} g_{i,j}, & \text{如果 } g_{i,j} < 0 \end{cases}$$

式中，$g_{i,j}=\partial g_i(\boldsymbol{x}^k)/\partial x_j$。由式（4.16）可知，海塞矩阵是半正定的，因此 $f_i^{M,k}(\boldsymbol{x})$ 在 $\boldsymbol{x}=\boldsymbol{x}^k$ 处取极小。由于 $f_i^{M,k}(\boldsymbol{x}^k)=0$，因此 $f_i^{M,k}(\boldsymbol{x})\geqslant 0$，即 $g_i^{M,k}(\boldsymbol{x})\geqslant \overline{g}_i^{M,k}(\boldsymbol{x})\ (L_j^k<x_j<U_j^k)$。这就意味着，如果渐近线接近当前设计 $\boldsymbol{x}^k$，近似函数变大，即更加保守。通过在迭代过程中修改移动限，就可以控制近似函数的保守程度。下面描述一种更新移动限的启发式方法。

在 k 次迭代，设计变量 $x_j(j=1,\ 2,\ \cdots,\ n)$ 的下限 L_j^k 和上限 U_j^k，通过以下规则更新：

当 $k=0$ 和 $k=1$ 时，

$$L_j^k = x_j^k - s_{\text{init}}(x_j^{\max} - x_j^{\min}) \tag{4.17}$$

$$U_j^k = x_j^k + s_{\text{init}}(x_j^{\max} - x_j^{\min}) \tag{4.18}$$

式中，$0<s_{\text{init}}<1$，$x_j^{\min}$ 和 $x_j^{\max}$ 是设计变量 x_j 的下上边界。x_j^k 是 x_j 在 k 次迭代的值。

当 $k\geqslant 2$ 时，必须考虑 $x_j^k-x_j^{k-1}$ 和 $x_j^{k-1}-x_j^{k-2}$ 的符号。如果符号相反，变量 x_j 振荡，应强迫移动限 L_j^k 和 U_j^k 接近 x_j^k 以使 MMA 近似更加保守。此时，令

$$L_j^k = x_j^k - s_{\text{slower}}(x_j^{k-1} - L_j^{k-1})$$

$$U_j^k = x_j^k + s_{\text{slower}}(U_j^{k-1} - x_j^{k-1})$$

式中，$0<s_{\text{slower}}<1$。另一方面，如果 $x_j^k-x_j^{k-1}$ 和 $x_j^{k-1}-x_j^{k-2}$ 的符号相同，移动限应远离 x_j^k，使得 MMA 不太保守，加快收敛速度：

$$L_j^k = x_j^k - s_{\text{faster}}(x_j^{k-1} - L_j^{k-1})$$

$$U_j^k = x_j^k + s_{\text{faster}}(U_j^{k-1} - x_j^{k-1})$$

式中，$s_{\text{faster}}>1$。在每次迭代中，设计变量都要满足约束

$$\alpha_j^k \leqslant x_j^k \leqslant \beta_j^k$$

式中，移动限 α_j^k 和 β_j^k 为

$$\alpha_j^k = \max(x_j^{\min},\ L_j^k + \mu(x_j^k - L_j^k)) \tag{4.19}$$

$$\beta_j^k = \min(x_j^{\max},\ U_j^k - \mu(U_j^k - x_j^k)) \tag{4.20}$$

式中，$0<\mu<1$。并始终保持

$$L_j^k < \alpha_j^k \leqslant x_j^k \leqslant \beta_j^k < U_j^k$$

这样可以防止 $U_j^k - x_j^k$ 和 $x_j^k - L_j^k$ 为零，避免了在 MMA 近似中被零除。

容易看出，SLP 和 CONLIN 都是 MMA 的特例：如果 $L_j^k=0$ 且 $U_j^k \to +\infty$，则为 CONLIN；如果 $L_j^k \to -\infty$ 且 $U_j^k \to +\infty$，则为 SLP。为了证明第一个结论，首先写出

$$\frac{1}{U-x_j} = \frac{1}{U(1-x_jU^{-1})} = U^{-1}(1+x_jU^{-1}+O(U^{-2}))$$

式中，$U=U_j^k$，$O(U^{-2})$表示：当 $U \to +\infty$，$O(U^{-2})$可表示为 $U^{-2}f(U)$，其中 $f(U)$ 为边界函数。则 MMA 近似为

$$\begin{aligned}
g_i^{M,k}(\boldsymbol{x}) &= g_i(\boldsymbol{x}^k) - \sum_+ (U-x_j^k)g_{i,j} + \sum_- x_j^k g_{i,j} + \\
&\quad \sum_+ \frac{(U-x_j^k)^2}{U-x_j} g_{i,j} - \sum_- \frac{(x_j^k)^2}{x_j} g_{i,j} \\
&= g_i(\boldsymbol{x}^k) - \sum_+ (U-x_j^k)g_{i,j} + \sum_- x_j^k g_{i,j} + \\
&\quad \sum_+ (U^2 + (x_j^k)^2 - 2Ux_j^k)U^{-1}(1 + x_jU^{-1} + O(U^{-2}))g_{i,j} - \\
&\quad \sum_- \frac{(x_j^k)^2}{x_j} g_{i,j} \\
&= g_i(\boldsymbol{x}^k) - \sum_+ (U-x_j^k)g_{i,j} + \sum_- x_j^k g_{i,j} + \\
&\quad \sum_+ (U + (x_j^k)^2U^{-1} - 2x_j^k)(1 + x_jU^{-1} + O(U^{-2}))g_{i,j} - \\
&\quad \sum_- \frac{(x_j^k)^2}{x_j} g_{i,j} \\
&= g_i(\boldsymbol{x}^k) + \sum_+ x_j^k g_{i,j} + \sum_- x_j^k g_{i,j} + \\
&\quad \sum_+ (x_j + O(U^{-1}) - 2x_j^k)g_{i,j} - \sum_- \frac{(x_j^k)^2}{x_j} g_{i,j}
\end{aligned}$$

式中，$g_{i,j} = \partial g_i(\boldsymbol{x}^k)/\partial x_j$，$\sum_+$ 表示所有 $g_{i,j}>0$ 的项相加，同理，$\sum_-$ 表示所有 $g_{i,j}<0$ 的项相加。当 $U \to +\infty$，上式为

$$g_i^{M,k}(\boldsymbol{x}) \rightarrow g_i(\boldsymbol{x}^k) + \sum_{+}(x_j - x_j^k) g_{i,j} + \sum_{-}\left(x_j^k - \frac{(x_j^k)^2}{x_j}\right) g_{i,j}$$

这个表达式和式（4.5）中 CONLIN 法的定义一致。

例 4.4 考虑例 4.1 中同样的函数 g。本例用 MMA 方法计算 $x^0=1$ 点处函数 g 的近似。由于导数 g_x（x^0）$=2.9>0$，函数 g 用变量1/（U^0-x）进行线性化处理。图 4.6 中表示了不同上边界值的近似结果。注意，当 U^0 离 x^0 越远，近似效果越差。如当 $U^0=10^4$，近似结果几乎是线性的，这一点和上述内容一致，即当 $U\rightarrow\infty$（和 $L\rightarrow-\infty$）时，MMA 方法演变为 SLP 方法了。

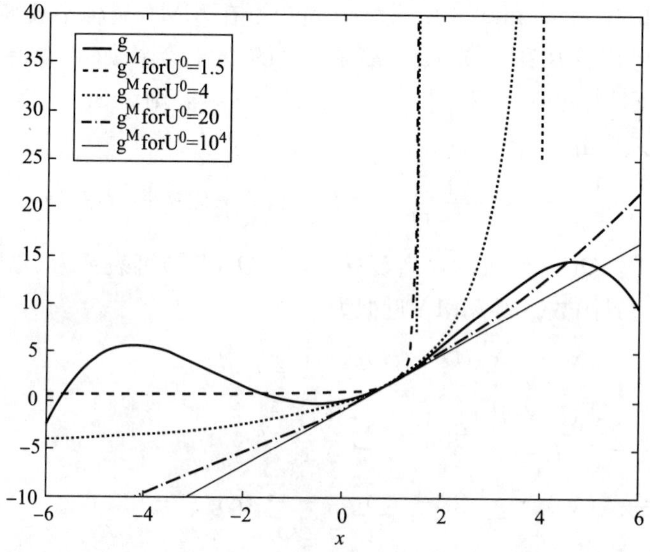

图 4.6　MMA 近似：两个垂直的点划线分别表示 g^M 在 $U^0=1.5$ 和 $U^0=4$ 的渐近线

第 5 章　桁架柔度优化问题

本章将以桁架为研究对象，以桁架的柔度最小为目标，详细阐述序列显式近似方法如何求解大型优化问题，即确定二维桁架中各杆的横截面积。此时假设桁架中各杆间的结点不变，即拓扑结构不变，使得桁架的刚度最大。

5.1　问题描述

为了使桁架的刚度最大，如图 5.1 所示，首先需确定一个合理的刚度评价函数——柔度（Compliance）。柔度小，则结构的刚度大。

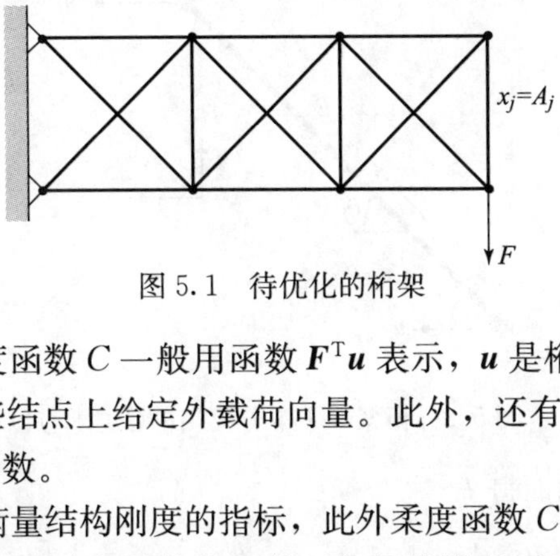

图 5.1　待优化的桁架

评价构件的柔度函数 C 一般用函数 $\boldsymbol{F}^{\mathrm{T}}\boldsymbol{u}$ 表示，$\boldsymbol{u}$ 是桁架中结点的位移向量，$\boldsymbol{F}$ 是作用在这些结点上给定外载荷向量。此外，还有用结点位移向量积，即 $\boldsymbol{u}^{\mathrm{T}}\boldsymbol{u}$，构造柔度函数。

柔度是常用的衡量结构刚度的指标，此外柔度函数 C 还有至少两个优点。首先，柔度 C 是关于设计变量的凸函数，如杆的横截面积，而 $\boldsymbol{u}^{\mathrm{T}}\boldsymbol{u}$ 是这些变量的非凸函数。如节 2.2.6 所示。此外，在给定载荷作用下，桁架的柔度最小，意味着桁架中所有的杆具有相同的应力。若桁架中各杆的应力相同，则表示了材料在杆的设计中得到了很好的利用。

针对桁架的柔度优化，可以用联立方程组（Simultaneous Formulation）的形式列出如下数学模型，

$$
(\mathbb{P})_{\mathrm{sf}}\begin{cases}\min\limits_{\boldsymbol{x},\boldsymbol{u}}\boldsymbol{F}^{\mathrm{T}}\boldsymbol{u}\\ \text{s. t.}\begin{cases}\boldsymbol{K}(\boldsymbol{x})\boldsymbol{u}=\boldsymbol{F}\\ \sum\limits_{j=1}^{n}l_jx_j\leqslant V_{\max}\end{cases}\\ \boldsymbol{x}\in\chi=\{\boldsymbol{x}\in R^n:\ x_j^{\min}\leqslant x_j\leqslant x_j^{\max},\ j=1,\ 2,\ \cdots,\ n\}\end{cases}
$$

式中，n 为桁架中杆的数目，l_j 为杆 j 的长度，x_j 为杆 j 的横截面积，$V_{\max}$ 为桁架最大许用体积。为简化分析，假设作用在桁架上的外载荷向量 $\boldsymbol{F}$ 不变，即和迭代过程中的设计无关，忽略各杆的自重。通常而言，若考虑杆的自重，则载荷 $\boldsymbol{F}$ 和设计变量 $\boldsymbol{x}$ 有关。$\boldsymbol{K}(\boldsymbol{x})$ 是结构总体刚度矩阵。设计变量 x_j 的上、下边界分别为 $x_j^{\max}$ 和 $x_j^{\min}$，且 $x_j^{\min} \geqslant 0$，$x_j^{\max}$ 有界。

下面推导结构总体刚度矩阵 $\boldsymbol{K}(\boldsymbol{x})$。首先以图 5.2 所示的任意杆 j 为对象，用杆单元的局部结点 1 和 2 表示杆的端点，沿杆的方向定义一个单位矢量 $\boldsymbol{e}_j$，方向从 1 指向 2。杆的角度 θ_j，由坐标轴的 x 方向和单位矢量 $\boldsymbol{e}_j$ 方向构成，绕 z 轴逆时针方向为正。单位矢量可写为

$$\boldsymbol{e}_j = \begin{bmatrix} \cos\theta_j \\ \sin\theta_j \end{bmatrix}$$

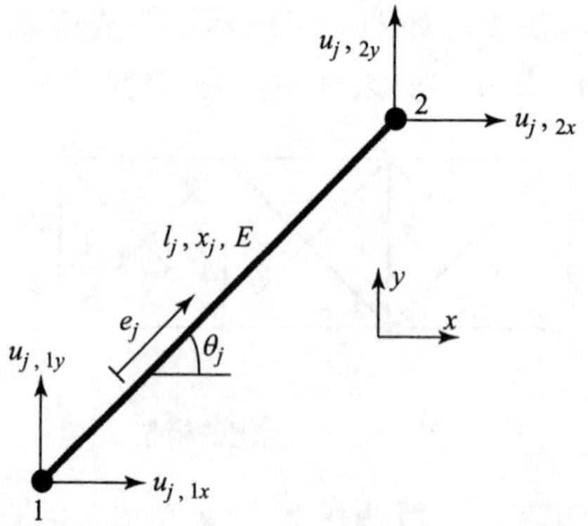

图 5.2 桁架 5.1 中分离出的任意杆 j

杆 j 的结点位移向量为

$$\boldsymbol{u}_j = \begin{bmatrix} u_{j,1} \\ u_{j,2} \end{bmatrix}，式中 \boldsymbol{u}_{j,1} = \begin{bmatrix} u_{j,1x} \\ u_{j,1y} \end{bmatrix}，\boldsymbol{u}_{j,2} = \begin{bmatrix} u_{j,2x} \\ u_{j,2y} \end{bmatrix}。$$

杆 j 的伸长率（或变形）δ_j 定义为 $(\boldsymbol{u}_{j,2} - \boldsymbol{u}_{j,1}) \cdot \boldsymbol{e}^j$，或

$$\delta_j = \boldsymbol{B}_j \boldsymbol{u}_j \tag{5.1}$$

式中，

$$\boldsymbol{B}_j = [-\boldsymbol{e}_j^{\mathrm{T}} \quad \boldsymbol{e}_j^{\mathrm{T}}]。 \tag{5.2}$$

作用在杆 j 结点的外力 f_j 可写为

$$f_j = \boldsymbol{B}_j^{\mathrm{T}} s_j， \tag{5.3}$$

式中，s_j 为杆 j 的内力。如果 $s_j > 0$，杆 j 受拉，反之受压。由胡克定律（Hooke's law）确定杆所受的力和变形之间的关系，为

$$s_j = \sigma_j x_j = E\varepsilon_j x_j = \frac{E\delta_j x_j}{l_j} = D_j \delta_j，$$

式中，σ_j 和 ε_j 分别为杆 j 的应力和应变。E 为杨氏模量，假设桁架中所有杆的杨氏模量相同，且

$$D_j=\frac{Ex_j}{l_j}, \tag{5.4}$$

将式（5.4）代入式（5.3），应用式（5.1），则

$$\boldsymbol{f}_j=\boldsymbol{k}_j\boldsymbol{u}_j, \tag{5.5}$$

式中，

$$\boldsymbol{k}_j=\boldsymbol{B}_j^{\mathrm{T}}D_j\boldsymbol{B}_j \tag{5.6}$$

为杆 j 的单元刚度矩阵。在杆的材料、长度确定的情况，杆单元的刚度矩阵是截面积的函数，即 $\boldsymbol{k}_j=\boldsymbol{k}_j(\boldsymbol{x})$，而截面积是设计变量，因此将杆单元的刚度矩阵写成如下形式，

$$\boldsymbol{k}_j(\boldsymbol{x})=x_j\boldsymbol{k}_j^0, \tag{5.7}$$

式中，$\boldsymbol{k}_j^0$ 是常矩阵，可由式（5.6）计算（也可参考附录 C）。单位面积杆单元 j 的刚度矩阵为

$$\boldsymbol{k}_0^j=\frac{E}{l_j}\begin{bmatrix} c^2 & sc & -c^2 & -sc \\ sc & s^2 & -sc & -s^2 \\ -c^2 & -sc & c^2 & sc \\ -sc & -s^2 & sc & s^2 \end{bmatrix}, \tag{5.8}$$

式中，$s=\sin\theta_j$，$c=\cos\theta_j$。

杆单元 j 的位移向量 $\boldsymbol{u}_j$ 可由结构总体位移矩阵 $\boldsymbol{u}$ 得到

$$\boldsymbol{u}_j=\boldsymbol{C}_j\boldsymbol{u}, \tag{5.9}$$

式中，$\boldsymbol{C}_j$ 是单元位移转换矩阵，矩阵元素为 0 或 1。$\boldsymbol{u}_j$ 应包含杆单元 j 上所有结点的位移，若结点受约束，则该结点位移为零。而在矩阵 $\boldsymbol{u}$ 中，不包含结点位移始终为零的元素，即在 $\boldsymbol{C}_j$ 中的每一行中最多有一个元素为 1。将式（5.5）乘以 $\boldsymbol{C}_j^{\mathrm{T}}$，再将桁架中所有杆相加，则结构的总平衡方程为：

$$\boldsymbol{F}=\boldsymbol{K}(\boldsymbol{x})\boldsymbol{u} \tag{5.10}$$

式中，

$$\boldsymbol{K}(\boldsymbol{x})=\sum_{j=1}^{n}\boldsymbol{K}_j(\boldsymbol{x}),\ \boldsymbol{K}_j(\boldsymbol{x})=\boldsymbol{C}_j^{\mathrm{T}}\boldsymbol{k}_j(\boldsymbol{x})\boldsymbol{C}_j \tag{5.11}$$

此时，$\boldsymbol{K}(\boldsymbol{x})$ 为桁架总体刚度矩阵，$\boldsymbol{K}_j(\boldsymbol{x})$ 为单元刚度矩阵 $\boldsymbol{k}_j(\boldsymbol{x})$ 在结构总体中的表现，和总体位移列阵 $\boldsymbol{u}$ 中的自由度数相对应。在例 5.1 中，将以一个小的桁架结构说明 $\boldsymbol{K}(\boldsymbol{x})$ 的计算过程。

刚度矩阵 $\boldsymbol{K}(\boldsymbol{x})$ 也可表示为

$$\boldsymbol{K}(\boldsymbol{x})=\sum_{j=1}^{n}x_j\boldsymbol{K}_j^0,\boldsymbol{K}_j^0=\boldsymbol{C}_j^{\mathrm{T}}\boldsymbol{k}_j^0\boldsymbol{C}_j \tag{5.12}$$

式中，$\boldsymbol{K}_j^0$ 为常矩阵。将矩阵 $\boldsymbol{K}_j(\boldsymbol{x})$ 转置，得到 $\boldsymbol{C}_j^{\mathrm{T}}(\boldsymbol{C}_j^{\mathrm{T}}\boldsymbol{k}_j(\boldsymbol{x}))^{\mathrm{T}}=\boldsymbol{C}_j^{\mathrm{T}}\boldsymbol{k}_j(\boldsymbol{x})\boldsymbol{C}_j$，

由于 $\boldsymbol{k}_j(\boldsymbol{x})$ 是对称阵（参见式（5.8）），因此 $\boldsymbol{K}(\boldsymbol{x})$ 也是对称阵。此外，在式（5.10）中，

$$\boldsymbol{F} = \sum_{j=1}^{n} \boldsymbol{C}_j^{\mathrm{T}} \boldsymbol{f}_j \tag{5.13}$$

在这个求和公式里，支撑的未知反力和邻近杆的未知力将不对结构方程起作用，因此，将式（5.13）改写为

$$\boldsymbol{F} = \sum_{j=1}^{n} \boldsymbol{C}_j^{\mathrm{T}} \boldsymbol{f}_j^{a} \tag{5.14}$$

式中，$\boldsymbol{f}_j^a$ 为杆 j 结点作用力向量。这样，向量 $\boldsymbol{F}$ 就为桁架中结构总体受力。一旦由式（5.10）得到位移后，总的单元外部载荷 $\boldsymbol{f}_j$ 可由式（5.5）计算。

由单元作用力列阵和单元刚度矩阵计算结构作用力阵和刚度矩阵的过程称为组装。在实际应用中，单元位移转换矩阵 $\boldsymbol{C}_j$ 从来不用，而是根据结构自由度数，首先确定结构总体刚度矩阵的维数，然后将单元刚度矩阵的元素加在相应的矩阵中，载荷向量也可同样处理。一般，用下式

$$\boldsymbol{K}(\boldsymbol{x}) = \mathop{\mathrm{A}}_{j=1}^{n} \boldsymbol{k}_j(\boldsymbol{x}),\quad \boldsymbol{F} = \mathop{\mathrm{A}}_{j=1}^{n} \boldsymbol{f}_j^a \tag{5.15}$$

描述该组装过程。

由式（5.1）和式（5.9），桁架中所有杆的伸长率 $\boldsymbol{\delta}$ 为

$$\boldsymbol{\delta} = \bar{\boldsymbol{B}} \boldsymbol{u},$$

式中，

$$\bar{\boldsymbol{B}} = \begin{bmatrix} \boldsymbol{B}_1 \boldsymbol{C}_1 \\ \vdots \\ \boldsymbol{B}_n \boldsymbol{C}_n \end{bmatrix}。$$

如果式（5.3）用于整个桁架，则为 $\boldsymbol{F} = \bar{\boldsymbol{B}}^{\mathrm{T}} \boldsymbol{s}$，式中 $\boldsymbol{s}$ 是桁架中所有杆的内力。对于静定桁架，矩阵 $\bar{\boldsymbol{B}}$ 可逆，因此

$$\boldsymbol{u} = \bar{\boldsymbol{B}}^{-1} \boldsymbol{\delta} = \bar{\boldsymbol{B}}^{-1} \mathrm{diag}\left(\frac{l_1}{Ex_1},\ \cdots,\ \frac{l_n}{Ex_n}\right) \bar{\boldsymbol{B}}^{-\mathrm{T}} \boldsymbol{F},$$

表明，杆的位移是 $1/x_j$ 的函数。$\mathrm{diag}(A_{11},\ \cdots,\ A_{mm})$ 表示的是对角矩阵，对角元素为 A_{11}，…，A_{mm}。类似地，所有杆的应力 σ 可表示成

$$\boldsymbol{\sigma} = \mathrm{diag}\left(\frac{1}{x_1},\ \cdots,\ \frac{1}{x_n}\right) \bar{\boldsymbol{B}}^{-\mathrm{T}} \boldsymbol{F}$$

因此，应力也是 $1/x_j$ 的函数。

为便于后面的应用，推导杆 j 的应变能表达式。对于任意的位移向量 $\boldsymbol{u}_j$，杆 j 的应变能定义为

$$U_j = \frac{1}{2}\int \sigma_j \varepsilon_j \mathrm{d}V_j = \frac{1}{2} E \varepsilon_j^2 x_j l_j = \frac{1}{2} E \frac{(\boldsymbol{B}_j \boldsymbol{u}_j)^2}{l_j^2} x_j l_j$$

$$= \frac{1}{2}(\boldsymbol{B}_j\boldsymbol{u}_j)^{\mathrm{T}}\frac{Ex_j}{l_j}\boldsymbol{B}_j\boldsymbol{u}_j = \frac{1}{2}\boldsymbol{u}_j^{\mathrm{T}}\boldsymbol{B}_j^{\mathrm{T}}D_j\boldsymbol{B}_j\boldsymbol{u}_j \tag{5.16}$$

由式（5.6），可得

$$U_j = \frac{1}{2}\boldsymbol{u}_j^{\mathrm{T}}\boldsymbol{k}_j\boldsymbol{u}_j \tag{5.17}$$

由式（5.16）中第一行的最后一个表达式可知，应变能显然是非负的，因此刚度矩阵是半正定阵。应用式（5.9）和式（5.11），则桁架的应变能为所有杆的应变能之和：

$$U = \sum_{j=1}^{n}U_j = \frac{1}{2}\sum_{j=1}^{n}(\boldsymbol{C}_j\boldsymbol{u})^{\mathrm{T}}\boldsymbol{k}_j(\boldsymbol{C}_j\boldsymbol{u}) = \frac{1}{2}\boldsymbol{u}^{\mathrm{T}}\Big(\sum_{j=1}^{n}\boldsymbol{C}_j^{\mathrm{T}}\boldsymbol{k}_j\boldsymbol{C}_j\Big)\boldsymbol{u} = \frac{1}{2}\boldsymbol{u}^{\mathrm{T}}\boldsymbol{K}\boldsymbol{u} \tag{5.18}$$

如果所有杆的截面积严格为正，不存在应变能（刚体位移）为零的非零位移向量 $\boldsymbol{u}$，因此 $\boldsymbol{K}$ 是正定的，那么 $\boldsymbol{K}$ 可逆。

例 5.1　写出图 5.3 所示三杆桁架的平衡方程。桁架由三根杆组成，即三个杆单元，用①、②和③表示，共三个结点，用 1、2 和 3 表示，杆单元的结点用（1）和（2）表示。如图 5.3 所示。

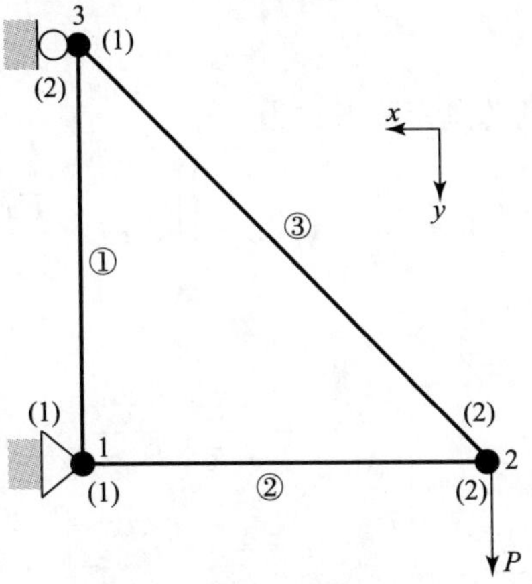

图 5.3　三杆桁架示意图

杆单元①、②和③的位移向量分别为 $\boldsymbol{u}_1 = [0\quad 0\quad 0\quad u_{3y}]^{\mathrm{T}}$，$\boldsymbol{u}_2 = [0\quad 0\quad u_{2x}\quad u_{2y}]^{\mathrm{T}}$ 和 $\boldsymbol{u}_3 = [0\quad u_{3y}\quad u_{2x}\quad u_{2y}]^{\mathrm{T}}$。桁架结构的位移向量为 $\boldsymbol{u} = [u_{2x}\quad u_{2y}\quad u_{3y}]^{\mathrm{T}}$。将各单元的位移向量写成结构总体位移的形式，即 $\boldsymbol{u}_j = \boldsymbol{C}_j\boldsymbol{u}$，则矩阵 $\boldsymbol{C}_j$ 为

$$\boldsymbol{C}_1 = \begin{bmatrix} 0 & 0 & 0 \\ 0 & 0 & 0 \\ 0 & 0 & 0 \\ 0 & 0 & 1 \end{bmatrix},\ \boldsymbol{C}_2 = \begin{bmatrix} 0 & 0 & 0 \\ 0 & 0 & 0 \\ 1 & 0 & 0 \\ 0 & 1 & 0 \end{bmatrix},\ \boldsymbol{C}_3 = \begin{bmatrix} 0 & 0 & 0 \\ 0 & 0 & 1 \\ 1 & 0 & 0 \\ 0 & 1 & 0 \end{bmatrix}$$

对杆 1，$\theta_1=3\pi/2$，因此 $\boldsymbol{e}_1=[0\quad -1]^{\mathrm{T}}$，$\boldsymbol{B}_1=[0\quad 1\quad 0\quad -1]$，则由公式（5.6）可得

$$\boldsymbol{k}_1=\frac{Ex_1}{l}\begin{bmatrix}0 & 0 & 0 & 0\\ 0 & 1 & 0 & -1\\ 0 & 0 & 0 & 0\\ 0 & -1 & 0 & 1\end{bmatrix}$$

同理，对杆 2，$\theta_2=\pi$，$\boldsymbol{e}_2=[-1\quad 0]^{\mathrm{T}}$，$\boldsymbol{B}_2=[1\quad 0\quad -1\quad 0]$，则

$$\boldsymbol{k}_2=\frac{Ex_2}{l}\begin{bmatrix}1 & 0 & -1 & 0\\ 0 & 0 & 0 & 0\\ -1 & 0 & 1 & 0\\ 0 & 0 & 0 & 0\end{bmatrix}$$

对杆 3，$\theta_3=3\pi/4$，$\boldsymbol{e}_3=[-1\quad 1]^{\mathrm{T}}/\sqrt{2}$，$\boldsymbol{B}_3=[1\quad -1\quad -1\quad 1]/\sqrt{2}$，则

$$\boldsymbol{k}_3=\frac{Ex_3}{2\sqrt{2}l}\begin{bmatrix}1 & -1 & -1 & 1\\ -1 & 1 & 1 & -1\\ -1 & 1 & 1 & -1\\ 1 & -1 & -1 & 1\end{bmatrix}$$

各单元刚度矩阵的总刚矩阵形式为

$$\boldsymbol{K}_1=\frac{Ex_1}{l}\begin{bmatrix}0 & 0 & 0\\ 0 & 0 & 0\\ 0 & 0 & 1\end{bmatrix},\ \boldsymbol{K}_2=\frac{Ex_2}{l}\begin{bmatrix}1 & 0 & 0\\ 0 & 0 & 0\\ 0 & 0 & 0\end{bmatrix},\ \boldsymbol{K}_3=\frac{Ex_3}{2\sqrt{2}l}\begin{bmatrix}1 & -1 & 1\\ -1 & 1 & -1\\ 1 & -1 & 1\end{bmatrix}$$

总体刚度矩阵为

$$\boldsymbol{K}(\boldsymbol{x})=\sum_{j=1}^{n}\boldsymbol{K}_j=\frac{E}{l}\begin{bmatrix}x_2+\dfrac{x_3}{2\sqrt{2}} & -\dfrac{x_3}{2\sqrt{2}} & \dfrac{x_3}{2\sqrt{2}}\\ -\dfrac{x_3}{2\sqrt{2}} & \dfrac{x_3}{2\sqrt{2}} & -\dfrac{x_3}{2\sqrt{2}}\\ \dfrac{x_3}{2\sqrt{2}} & -\dfrac{x_3}{2\sqrt{2}} & x_1+\dfrac{x_3}{2\sqrt{2}}\end{bmatrix}$$

作用在桁架上的外力向量为 $\boldsymbol{f}_1^a=[0\quad 0\quad 0\quad 0]^{\mathrm{T}}$，$\boldsymbol{f}_2^a=[0\quad 0\quad 0\quad 0]^{\mathrm{T}}$，$\boldsymbol{f}_3^a=[0\quad 0\quad 0\quad P]^{\mathrm{T}}$。力 P 作用在结点 2 上，但对于该力是作用在杆 2 上，还是作用在杆 3 上，并不重要。

$$\boldsymbol{F}=\sum_{j=1}^{3}\boldsymbol{C}_j^{\mathrm{T}}\boldsymbol{f}_j^a=\begin{bmatrix}0\\ P\\ 0\end{bmatrix}$$

由平衡方程 $\boldsymbol{Ku}=\boldsymbol{F}$，可得

$$\boldsymbol{u}=\begin{bmatrix}u_{2x}\\u_{2y}\\u_{3y}\end{bmatrix}=\frac{Pl}{E}\begin{bmatrix}\dfrac{1}{x_2}\\\dfrac{1}{x_1}+\dfrac{1}{x_2}+\dfrac{2\sqrt{2}}{x_3}\\\dfrac{1}{x_1}\end{bmatrix}$$

最后，由单元外力向量 $\boldsymbol{f}_j=\boldsymbol{k}_j\boldsymbol{u}_j$，$j=1$，2，3 计算作用在各单元上的力为 $\boldsymbol{f}_1=P[0\quad -1\quad 0\quad 1]^{\mathrm{T}}$，$\boldsymbol{f}_2=P[-1\quad 0\quad 1\quad 0]^{\mathrm{T}}$，$\boldsymbol{f}_3=P[1\quad -1\quad -1\quad 1]^{\mathrm{T}}$，如图 5.4 所示。显然，这些力保证了桁架处于平衡状态。这也很容易用式（5.16）进行验证，即

$$\boldsymbol{F}=\sum_{j=1}^{n}\boldsymbol{C}_j^{\mathrm{T}}\boldsymbol{f}_j^{a}=\sum_{j=1}^{n}\boldsymbol{C}_j^{\mathrm{T}}\boldsymbol{f}_j$$

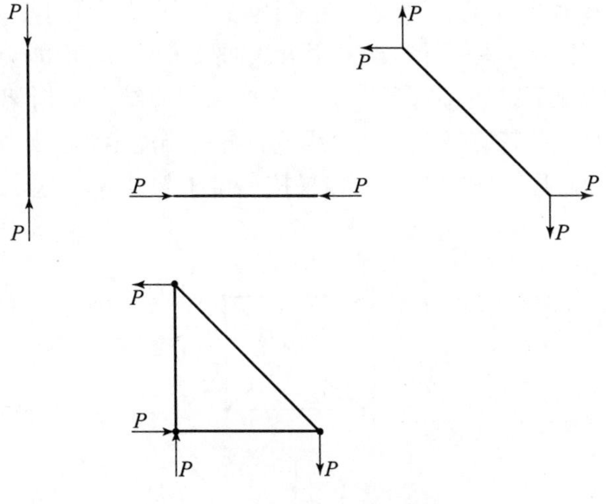

图 5.4　桁架及各杆受力图

5.2　嵌套方程（Nested Formulation）及特点

如果结构的总体刚度矩阵是非奇异阵，则可从联立方程 $(\mathbb{P})_{\mathrm{sf}}$ 中消去位移向量 $\boldsymbol{u}$，得到嵌套表达式：

$$(\mathbb{P})_{\mathrm{nf}}\begin{cases}\min\limits_{\boldsymbol{x}}\boldsymbol{F}^{\mathrm{T}}\boldsymbol{u}(\boldsymbol{x})\\ \text{s. t.}\ \sum\limits_{j=1}^{n}l_jx_j-V_{\max}\leqslant 0\\ \boldsymbol{x}\in\chi\end{cases}$$

式中，$\boldsymbol{u} \mapsto \boldsymbol{u}(\boldsymbol{x})$是由平衡方程$\boldsymbol{K}(\boldsymbol{x})\boldsymbol{u}(\boldsymbol{x})=\boldsymbol{F}$定义的隐式函数。由于设计域是紧集，可行点可假设为（$\mathbb{P}$）$_{\mathrm{nf}}$的解，即设计变量$\boldsymbol{x}$的下限值不是很大，则桁架的体积总大于$V_{\max}$，即体积约束永远是起作用约束。

如果$x_j^{\min}=0$，$j=1$，2，…，n，该杆将从桁架结构中消失，即尺寸优化问题变为拓扑优化问题。在这种情况下，优化后桁架的刚度矩阵将是典型的奇异阵。图 5.5 中表示了桁架基型结构以及三种可能的优化解。图 5.5（a）中，$\boldsymbol{K}(\boldsymbol{x})$是正定阵；图 5.5（b），$\boldsymbol{K}(\boldsymbol{x})$中对应右上结点的行和列位移为零，因此$\boldsymbol{K}(\boldsymbol{x})$是奇异阵；图 5.5（c）中情况也一样。如果$\boldsymbol{K}(\boldsymbol{x})$奇异，则不能建立嵌套方程，只能求解一个比较大的联立方程。实际上，可以令$x_j^{\min}=\varepsilon>0$，以避免求解联立方程。可以证明，当$\varepsilon \to 0$时，由$x_j^{\min}=\varepsilon$建立的嵌套方程的解将逼近原问题在$x_j^{\min}=0$的解。当采用这种方法时，优化结果中截面积为ε的杆将被删除，此时不与杆连接的结点也同时删除。这种方法，初看起来很好，但实际上找到一个合适的ε是很困难的。如果ε太小，由于刚度矩阵$\boldsymbol{K}(\boldsymbol{x})$的病态，平衡方程的计算误差很大；如果$\varepsilon$太大，可能会删除结构中关键的杆。多数情况下，通过这种方法删除杆和相应结点的桁架都有正定的刚度矩阵，当然对一些特殊情况，也会得到奇异的刚度矩阵。如图 5.5（c），虚线对应截面积为ε且被删除的杆，如果按一维桁架建模，这个结构的刚度矩阵是正定的。

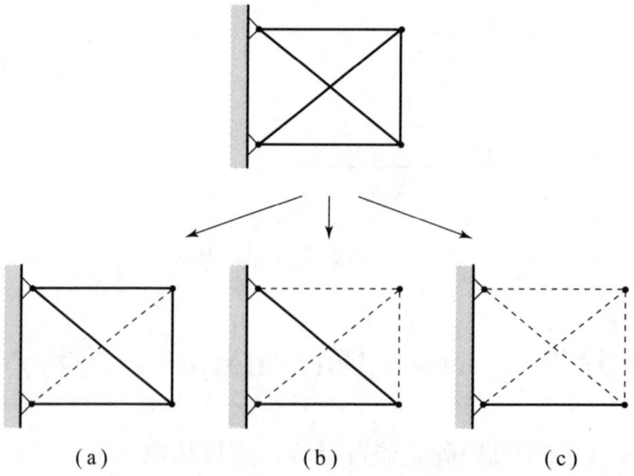

图 5.5　基结构及其三种优化结构：虚线表示截面面积为零的杆

5.2.1　嵌套问题的凸性

嵌套方程（$\mathbb{P}$）$_{\mathrm{nf}}$具有非常良好的特性，即该问题是一个凸问题，证明如下：

首先，柔度 C 的偏导为

$$\frac{\partial C(\boldsymbol{x})}{\partial x_j}=\boldsymbol{F}^{\mathrm{T}}\frac{\partial \boldsymbol{u}(\boldsymbol{x})}{\partial x_j}=(\boldsymbol{K}(\boldsymbol{x})\boldsymbol{u}(\boldsymbol{x}))^{\mathrm{T}}\frac{\partial \boldsymbol{u}(\boldsymbol{x})}{\partial x_j}=\boldsymbol{u}(\boldsymbol{x})^{\mathrm{T}}\boldsymbol{K}(\boldsymbol{x})\frac{\partial \boldsymbol{u}(\boldsymbol{x})}{\partial x_j} \tag{5.19}$$

式中，应用了 $\boldsymbol{K}(\boldsymbol{x})$ 的对称性质。$\frac{\partial \boldsymbol{u}(\boldsymbol{x})}{\partial x_j}$由平衡方程 $\boldsymbol{K}(\boldsymbol{x})\boldsymbol{u}(\boldsymbol{x})=\boldsymbol{F}$ 求导得

$$\frac{\partial \boldsymbol{K}(\boldsymbol{x})}{\partial x_j}\boldsymbol{u}(\boldsymbol{x})+\boldsymbol{K}(\boldsymbol{x})\frac{\partial \boldsymbol{u}(\boldsymbol{x})}{\partial x_j}=\boldsymbol{0} \tag{5.20}$$

则

$$\frac{\partial \boldsymbol{u}(\boldsymbol{x})}{\partial x_j}=-\boldsymbol{K}(\boldsymbol{x})^{-1}\frac{\partial \boldsymbol{K}(\boldsymbol{x})}{\partial x_j}\boldsymbol{u}(\boldsymbol{x})=-\boldsymbol{K}(\boldsymbol{x})^{-1}\boldsymbol{K}_j^0\boldsymbol{u}(\boldsymbol{x}) \tag{5.21}$$

由式（5.19）和式（5.21）可得

$$\frac{\partial C(\boldsymbol{x})}{\partial x_j}=-\boldsymbol{u}(\boldsymbol{x})^{\mathrm{T}}\boldsymbol{K}_j^0\boldsymbol{u}(\boldsymbol{x}) \tag{5.22}$$

柔度 C 的二阶偏导为

$$\begin{aligned}\frac{\partial^2 C(\boldsymbol{x})}{\partial x_i\partial x_j}&=\left(\frac{\partial \boldsymbol{u}(\boldsymbol{x})}{\partial x_i}\right)^{\mathrm{T}}\boldsymbol{K}_{\mathrm{j}}^0\boldsymbol{u}(\boldsymbol{x})-\boldsymbol{u}(\boldsymbol{x})^{\mathrm{T}}\boldsymbol{K}_{\mathrm{j}}^0\frac{\partial \boldsymbol{u}(\boldsymbol{x})}{\partial x_i}\\&=\boldsymbol{u}(\boldsymbol{x})^{\mathrm{T}}\boldsymbol{K}_i^0\boldsymbol{K}(\boldsymbol{x})^{-1}\boldsymbol{K}_j^0\boldsymbol{u}(\boldsymbol{x})+\boldsymbol{u}(\boldsymbol{x})^{\mathrm{T}}\boldsymbol{K}_j^0\boldsymbol{K}(\boldsymbol{x})^{-1}\boldsymbol{K}_i^0\boldsymbol{u}(\boldsymbol{x})\\&=2\boldsymbol{u}(\boldsymbol{x})^{\mathrm{T}}\boldsymbol{K}_i^0\boldsymbol{K}(\boldsymbol{x})^{-1}\boldsymbol{K}_j^0\boldsymbol{u}(\boldsymbol{x})\end{aligned} \tag{5.23}$$

上式中最后等式成立的原因为

$$\begin{aligned}&\boldsymbol{u}(\boldsymbol{x})^{\mathrm{T}}\boldsymbol{K}_j^0\boldsymbol{K}(\boldsymbol{x})^{-1}\boldsymbol{K}_i^0\boldsymbol{u}(\boldsymbol{x})\\&=(\boldsymbol{u}(\boldsymbol{x})^{\mathrm{T}}\boldsymbol{K}_j^0\boldsymbol{K}(\boldsymbol{x})^{-1}\boldsymbol{K}_i^0\boldsymbol{u}(\boldsymbol{x}))^{\mathrm{T}}=(\boldsymbol{K}_i^0\boldsymbol{u}(\boldsymbol{x}))^{\mathrm{T}}(\boldsymbol{u}(\boldsymbol{x})^{T}\boldsymbol{K}_j^0\boldsymbol{K}(\boldsymbol{x})^{-1})^{\mathrm{T}}\\&=\boldsymbol{u}(\boldsymbol{x})^{\mathrm{T}}\boldsymbol{K}_i^0\boldsymbol{K}(\boldsymbol{x})^{-1}(\boldsymbol{u}(\boldsymbol{x})^{\mathrm{T}}\boldsymbol{K}_j^0)^{\mathrm{T}}=\boldsymbol{u}(\boldsymbol{x})^{\mathrm{T}}\boldsymbol{K}_i^0\boldsymbol{K}(\boldsymbol{x})^{-1}\boldsymbol{K}_j^0\boldsymbol{u}(\boldsymbol{x})\end{aligned}$$

为考察海塞矩阵$\nabla^2 C(\boldsymbol{x})$ 是否为半正定阵，结合正定二次型函数，有

$$\begin{aligned}&\boldsymbol{y}^{\mathrm{T}}\nabla^2\boldsymbol{C}(\boldsymbol{x})\boldsymbol{y}\\&=\sum_{j=1}^{n}\sum_{i=1}^{n}\frac{\partial^2 C(\boldsymbol{x})}{\partial x_i\partial x_j}y_iy_j=2\boldsymbol{u}(\boldsymbol{x})^{\mathrm{T}}\left[\sum_{j=1}^{n}\sum_{i=1}^{n}\boldsymbol{K}_i^0y_i\boldsymbol{K}(\boldsymbol{x})^{-1}\boldsymbol{K}_j^0y_j\right]\boldsymbol{u}(\boldsymbol{x})\end{aligned}$$

如果引入对称矩阵 $\boldsymbol{Y}=\sum_{i=1}^{n}\boldsymbol{K}_i^0y_i$，则

$$\begin{aligned}\boldsymbol{y}^{\mathrm{T}}\nabla^2C(\boldsymbol{x})\boldsymbol{y}&=2\boldsymbol{u}(\boldsymbol{x})^{\mathrm{T}}[\boldsymbol{YK}(\boldsymbol{x})^{-1}\boldsymbol{Y}]\boldsymbol{u}(\boldsymbol{x})\\&=2(\boldsymbol{Yu}(\boldsymbol{x}))^{\mathrm{T}}\boldsymbol{K}(\boldsymbol{x})^{-1}(\boldsymbol{Yu}(\boldsymbol{x}))\geqslant 0\end{aligned}$$

式中，$\boldsymbol{K}(\boldsymbol{x})$ 是正定阵，因此 $\boldsymbol{K}(\boldsymbol{x})^{-1}$也正定，不等式成立。

由定理 3.2（i）可知，柔度是一个凸函数，而且约束函数 $\sum_{i=1}^{n}l_jx_j-V_{\max}$ 也是凸函数，因此（$\mathbb{P}$）$_{\mathrm{nf}}$表示的优化问题是一个凸规划问题。

5.2.2　满应力设计

由于优化模型（$\mathbb{P}$）$_{\mathrm{nf}}$是凸规划问题，因此 KKT 条件既是充分的，也是必

要的。它的拉格朗日函数为

$$\mathcal{L}(\boldsymbol{x},\lambda)=C(\boldsymbol{x})+\left(\sum_{i=1}^{n}x_il_i-V_{\max}\right)\lambda$$

由式（5.22）得到的柔度导数，利用式（5.11）和式（5.9）将柔度的导数从总体形式转换到单元形式

$$\begin{aligned}\boldsymbol{u}(\boldsymbol{x})^{\mathrm{T}}\boldsymbol{K}_j^0\boldsymbol{u}(\boldsymbol{x})&=\boldsymbol{u}(\boldsymbol{x})^{\mathrm{T}}\boldsymbol{C}_j^{\mathrm{T}}\boldsymbol{k}_j^0\boldsymbol{C}_j\boldsymbol{u}(\boldsymbol{x})=(\boldsymbol{C}_j\boldsymbol{u}(\boldsymbol{x}))^{\mathrm{T}}\boldsymbol{k}_j^0\boldsymbol{C}_j\boldsymbol{u}(\boldsymbol{x})\\&=\boldsymbol{u}_j(\boldsymbol{x})^{\mathrm{T}}\boldsymbol{k}_j^0\boldsymbol{u}_j(\boldsymbol{x})\end{aligned}$$

则

$$\frac{\partial C(\boldsymbol{x})}{\partial x_j}=-\boldsymbol{u}_j(\boldsymbol{x})^{\mathrm{T}}\boldsymbol{k}_j^0\boldsymbol{u}_j(\boldsymbol{x}) \tag{5.24}$$

式中，$\boldsymbol{k}_j^0$ 是半正定阵，因此$\frac{\partial C(\boldsymbol{x})}{\partial x_j}$不可能为正。这和实际是一致的，即杆的截面积增加，桁架刚度增加，即柔度降低。通过式（5.24）和式（5.17）、式（5.7）比较，可知柔度对杆 j 截面积的偏导等于负的单位面积应变能的两倍。

由式（5.16），将式（5.24）改写为

$$\frac{\partial C(\boldsymbol{x})}{\partial x_j}=-\frac{1}{x_j}E\varepsilon_j^2x_jl_j=-\frac{\sigma_j^2}{E}l_j$$

由拉格朗日函数对 x_j 求导，得

$$\frac{\partial\mathcal{L}(\boldsymbol{x},\ \lambda)}{\partial x_j}=-\frac{\sigma_j^2}{E}l_j+\lambda l_j$$

由 KKT 条件中式（3.9）～式（3.11），可得 KKT 点（x^*，λ^*）：

如果 $x_j^*=x_j^{\min}$，则 $\sigma_j^2\leqslant\frac{\lambda^*}{E}$；

如果 $x_j^{\min}<x_j^*<x_j^{\max}$，则 $\sigma_j^2=\frac{\lambda^*}{E}$；

如果 $x_j^*=x_j^{\max}$，则 $\sigma_j^2\geqslant\frac{\lambda^*}{E}$；

如果 $x_j^{\max}$，$j=1$，2，…，n，足够大，且桁架的最大体积小于 $V_{\max}$，显然 $\lambda^*>0$，即在极值点，体积约束是起作用约束（参考 KKT 条件式（3.9）～式（3.15））。可以得出，桁架中所有杆的截面积优化后始终满足 $x_j^{\min}<x_j^*<x_j^{\max}$，即各杆具有相同的应力，称作满应力设计。当然，桁架中存在一些杆受拉，而另一些杆受压的情况，即一些杆的应力是正的，而另一些杆的应力是负的。

5.2.3 柔度约束下体积最小

考虑如下两个优化问题。模型 A 为体积约束下柔度最小，模型 B 为柔度约束下体积最小：

$$
(\mathrm{A})\begin{cases}\min\limits_{\boldsymbol{x}} \boldsymbol{F}^{\mathrm{T}}\boldsymbol{u}(\boldsymbol{x})\\ \text{s. t. } \boldsymbol{l}^{\mathrm{T}}\boldsymbol{x}-V_{\max}\leqslant 0\\ \boldsymbol{x}\in\chi\end{cases}\quad(\mathrm{B})\begin{cases}\min\limits_{\boldsymbol{x}} \boldsymbol{l}^{\mathrm{T}}\boldsymbol{x}\\ \text{s. t. } \boldsymbol{F}^{\mathrm{T}}\boldsymbol{u}(\boldsymbol{x})-C_{\max}\leqslant 0\\ \boldsymbol{x}\in\chi\end{cases}
$$

式中，$\boldsymbol{l}=[l_1, \cdots, l_n]$是杆的长度向量，$C_{\max}>0$ 是问题（B）的最大许用柔度。假定 $\boldsymbol{F}\neq\boldsymbol{0}$。

假设，（A）和（B）中，优化解都不在边界点取得，即它们上、下边界都是不起作用约束。下面证明如下结论：如果 $\boldsymbol{x}_{\mathrm{A}}^{*}$ 是（A）的解，则

$$
\boldsymbol{x}_{\mathrm{B}}^{*}=\frac{C_{\mathrm{A}}^{*}}{C_{\max}}\boldsymbol{x}_{\mathrm{A}}^{*},\ C_{\mathrm{A}}^{*}=\boldsymbol{F}^{\mathrm{T}}\boldsymbol{u}(\boldsymbol{x}_{\mathrm{A}}^{*}) \tag{5.25}
$$

是问题（B）的解。相似地，如果 $\boldsymbol{x}_{\mathrm{B}}^{*}$ 是（B）的解，则

$$
\boldsymbol{x}_{\mathrm{A}}^{*}=\frac{V_{\max}}{V_{\mathrm{B}}^{*}}\boldsymbol{x}_{\mathrm{B}}^{*},\ V_{\mathrm{B}}^{*}=\boldsymbol{l}^{\mathrm{T}}\boldsymbol{x}_{\mathrm{B}}^{*} \tag{5.26}
$$

是问题（A）的解。

利用式（5.22）计算柔度的导数，则问题（A）的 KKT 条件为：

$$
-\boldsymbol{u}(\boldsymbol{x}_{\mathrm{A}})^{\mathrm{T}}\boldsymbol{K}_j^0\boldsymbol{u}(\boldsymbol{x}_{\mathrm{A}})+\lambda_{\mathrm{A}}l_j=0 \tag{5.27}
$$

$$
\lambda_{\mathrm{A}}(\boldsymbol{l}^{\mathrm{T}}\boldsymbol{x}_{\mathrm{A}}-V_{\max})=0 \tag{5.28}
$$

$$
\boldsymbol{l}^{\mathrm{T}}\boldsymbol{x}_{\mathrm{A}}-V_{\max}\leqslant 0 \tag{5.29}
$$

$$
\lambda_{\mathrm{A}}\geqslant 0 \tag{5.30}
$$

对于问题（B），为

$$
l_j-\lambda_{\mathrm{B}}\boldsymbol{u}(\boldsymbol{x}_{\mathrm{B}})^{\mathrm{T}}\boldsymbol{K}_j^0\boldsymbol{u}(\boldsymbol{x}_{\mathrm{B}})=0 \tag{5.31}
$$

$$
\lambda_{\mathrm{B}}(\boldsymbol{F}^{\mathrm{T}}\boldsymbol{u}(\boldsymbol{x}_{\mathrm{B}})-C_{\max})=0 \tag{5.32}
$$

$$
\boldsymbol{F}^{\mathrm{T}}\boldsymbol{u}(\boldsymbol{x}_{\mathrm{B}})-C_{\max}\leqslant 0 \tag{5.33}
$$

$$
\lambda_{\mathrm{B}}\geqslant 0 \tag{5.34}
$$

假设 $\boldsymbol{x}_{\mathrm{A}}^{*}$ 是问题（A）的解，且 $\boldsymbol{x}_{\mathrm{B}}^{*}=(\boldsymbol{F}^{\mathrm{T}}\boldsymbol{u}(\boldsymbol{x}_{\mathrm{A}}^{*})/C_{\max})\boldsymbol{x}_{\mathrm{A}}^{*}$，下面证明存在一个 $\lambda_{\mathrm{B}}^{*}\geqslant 0$，使得（$\boldsymbol{x}_{\mathrm{B}}^{*}$，$\lambda_{\mathrm{B}}^{*}$）是问题（B）的一个 KKT 点。由于问题（B）是一个凸问题，因此 $\boldsymbol{x}_{\mathrm{B}}^{*}$ 是问题（B）的解。为此，首先定义以下定理：

定理 5.1　任意 $\boldsymbol{x}$，假设总体刚度矩阵正定，且可写成式（5.12）的形式，即 $\boldsymbol{K}(\boldsymbol{x})=\sum_{j=1}^{n}x_j\boldsymbol{K}_j^0$，其中 $\boldsymbol{K}_j^0$ 是一个常矩阵。进一步假设 $\boldsymbol{x}^{*}=\alpha\boldsymbol{x}$，$\alpha\neq 0$，则 $\boldsymbol{u}(\boldsymbol{x}^{*})=\boldsymbol{u}(\boldsymbol{x})/\alpha$ 是 $\boldsymbol{K}(\boldsymbol{x}^{*})\boldsymbol{u}(\boldsymbol{x}^{*})=\boldsymbol{F}$ 的解，当且仅当 $\boldsymbol{u}(\boldsymbol{x})$ 是 $\boldsymbol{K}(\boldsymbol{x})\boldsymbol{u}(x)=\boldsymbol{F}$ 的解。

定理解释：设设计变量为 $\boldsymbol{x}$，重写平衡方程 $\boldsymbol{K}(\boldsymbol{x})\boldsymbol{u}(\boldsymbol{x})=\boldsymbol{F}$ 为

$$
\sum_{j=1}^{n}x_j\boldsymbol{K}_j^0\boldsymbol{u}(\boldsymbol{x})=\boldsymbol{F}\Leftrightarrow\sum_{j=1}^{n}\alpha x_j\boldsymbol{K}_j^0\left(\frac{\boldsymbol{u}(\boldsymbol{x})}{\alpha}\right)=\boldsymbol{F}
$$

$$
\Leftrightarrow\boldsymbol{K}(\boldsymbol{x}^{*})\left(\frac{\boldsymbol{u}(\boldsymbol{x})}{\alpha}\right)=\boldsymbol{F}
$$

则对于设计 $\boldsymbol{x}^*$，$\boldsymbol{u}(\boldsymbol{x}^*)=\boldsymbol{u}(\boldsymbol{x})/\alpha$ 是平衡方程 $\boldsymbol{K}(\boldsymbol{x}^*)\boldsymbol{u}(\boldsymbol{x}^*)=\boldsymbol{F}$ 的唯一解。

利用定理，有

$$\boldsymbol{u}(\boldsymbol{x}_{\mathrm{B}}^*)=\frac{C_{\max}}{\boldsymbol{F}^{\mathrm{T}}\boldsymbol{u}(\boldsymbol{x}_{\mathrm{A}}^*)}\boldsymbol{u}(\boldsymbol{x}_{\mathrm{A}}^*) \tag{5.35}$$

注意：因为 $\boldsymbol{K}(\boldsymbol{x})$ 是正定矩阵（否则不能构造嵌套方程），且 $\boldsymbol{u}(\boldsymbol{x})\neq\boldsymbol{0}$（假设 $\boldsymbol{F}\neq\boldsymbol{0}$），则 $\boldsymbol{C}=\boldsymbol{F}^{\mathrm{T}}\boldsymbol{u}(\boldsymbol{x})=\boldsymbol{u}(\boldsymbol{x})^{\mathrm{T}}\boldsymbol{K}(\boldsymbol{x})\boldsymbol{u}(\boldsymbol{x})>0$，即柔度 C 总是正的，因此式（5.35）分母不为零。其实，这个结论是显然的，因为柔度是外力和这个外力方向上的位移的乘积，因此柔度肯定是正的。

由式（5.27）可得

$$\lambda_{\mathrm{A}}^*=\frac{\boldsymbol{u}(\boldsymbol{x}_{\mathrm{A}}^*)^{\mathrm{T}}\boldsymbol{K}_j^0\boldsymbol{u}(\boldsymbol{x}_{\mathrm{A}}^*)}{l_j} \tag{5.36}$$

式中，$\lambda_{\mathrm{A}}^*>0$。因为如果 $\lambda_{\mathrm{A}}^*=0$，则式（5.27）意味着所有单元的应变能为零，而这是不可能的。由式（5.31）和式（5.35）可得：

$$l_j-\lambda_{\mathrm{B}}^*\left(\frac{C_{\max}}{\boldsymbol{F}^{\mathrm{T}}\boldsymbol{u}(\boldsymbol{x}_{\mathrm{A}}^*)}\right)^2\boldsymbol{u}(\boldsymbol{x}_{\mathrm{A}}^*)^{\mathrm{T}}\boldsymbol{K}_j^0\boldsymbol{u}(\boldsymbol{x}_{\mathrm{A}}^*)=0$$

代入式（5.36）得

$$\lambda_{\mathrm{B}}^*=\frac{1}{\left(\frac{C_{\max}}{\boldsymbol{F}^{\mathrm{T}}\boldsymbol{u}(\boldsymbol{x}_{\mathrm{A}}^*)}\right)^2\lambda_{\mathrm{A}}^*}>0$$

因此式（5.34）是满足的。由式（5.35），可得

$$\boldsymbol{F}^{\mathrm{T}}\boldsymbol{u}(\boldsymbol{x}_{\mathrm{B}}^*)-C_{\max}=\boldsymbol{F}^{\mathrm{T}}\frac{C_{\max}}{\boldsymbol{F}^{\mathrm{T}}\boldsymbol{u}(\boldsymbol{x}_{\mathrm{A}}^*)}\boldsymbol{u}(\boldsymbol{x}_{\mathrm{A}}^*)-C_{\max}=0$$

因此，式（5.32）和式（5.33）都是满足的。既然问题（B）的所有KKT条件都满足，因此上面定义的 $\boldsymbol{x}_{\mathrm{B}}^*$ 是问题（B）的解。

同理，假设 $\boldsymbol{x}_{\mathrm{B}}^*$ 是问题（B）的一个解，$\boldsymbol{x}_{\mathrm{A}}^*=(V_{\max}/l^{\mathrm{T}}\boldsymbol{x}_{\mathrm{B}}^*)\boldsymbol{x}_{\mathrm{B}}^*$，由定理5.1可知

$$\boldsymbol{u}(\boldsymbol{x}_{\mathrm{A}}^*)=\frac{l^{\mathrm{T}}\boldsymbol{x}_{\mathrm{B}}^*}{V_{\max}}\boldsymbol{u}(\boldsymbol{x}_{\mathrm{B}}^*)$$

该式和式（5.27）和式（5.31）联立，得

$$\lambda_{\mathrm{A}}^*=\frac{\left(\frac{l^{\mathrm{T}}\boldsymbol{x}_{\mathrm{B}}^*}{V_{\max}}\right)^2}{\lambda_{\mathrm{B}}^*}>0$$

因此，式（5.30）是成立的。最后，由式（5.26）可得

$$\boldsymbol{l}^{\mathrm{T}}\boldsymbol{x}_{\mathrm{A}}^*-V_{\max}=\boldsymbol{l}^{\mathrm{T}}\left(\frac{V_{\max}}{\boldsymbol{l}^{\mathrm{T}}\boldsymbol{x}_{\mathrm{B}}^*}\right)\boldsymbol{x}_{\mathrm{B}}^*-V_{\max}=0$$

因此，式（5.28）和式（5.29）也成立，这就证明了 $\boldsymbol{x}_A^*$ 是问题（A）的解。

5.3　嵌套方程数值解

如上证明，$(\mathbb{P})_{\mathrm{nf}}$是凸问题，但并不影响采用显式凸近似进行模型求解。本文结合序列显式凸近似方法，采用对柔度进行 MMA 近似的方法进行数值计算。令$\hat{g}_0(\boldsymbol{x})=g_0(\boldsymbol{x},\ \boldsymbol{u}(\boldsymbol{x}))=\boldsymbol{F}^{\mathrm{T}}\boldsymbol{u}(\boldsymbol{x})$，由式（5.24）可知

$$\frac{\partial\,\hat{g}_0(\boldsymbol{x})}{\partial x_j}=-\boldsymbol{u}_j(\boldsymbol{x})^{\mathrm{T}}\boldsymbol{k}_j^0\boldsymbol{u}_j(\boldsymbol{x})$$

$\boldsymbol{k}_j^0$ 是半正定矩阵，因此$\partial\,\hat{g}_0(\boldsymbol{x})/\partial x_j\leqslant 0$。利用这个条件，在 $\boldsymbol{k}$ 次设计 $\boldsymbol{x}^k$ 时，由式（4.9），式（4.11）和式（4.12），可得$\hat{g}_0(\boldsymbol{x})$ 的 MMA 近似为

$$\hat{g}_0^{M,k}(\boldsymbol{x})=r_0^k+\sum_{j=1}^{n}\frac{q_{0j}^k}{x_j-L_j^k}$$

式中

$$q_{0j}^k=(x_j^k-L_j^k)^2\boldsymbol{u}_j(\boldsymbol{x}^k)^{\mathrm{T}}\boldsymbol{k}_j^0\boldsymbol{u}_j(\boldsymbol{x}^k)\tag{5.37}$$

$$r_0^k=g_0(\boldsymbol{x}^k)-\sum_{j=1}^{n}(x_j^k-L_j^k)\boldsymbol{u}_j(\boldsymbol{x}^k)^{\mathrm{T}}\boldsymbol{k}_j^0\boldsymbol{u}_j(\boldsymbol{x}^k)\tag{5.38}$$

注意$\hat{g}_0(\boldsymbol{x})$ 仅用变量 $1/(x_j-L_j^k)$ 进行线性化，没有 $1/(U_j^k-x_j)$项。这是因为$\dfrac{\partial\,\hat{g}_0(\boldsymbol{x}^k)}{\partial \boldsymbol{x}_j}\leqslant 0$，所以式（4.10）中的 $p_{0j}^k=0$。

由于体积已是设计变量的线性函数，因此不用对体积约束进行近似处理。这样，第 k 次迭代时，$(\mathbb{P})_{\mathrm{nf}}$的近似表达式为

$$(\mathbb{P})_{\mathrm{nf}}^{M,k}\begin{cases}\min\limits_{\boldsymbol{x}}\ \hat{g}_0^{M,k}(\boldsymbol{x})\\ \text{s. t. }\ \hat{g}_1(\boldsymbol{x})=\sum\limits_{j=1}^{n}l_jx_j-V_{\max}\leqslant 0\\ \alpha_j^k\leqslant x_j\leqslant x_j^{\max},\ j=1,\ 2,\ \cdots,\ n\end{cases}$$

式中，α_j^k 是移动限（move limits），定义为 $\alpha_j^k=\max(x_j^{\min},\ L_j^k+\mu(x_j^k-L_j^k))$，其中 $0<\mu<1$。引入 α_j^k 后就能保证 $L_j^k<\alpha_j^k<x_j^k$，以避免$\hat{g}_0^{M,k}(\boldsymbol{x})$ 被零除。如果所有的 $q_{0j}^k>0$，即所有杆的应变能不为零，则 $\hat{g}_0^{M,k}(\boldsymbol{x})$ 是严格凸的，因此$(\mathbb{P})_{\mathrm{nf}}^{M,k}$存在唯一解，当然，若不存在可行点，则无解。

子问题 $(\mathbb{P})_{\mathrm{nf}}^{M,k}$用拉格朗日对偶法求解非常方便。拉格朗日函数为

$$\begin{aligned}\mathcal{L}^k(\boldsymbol{x},\ \lambda)&=\hat{g}_0^{M,k}(\boldsymbol{x})+\lambda\Big(\sum_{j=1}^{n}l_jx_j-V_{\max}\Big)\\&=r_0^k+\sum_{j=1}^{n}\Big(\frac{q_{0j}^k}{x_j-L_j^k}+\lambda l_jx_j\Big)-\lambda V_{\max}\end{aligned}$$

对偶目标函数为

$$\varphi^k(\lambda)=\min_{\boldsymbol{x}}\mathcal{L}^k(\boldsymbol{x},\lambda)=r_0^k-\lambda V_{\max}+\sum_{j=1}^{n}\min_{\alpha_j^k\leqslant x_j\leqslant x_j^{\max}}\underbrace{\left(\frac{q_{0j}^k}{x_j-L_j^k}+\lambda l_j x_j\right)}_{\mathcal{L}^k(x_j,\lambda)}$$

这里，利用了拉格朗日函数$\mathcal{L}^k$ 的可分离性。函数 $x_j\mapsto\mathcal{L}_j(x_j,\lambda)$ 是严格凸函数（除非 $q_{0j}^k=0$）。当设计变量为 x_j 时，为了求$\mathcal{L}_j^k$ 的极小，首先假设 x_j^t 为 x_j 的极小值，则函数$\mathcal{L}_j^k$ 对 x_j 的偏导为零：

$$\frac{\partial\mathcal{L}_j^k(x_j,\lambda)}{\partial x_j}=-\frac{q_{0j}^k}{(x_j-\mathcal{L}_j^k)^2}+\lambda l_j=0$$

得

$$x_j=x_j^t=\mathcal{L}_j^k+\sqrt{\frac{q_{0j}^k}{\lambda l_j}}$$

如果 $x_j^t<\alpha_j^k$，则$\mathcal{L}_j^k$ 在 $x_j^*=\alpha_j^k$ 时取极小，类似地，如果 $x_j^t>x_j^{\max}$，则当 $x_j^*=x_j^{\max}$ 时，$\mathcal{L}_j^k$ 极小。总结为

$$x_j^*(\lambda)=\begin{cases}\alpha_j^k，\text{如果 } x_j^t<\alpha_j^k\\ x_j^{\max}，\text{如果 } x_j^t>x_j^{\max}\\ x_j^t，\text{其余}\end{cases}\tag{5.39}$$

最后 $(\mathbb{P})_{\mathrm{nf}}^{M,k}$的对偶问题可写为：

$$(D)^k\begin{cases}\max\limits_{\lambda}\varphi^k(\lambda)\\ \text{s. t. }\ \lambda\geqslant 0\end{cases}$$

φ^k 为单变量的凹函数，因此$(D)^k$ 可以很容易用非线性规划迭代算法计算，如黄金分割法、最速下降法或牛顿法（算法结构及程序可参考附录 D)。

用系列 MMA 近似子问题求解 $(\mathbb{P})_{\mathrm{nf}}$的过程总结如下：

(1) 首先，确定结点坐标，结点自由度、作用力 $\boldsymbol{F}$、杨氏模量 E、设计变量（截面积）的上下限 $x_j^{\min}$ 和$x_j^{\max}$、最大允许体积$\boldsymbol{V}_{\max}$。此外，还有初始设计值 $\boldsymbol{x}^{(0)}$、下边界初始值 L_j^0 以及对偶变量$\lambda(\lambda>0)$ 的初始值。

令迭代次数 $k=0$。

(2) 采用有限元分析方法，计算在 $\boldsymbol{x}^k$ 点的位移向量：

$$\boldsymbol{u}(\boldsymbol{x}^k)=\boldsymbol{K}(\boldsymbol{x}^k)^{-1}\boldsymbol{F}$$

(3) 计算目标函数$\hat{g}_0(\boldsymbol{x}^k)=\boldsymbol{F}^{\mathrm{T}}\boldsymbol{u}(\boldsymbol{x}^k)$的值，并对所有杆进行敏度分析（即求导)：

$$\frac{\partial\hat{g}_0(\boldsymbol{x}^k)}{\partial x_j}=-\boldsymbol{u}_j(\boldsymbol{x}^k)^{\mathrm{T}}\boldsymbol{k}_j^0\boldsymbol{u}_j(\boldsymbol{x}^k)，j=1，2，\cdots，n$$

(4) 对所有杆，$j=1，2，\cdots，n$，由式（5.37）和式（5.38）计算 q_{0j}^k 和

r_0^k，建立在设计 $\boldsymbol{x}^k$ 时的MMA近似函数。

（5）利用一些非线性优化方法迭代计算对偶问题 $(D)^k$。在算法的每一次迭代中，对当前的 λ 值，对偶目标函数为

$$\varphi^k(\lambda)=r_0^k-\lambda V_{\max}+\sum_{j=1}^{n}\left(\frac{q_{0j}^k}{x_j^*(\lambda)-\mathcal{L}_j^k}+\lambda l_j x_j^*(\lambda)\right)$$

式中 $x_j^*(\lambda)$，$j=1, 2, \cdots, n$，由式（5.39）计算。

如果用梯度法（gradient method）求解对偶问题 $(D)^k$，则需计算对偶函数 φ^k 的梯度：

$$\frac{\partial\varphi^k(\lambda)}{\partial\lambda}=g_1(\boldsymbol{x}^*(\lambda))=\sum_{j=1}^{n}l_j x_j^*(\lambda)-V_{\max}$$

如果用牛顿法，则必须计算对偶函数 φ^k 的二阶导数 $\partial^2\varphi^k(\lambda)/\partial\lambda^2$。

在误差允许范围内，若找到了对偶问题 $(D)^k$ 的解，则令 $\lambda^*=\lambda$，并计算对应设计变量的优化值 $x_j^*(\lambda^*)$，$j=1, 2, \cdots, n$。

然后令 $\boldsymbol{x}^{k+1}=\boldsymbol{x}^*$。

（6）如果 $\boldsymbol{x}^{k+1}$ 是原问题一个足够好的解（如设计变量和目标函数的值都与前一次迭代相近），则结束。如果不是，令 $k=k+1$，并根据启发式规则更新下边界 L_j^k 和移动限 α_j^k，然后返回第2步，进行新的迭代。

在这个算法中，计算耗时最大的是步骤（2）中的有限元分析。

第 6 章　敏度分析的基本方法

当用构造序列显式一阶近似方法，如 MMA，计算嵌套的结构优化问题时，目标函数和所有的约束函数需要对设计变量进行求导。获得这些导数或敏度的过程称为敏度分析。本章将介绍如何对任意函数和设计变量进行敏度分析，主要包括两种主要的类型：属于近似法的数值法和属于精确法的解析法。混合法，即所谓的半解析法不做详细介绍。

6.1　数值法

嵌套方程为

$$(\mathbb{SO})_{\mathrm{nf}}\begin{cases}\min\limits_{\boldsymbol{x}}\hat{g}_0(\boldsymbol{x})=g_0(\boldsymbol{x},\ \boldsymbol{u}(\boldsymbol{x}))\\ \text{s.t. }\ \hat{g}_i(\boldsymbol{x})=g_i(\boldsymbol{x},\ \boldsymbol{u}(\boldsymbol{x}))\leqslant 0,\ i=1,\ 2,\ \cdots,\ l\\ \boldsymbol{x}\in\chi=\{\boldsymbol{x}\in R^n:\ x_j^{\min}\leqslant x_j\leqslant x_j^{\max},\ j=1,\ 2,\ \cdots,\ n\}\end{cases}$$

式中，$\boldsymbol{x}\mapsto\boldsymbol{u}(\boldsymbol{x})$ 是通过平衡方程 $\boldsymbol{K}(\boldsymbol{x})\boldsymbol{u}(\boldsymbol{x})=\boldsymbol{F}(\boldsymbol{x})$ 定义的一个隐式函数。在敏度分析的数值方法中，敏度 $\partial\hat{g}_i/\partial x_j$，$i=0,\ 1,\ \cdots,\ l$，是通过有限差分近似，如前向差分或中间差分。

在设计点 $\boldsymbol{x}^k$，$\partial\hat{g}_i/\partial x_j$ 的前向差分近似表达式为

$$\frac{\partial\hat{g}_i(\boldsymbol{x}^k)}{\partial x_j}\approx D_f=\frac{\hat{g}_i(\boldsymbol{x}^k+h\boldsymbol{e}_j)-\hat{g}_i(\boldsymbol{x}^k)}{h}\tag{6.1}$$

式中，$\boldsymbol{e}_j=[0,\ \cdots,\ 0,\ 1,\ 0,\ \cdots,\ 0]^{\mathrm{T}}$，$j$ 行元素值为 1。

下面以设计点 $\boldsymbol{x}^k$ 处，桁架柔度 $\hat{g}_0(\boldsymbol{x})=\hat{g}_0(\boldsymbol{x},\ \boldsymbol{u}(\boldsymbol{x}))=\boldsymbol{F}(\boldsymbol{x})^{\mathrm{T}}\boldsymbol{u}(\boldsymbol{x})$ 对杆 j 的截面积 $x_j=A_j$ 的敏度计算为例进行说明。

首先，计算 $\boldsymbol{x}^k$ 点的桁架柔度 $\hat{g}_0(\boldsymbol{x}^k)$，然后在杆 j 的截面积上加上一个小的正数 h 后，计算新的设计 $\boldsymbol{x}^k+h\boldsymbol{e}_j$ 点处的柔度。在计算该点柔度之前，首先计算该点的位移，即采用有限元方法求解结构的平衡方程。一旦已知 $\boldsymbol{u}(\boldsymbol{x}^k+h\boldsymbol{e}_j)$，就可计算柔度 $\hat{g}_0(\boldsymbol{x}^k+h\boldsymbol{e}_j)$。代入式（6.1），就可得到柔度在 $\boldsymbol{x}^k$ 点的敏度。该方法的主要困难是如何找到一个合适的 h。因为，若 h 过大，则 D_f 对 $\partial\hat{g}_i(\boldsymbol{x}^k)/\partial x_j$ 的近似精度太差。当 $h\to 0$ 时，此时的截断误差为 $\partial\hat{g}_i(\boldsymbol{x}^k)/\partial x_j-D_f=O(h)$。且当 $h\to 0$ 时，则由于舍入，使得数值误差急剧增大，因此 h 也不能选择太小。

在 $\boldsymbol{x}^k$ 点，$\partial \hat{g}_i/\partial x_j$ 的中心差分近似定义为

$$\frac{\partial \hat{g}_i(\boldsymbol{x}^k)}{\partial x_j} \approx \frac{\hat{g}_i(\boldsymbol{x}^k + h\boldsymbol{e}_j) - \hat{g}_i(\boldsymbol{x}^k - h\boldsymbol{e}_j)}{2h} \tag{6.2}$$

这种近似精确程度更高。当 $h \to 0$ 时，截断误差为 $O(h^2)$。同时，这个方法的计算量也更大，需要在 $x^k - h\boldsymbol{e}_j$ 点进行额外的 n 次有限元分析。

虽然，敏度分析的数值方法可能非常不准确，且计算量大，但它们至少有一个优点：实现过程很简单。

6.2　解析法

为了得到 $\partial \hat{g}_i(\boldsymbol{x}^k)/\partial x_j$ 的解析表达式，首先应用链式法则得到：

$$\frac{\partial \hat{g}_i(\boldsymbol{x}^k)}{\partial x_j} = \frac{\partial g_i(\boldsymbol{x}^k, \boldsymbol{u}(\boldsymbol{x}^k))}{\partial x_j} + \frac{\partial g_i(\boldsymbol{x}^k, \boldsymbol{u}(\boldsymbol{x}^k))}{\partial \boldsymbol{u}} \frac{\partial \boldsymbol{u}(\boldsymbol{x}^k)}{\partial x_j} \tag{6.3}$$

式中，$\partial g_i/\partial \boldsymbol{u}$ 是一个行向量；$\partial \boldsymbol{u}/\partial x_j$ 是一个列向量。下面分析两种不同的解析方法：直接法和伴随法。

6.2.1　直接解析法

在直接解析法中，$\partial u(\boldsymbol{x}^k)/\partial x_j$ 是通过对平衡方程 $\boldsymbol{K}(\boldsymbol{x})\boldsymbol{u}(\boldsymbol{x}) = \boldsymbol{F}(\boldsymbol{x})$ 求导得到的。平衡方程的导数为

$$\frac{\partial \boldsymbol{K}(\boldsymbol{x}^k)}{\partial x_j}\boldsymbol{u}(\boldsymbol{x}^k) + \boldsymbol{K}(\boldsymbol{x}^k)\frac{\partial \boldsymbol{u}(\boldsymbol{x}^k)}{\partial x_j} = \frac{\partial \boldsymbol{F}(\boldsymbol{x}^k)}{\partial x_j}$$

然后，改写为如下形式

$$\boldsymbol{K}(\boldsymbol{x}^k)\frac{\partial \boldsymbol{u}(\boldsymbol{x}^k)}{\partial x_j} = \frac{\partial \boldsymbol{F}(\boldsymbol{x}^k)}{\partial x_j} - \frac{\partial \boldsymbol{K}(\boldsymbol{x}^k)}{\partial x_j}\boldsymbol{u}(\boldsymbol{x}^k) \tag{6.4}$$

为了计算 $\partial \boldsymbol{u}(\boldsymbol{x}^k)/\partial x_j$，首先需要知道 $\partial \boldsymbol{F}(\boldsymbol{x}^k)/\partial x_j$ 和 $(\partial \boldsymbol{K}(\boldsymbol{x}^k)/\partial x_j)\boldsymbol{u}(\boldsymbol{x}^k)$ 的表达式。注意式（6.4）和平衡方程 $\boldsymbol{K}(\boldsymbol{x}^k)\boldsymbol{u}(\boldsymbol{x}^k) = \boldsymbol{F}(\boldsymbol{x}^k)$ 具有相同的结构。由于这个原因，方程（6.4）的右边常称为虚载荷（pseudo-load）。如果平衡方程是采用直接法求解，而不是迭代法求解，如对 $\boldsymbol{K}(\boldsymbol{x}^k)$ 进行分解（如采用乔莱斯基分解找到了满足 $\boldsymbol{K}(\boldsymbol{x}^k) = \boldsymbol{L}\boldsymbol{L}^{\mathrm{T}}$ 的左下三角形矩阵 $\boldsymbol{L}$），那么仅需要进行前向或后向替换就可计算式（6.4）中的 $\partial \boldsymbol{u}(\boldsymbol{x}^k)/\partial x_j$。对某一设计变量 x_j，利用式（6.4）比直接计算平衡方程简单得多。另一方面，式（6.4）需要计算 n 次，因此如果设计变量很多，那么计算的效率还是很低的。

例 6.1　用直接法计算柔度 $\hat{g}_0(\boldsymbol{x}) = g_0(\boldsymbol{x}, \boldsymbol{u}(\boldsymbol{x})) = \boldsymbol{F}(\boldsymbol{x})^{\mathrm{T}}\boldsymbol{u}(\boldsymbol{x})$ 的敏度。

解： 柔度 g_0 的导数为

$$\frac{\partial g_0(\boldsymbol{x}^k, \boldsymbol{u}(\boldsymbol{x}^k))}{\partial x_j} = \frac{\partial \boldsymbol{F}(\boldsymbol{x}^k)^{\mathrm{T}}}{\partial x_j}\boldsymbol{u}(\boldsymbol{x}^k), \quad \frac{\partial g_0(\boldsymbol{x}^k, \boldsymbol{u}(\boldsymbol{x}^k))}{\partial \boldsymbol{u}} = \boldsymbol{F}(\boldsymbol{x}^k)^{\mathrm{T}}$$

由式（6.4），可得

$$\frac{\partial \boldsymbol{u}(\boldsymbol{x}^k)}{\partial x_j}=\boldsymbol{K}(\boldsymbol{x}^k)^{-1}\left(\frac{\partial \boldsymbol{F}(\boldsymbol{x}^k)}{\partial x_j}-\frac{\partial \boldsymbol{K}(\boldsymbol{x}^k)}{\partial x_j}\boldsymbol{u}(\boldsymbol{x}^k)\right)$$

代入式（6.3），得

$$\begin{aligned}\frac{\partial \hat{g}_0(\boldsymbol{x}^k)}{\partial x_j}&=\frac{\partial \boldsymbol{F}(\boldsymbol{x}^k)^{\mathrm{T}}}{\partial x_j}\boldsymbol{u}(\boldsymbol{x}^k)+\boldsymbol{F}(\boldsymbol{x}^k)^{\mathrm{T}}\boldsymbol{K}(\boldsymbol{x}^k)^{-1}\left(\frac{\partial \boldsymbol{F}(\boldsymbol{x}^k)}{\partial x_j}-\frac{\partial \boldsymbol{K}(\boldsymbol{x}^k)}{\partial x_j}\boldsymbol{u}(\boldsymbol{x}^k)\right)\\&=2\boldsymbol{u}(\boldsymbol{x}^k)^{\mathrm{T}}\frac{\partial \boldsymbol{F}(\boldsymbol{x}^k)}{\partial x_j}-\boldsymbol{u}(\boldsymbol{x}^k)^{\mathrm{T}}\frac{\partial \boldsymbol{K}(\boldsymbol{x}^k)}{\partial x_j}\boldsymbol{u}(\boldsymbol{x}^k)\end{aligned}\tag{6.5}$$

6.2.2 伴随解析法

如果将式（6.4）代入式（6.3），则为

$$\frac{\partial \hat{g}_i(\boldsymbol{x}^k)}{\partial x_j}=\frac{\partial g_i}{\partial x_j}+\frac{\partial g_i}{\partial \boldsymbol{u}}\boldsymbol{K}(\boldsymbol{x}^k)^{-1}\left(\frac{\partial \boldsymbol{F}(\boldsymbol{x}^k)}{\partial x_j}-\frac{\partial \boldsymbol{K}(\boldsymbol{x}^k)}{\partial x_j}\boldsymbol{u}(\boldsymbol{x}^k)\right)\tag{6.6}$$

式中，$g_i=g_i(\boldsymbol{x}^k,\ \boldsymbol{u}(\boldsymbol{x}^k))$。在式（6.6）中，定义

$$\boldsymbol{\lambda}_i=\left(\frac{\partial g_i}{\partial \boldsymbol{u}}\boldsymbol{K}(\boldsymbol{x}^k)^{-1}\right)^{\mathrm{T}}=\boldsymbol{K}(\boldsymbol{x}^k)^{-1}\left(\frac{\partial g_i}{\partial \boldsymbol{u}}\right)^{\mathrm{T}}$$

在伴随法中，对于 $\boldsymbol{\lambda}_i$，首先计算

$$\boldsymbol{K}(\boldsymbol{x}^k)\boldsymbol{\lambda}_i=\left(\frac{\partial g_i}{\partial \boldsymbol{u}}\right)^{\mathrm{T}}\tag{6.7}$$

然后代入式（6.6）得到敏度

$$\frac{\partial \hat{g}_i(\boldsymbol{x}^k)}{\partial \boldsymbol{x}_j}=\frac{\partial g_i}{\partial x_j}+\boldsymbol{\lambda}_i^{\mathrm{T}}\left(\frac{\partial \boldsymbol{F}(\boldsymbol{x}^k)}{\partial x_j}-\frac{\partial \boldsymbol{K}(\boldsymbol{x}^k)}{\partial x_j}\boldsymbol{u}(\boldsymbol{x}^k)\right)\tag{6.8}$$

下面，比较直接法和伴随法在计算 $\partial \hat{g}_i(\boldsymbol{x}^k)/\partial x_j$，$j=1,\ 2,\ \cdots,\ n$；$i=0,\ 1,\ \cdots,\ l$ 的区别。在直接法中，每一个变量 x_j 仅需计算一次式（6.4），因此共需计算 n 次。然后，对每个 x_j 再代入式（6.3）中计算 $l+1$ 次。在伴随法中，对 $l+1$ 个目标函数和约束函数，计算式（6.7）$l+1$ 次，然后将计算结果代入式（6.8）中，对每一个 i（$i=0,\ 1,\ \cdots,\ l$）计算 n 次。因此，当约束数目小于设计变量数目时，优先应用伴随法，反之，采用直接法效果更好。

例 6.2 利用伴随法计算例 6.1 中柔度的敏度。

由方程（6.7）得

$$\boldsymbol{K}(\boldsymbol{x}^k)\boldsymbol{\lambda}=\left(\frac{\partial g_0(\boldsymbol{x}^k,\ \boldsymbol{u}(\boldsymbol{x}^k))}{\partial \boldsymbol{u}}\right)^{\mathrm{T}}=\boldsymbol{F}(\boldsymbol{x}^k)$$

这个方程的结构和平衡方程是一致的。由于 $\boldsymbol{K}(\boldsymbol{x}^k)$ 非奇异，因此 $\boldsymbol{\lambda}=\boldsymbol{u}(\boldsymbol{x}^k)$。由于 $\boldsymbol{u}(\boldsymbol{x}^k)$ 已经得到，因此没有必要再利用式（6.7）进行计算。

代入式（6.8）得

$$\frac{\partial\hat{g}_0(\boldsymbol{x}^k)}{\partial x_j}=\frac{\partial\boldsymbol{F}(\boldsymbol{x}^k)^{\mathrm{T}}}{\partial x_j}\boldsymbol{u}(\boldsymbol{x}^k)+\boldsymbol{u}(\boldsymbol{x}^k)^{\mathrm{T}}\left(\frac{\partial\boldsymbol{F}(\boldsymbol{x}^k)}{\partial x_j}-\frac{\partial\boldsymbol{K}(\boldsymbol{x}^k)}{\partial x_j}\boldsymbol{u}(\boldsymbol{x}^k)\right)$$
$$=2\boldsymbol{u}(\boldsymbol{x}^k)^{\mathrm{T}}\frac{\partial\boldsymbol{F}(\boldsymbol{x}^k)}{\partial x_j}-\boldsymbol{u}(\boldsymbol{x}^k)^{\mathrm{T}}\frac{\partial\boldsymbol{K}(\boldsymbol{x}^k)}{\partial x_j}\boldsymbol{u}(\boldsymbol{x}^k)$$

计算表明，伴随法和直接法计算所得结果一致。

下面再简要介绍半解析法。如果有限差分近似方法用于计算式（6.3）中的 $\partial\boldsymbol{u}(\boldsymbol{x}^k)/\partial x_j$，或者用于计算直接法或伴随法中的 $\partial\boldsymbol{F}(\boldsymbol{x}^k)/\partial x_j$ 和 $\partial\boldsymbol{K}(\boldsymbol{x}^k)/\partial x_j$，那么就得到了半解析法的计算模型。这些方法比完全用数值法要好，因为在敏度分析过程中，有些部分不用近似也可计算。下一节中，我们就可发现计算 $\boldsymbol{F}$ 和 $\boldsymbol{K}$ 的敏度，实际上非常容易，更重要的是，计算成本很低。因此，数值法和半解析敏度分析方法实用性较差。

6.3　虚载荷分析计算方法

通过将结构中每个单元的虚载荷相加，就可计算式（6.4）和式（6.8）中的虚载荷。由公式（5.14），公式（5.11）和式（5.9）得

$$\frac{\partial\boldsymbol{F}(\boldsymbol{x})}{\partial x_j}-\frac{\partial\boldsymbol{K}(\boldsymbol{x})}{\partial x_j}\boldsymbol{u}(\boldsymbol{x})=\sum_{e=1}^{n}\left[\boldsymbol{C}_e^{\mathrm{T}}\frac{\partial\boldsymbol{f}_e^a(\boldsymbol{x})}{\partial x_j}-\frac{\partial\boldsymbol{K}_e(\boldsymbol{x})}{\partial x_j}\boldsymbol{u}(\boldsymbol{x})\right]$$
$$=\sum_{e=1}^{n}\left[\boldsymbol{C}_e^{\mathrm{T}}\frac{\partial\boldsymbol{f}_e^a(\boldsymbol{x})}{\partial x_j}-\boldsymbol{C}_e^{\mathrm{T}}\frac{\partial\boldsymbol{k}_e(x)}{\partial x_j}\boldsymbol{C}_e\boldsymbol{u}(\boldsymbol{x})\right]$$
$$=\sum_{e=1}^{n}\boldsymbol{C}_e^{\mathrm{T}}\left[\frac{\partial\boldsymbol{f}_e^a(\boldsymbol{x})}{\partial x_j}-\frac{\partial\boldsymbol{k}_e(\boldsymbol{x})}{\partial x_j}\boldsymbol{u}_e(\boldsymbol{x})\right]$$

式中，假设 $\boldsymbol{C}_e$ 和 $\boldsymbol{x}$ 无关，即设计的改变不影响单元的连接或结点的抑制。这样，通过组装载荷向量的敏度和单元刚度矩阵的敏度与单元位移的乘积就可得到结构的虚载荷，这个方法和常规有限元分析中，为计算平衡方程而进行的载荷向量组装是一致的。利用组装算子，参考式（5.15），可得：

$$\frac{\partial\boldsymbol{F}(\boldsymbol{x})}{\partial x_j}-\frac{\partial\boldsymbol{K}(\boldsymbol{x})}{\partial x_j}\boldsymbol{u}(\boldsymbol{x})=\mathop{A}_{e=1}^{n}\left[\frac{\partial\boldsymbol{f}_e^a(\boldsymbol{x})}{\partial x_j}-\frac{\partial\boldsymbol{k}_e(\boldsymbol{x})}{\partial x_j}\boldsymbol{u}_e(\boldsymbol{x})\right]\tag{6.9}$$

需要指出的是，这里仅以桁架的有限元组装进行说明，但式（6.9）适合于所有基于位移的有限元单元类型。

下面以杆和平面薄板为例，从单元角度推导敏度计算的解析表达式。

6.3.1　杆

二维桁架中，杆 e 的单元刚度矩阵 $\boldsymbol{k}_e$ 为（参考 5.1 节）：

$$\boldsymbol{k}_e=\boldsymbol{B}_e^{\mathrm{T}}D_e\boldsymbol{B}_e\tag{6.10}$$

式中

$$D_e=\frac{E_eA_e}{l_e} \tag{6.11}$$

是伸长量 δ_e（广义应变）和杆所受力 s_e（广义应力）有关的标量，即 $s_e=D_e\delta_e$。E_e，A_e 和 l_e 分别是杆 e 的是杨氏模量，横截面积和长度。$\boldsymbol{B}_e$ 为广义应变位移矩阵，为

$$\boldsymbol{B}_e=[-c \quad -s \quad c \quad s] \tag{6.12}$$

式中，$s=\sin\theta_e$，$c=\cos\theta_e$，θ_e 为杆的角度。且必须满足 $\delta_e=\boldsymbol{B}_e\boldsymbol{u}_e$，其中 $\boldsymbol{u}_e$ 为杆单元结点位移，则单元刚度矩阵 $\boldsymbol{k}_e$ 为

$$\boldsymbol{k}_e=\frac{E_eA_e}{l_e}\begin{bmatrix} c^2 & sc & -c^2 & -sc \\ sc & s^2 & -sc & -s^2 \\ -c^2 & -sc & c^2 & sc \\ -sc & -s^2 & sc & s^2 \end{bmatrix} \tag{6.13}$$

刚度矩阵的敏度和设计变量的性质有关。如对于尺寸优化和拓扑优化，杆的截面积是设计变量：$x_e=A_e$。唯一的区别是拓扑优化中杆的截面积允许为零，即杆可能不存在。本例中，l_e 和 θ_e 是常数，$\boldsymbol{B}_e$ 是常矩阵，$D_e=D_e(x_e)=E_ex_e/l_e$，由式（6.10）可得

$$\frac{\partial \boldsymbol{k}_e}{\partial x_j}=\begin{cases}\dfrac{E_e}{l_e}\boldsymbol{B}_e^{\mathrm{T}}\boldsymbol{B}_e, & \text{如果 } j=e \\ \boldsymbol{0}, & \text{其他}\end{cases}$$

若为形状优化（如图 6.1 所示），此时杆的结点坐标作为设计变量 $\boldsymbol{x}$，即 $l_e=l_e(\boldsymbol{x})$，$\theta_e=\theta_e(\boldsymbol{x})$，此时杆截面积 A_e 为常数。将式（6.10）求导得

$$\frac{\partial \boldsymbol{k}_e}{\partial x_j}=\frac{\partial \boldsymbol{B}_e^{\mathrm{T}}}{\partial x_j}D_e\boldsymbol{B}_e+\boldsymbol{B}_e^{\mathrm{T}}\frac{\partial D_e}{\partial x_j}+\boldsymbol{B}_e^{\mathrm{T}}D_e\frac{\partial \boldsymbol{B}_e}{\partial x_j} \tag{6.14}$$

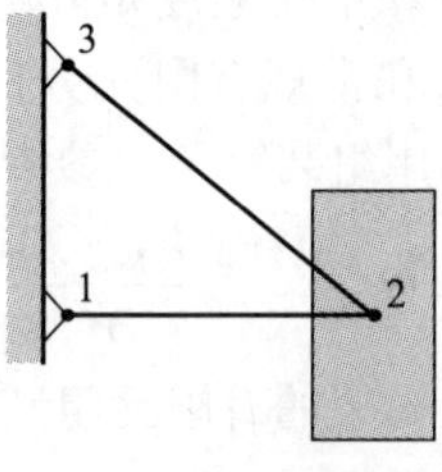

图 6.1　两杆桁架的形状优化

（图中阴影部分表示了结点 2 的设计域）

下面计算 $\dfrac{\partial \boldsymbol{k}_e}{\partial x_{pq}}$，其中 x_{pq} 为杆 e 结点坐标，如图 6.2 所示。显然，$\boldsymbol{k}_e$ 不受坐标系的影响，原先定义的 xy 坐标系现在为 x_1x_2 坐标系。坐标 x_{pq} 表示结点 p（0 或 1）的 x_q 坐标。引入列阵 $\boldsymbol{h}$ 为

$$\boldsymbol{h}=\begin{cases}[-1 \quad 0]^{\mathrm{T}} & \text{如果 } pq=11\\ [0 \quad -1]^{\mathrm{T}} & \text{如果 } pq=12\\ [1 \quad 0]^{\mathrm{T}} & \text{如果 } pq=21\\ [0 \quad 1]^{\mathrm{T}} & \text{如果 } pq=22\end{cases}$$

从结点 1 指向结点 2 的单位向量 $\boldsymbol{e}_e$ 为

$$e_e=\frac{1}{l_e}\begin{bmatrix}x_{21}-x_{11}\\ x_{22}-x_{12}\end{bmatrix}$$

式中，$l_e=\sqrt{(x_{21}-x_{11})^2+(x_{22}-x_{12})^2}$。$l_e$ 求导得

$$\frac{\partial l_e}{\partial x_{pq}}=\boldsymbol{h}^{\mathrm{T}}\boldsymbol{e}_e \tag{6.15}$$

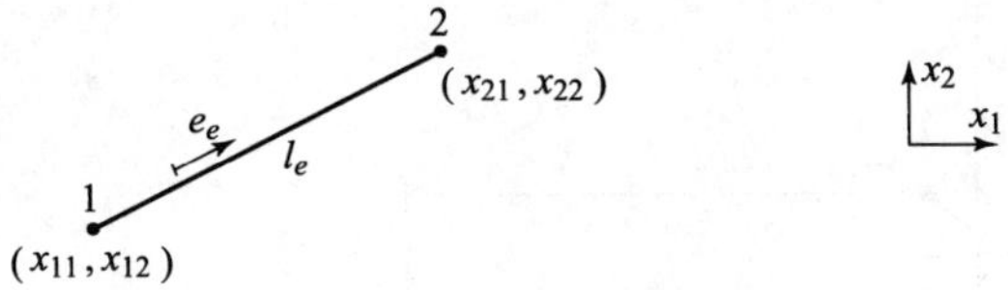

图 6.2 杆 e 的坐标关系图

D_e 的导数为

$$\frac{\partial D_e}{\partial x_{pq}}=-\frac{E_eA_e}{l_e^2}\frac{\partial l_e}{\partial x_{pq}}=-\frac{E_eA_e}{l_e^2}\boldsymbol{h}^{\mathrm{T}}\boldsymbol{e}_e$$

如果 $\boldsymbol{e}_e$ 对坐标求导，可得

$$\frac{\partial \boldsymbol{e}_e}{\partial x_{pq}}=-\frac{1}{l_e^2}\frac{\partial l_e}{\partial x_{pq}}\begin{bmatrix}x_{21}-x_{11}\\ x_{22}-x_{12}\end{bmatrix}+\frac{1}{l_e}\boldsymbol{h}=\frac{1}{l_e}(\boldsymbol{I}-\boldsymbol{e}_e\boldsymbol{e}_e^{\mathrm{T}})\boldsymbol{h}$$

式中，$\boldsymbol{I}$ 为 2×2 的单位阵。

由于 $\boldsymbol{B}_e=[-\boldsymbol{e}_e^{\mathrm{T}} \quad \boldsymbol{e}_e^{\mathrm{T}}]$，因此很容易计算得到$\dfrac{\partial \boldsymbol{B}_e}{\partial x_{pq}}$。

如果单元上作用的载荷和设计相关，则必须计算载荷的敏度，即$\dfrac{\partial \boldsymbol{f}_e^a}{\partial x_{pq}}$。例如，如果重力 g 作用在 x_2 的负方向上，则：

$$\boldsymbol{f}_e^a=\begin{bmatrix}0\\ -A_el_e\rho g/2\\ 0\\ -A_el_e\rho g/2\end{bmatrix}$$

式中，ρ 为材料密度。由式（6.15）计算载荷的敏度为

$$\frac{\partial \boldsymbol{f}_e^a}{\partial x_{pq}}=-\frac{A_e\rho g}{2}\begin{bmatrix}0\\ \boldsymbol{h}^{\mathrm{T}}\boldsymbol{e}_e\\ 0\\ \boldsymbol{h}^{\mathrm{T}}\boldsymbol{e}_e\end{bmatrix}$$

值得注意的是，本例中针对桁架的敏度计算方法，也同样适用于尺寸优化和形状优化集成中的敏度分析，只是此时必须同时考虑最佳截面积和最优结点坐标。

例 6.3 如图 6.3 为待优化的两杆桁架，自由结点在 x 方向的坐标 x 和杆的截面积 A_1，A_2 为设计变量，计算总体刚度矩阵 K 的敏度，即 $\frac{\partial K}{\partial x}$，$\frac{\partial K}{\partial A_1}$ 和 $\frac{\partial K}{\partial A_2}$。

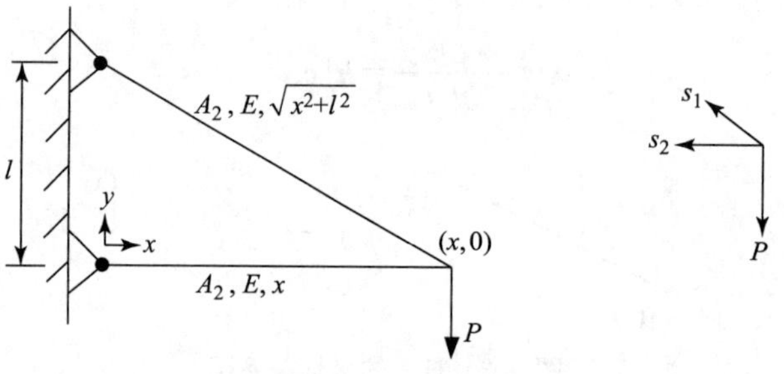

图 6.3 两杆桁架的敏度分析及自由结点的受力分析图

解：将自由结点进行受力分析，得

$$\begin{cases} -s_1\cos\theta - s_2 = 0 \\ s_1\sin\theta - P = 0 \end{cases},$$

其中 $\cos\theta = \frac{x}{\sqrt{x^2+l^2}}$，$\sin\theta = \frac{l}{\sqrt{x^2+l^2}}$。

写成矩阵形式为

$$\begin{bmatrix} 0 \\ -P \end{bmatrix} = \begin{bmatrix} \cos\theta & 1 \\ -\sin\theta & 0 \end{bmatrix} \begin{bmatrix} s_1 \\ s_2 \end{bmatrix} \Rightarrow \boldsymbol{F} = \boldsymbol{B}^{\mathrm{T}}\boldsymbol{s}$$

杆的伸长量 $\boldsymbol{\delta} = \boldsymbol{Bu}$（参见第 2 章相关实例）。

由胡克定律 $\sigma_i = E\varepsilon_i$，式中 $\sigma_i = \frac{s_i}{A_i}$，$\varepsilon_i = \frac{\delta_i}{l_i}$。联立方程得

$$s_i = \sigma_i A_i = EA_i\varepsilon_i = \frac{EA_i\delta_i}{l_i}$$

即

$$\boldsymbol{s} = E\mathrm{diag}\left(\frac{A_1}{l_1}, \frac{A_2}{l_2}\right)\boldsymbol{\delta} = \boldsymbol{D\delta}$$

式中，$l_1 = \sqrt{x^2+l^2}$，$l_2 = x$。

由以上可得，

$$\boldsymbol{F} = \boldsymbol{B}^{\mathrm{T}}\boldsymbol{DBu} = \boldsymbol{Ku}$$

则结构的刚度矩阵为

$$\boldsymbol{K}=\boldsymbol{B}^{\mathrm{T}}\boldsymbol{D}\boldsymbol{B}=E\begin{bmatrix}\dfrac{x}{l_1} & 1\\ -\dfrac{l}{l_1} & 0\end{bmatrix}\begin{bmatrix}A_1\dfrac{x}{l_1^2} & -\dfrac{A_1 l}{l_1^2}\\ \dfrac{A_2}{x} & 0\end{bmatrix}=E\begin{bmatrix}A_1\dfrac{x^2}{l_1^3}+\dfrac{A_2}{x} & -\dfrac{A_1 xl}{l_1^3}\\ -\dfrac{A_1 xl}{l_1^3} & \dfrac{A_1 l^2}{l_1^3}\end{bmatrix}$$

计算敏度为，

$$\frac{\partial \boldsymbol{K}}{\partial A_1}=E\begin{bmatrix}\dfrac{x^2}{l_1^3} & -\dfrac{xl}{l_1^3}\\ -\dfrac{xl}{l_1^3} & \dfrac{l^2}{l_1^3}\end{bmatrix}$$

$$\frac{\partial \boldsymbol{K}}{\partial A_2}=E\begin{bmatrix}\dfrac{1}{x} & 0\\ 0 & 0\end{bmatrix}$$

$$\frac{\partial \boldsymbol{K}}{\partial x}=E\begin{bmatrix}A_1\dfrac{2xl_1^3-3l_1x^3}{l_1^6}-\dfrac{A_2}{x^2} & -A_1 l\dfrac{l_1^3-3l_1x^2}{l_1^6}\\ -A_1 l\dfrac{l_1^3-3l_1x^2}{l_1^6} & -\dfrac{3A_1l^2l_1x}{l_1^6}\end{bmatrix}。$$

6.3.2　平面薄板

薄板是典型的具有无限自由度的分布参数系统。为了能够求解任意薄板的优化问题，我们采用有限元方法将状态变量（位移、应力和应变等等）进行离散处理。设计变量可能是无限的，如将薄板的厚度作为结点位置的未知的连续函数等。为了便于计算机求解，本节也将设计变量进行离散处理以便建立优化模型。如果是寻找薄板的最优厚度分布，也可假设每个单元的厚度是一个常数。状态变量和设计变量经过离散后，所得到的离散优化问题和自然离散系统（如桁架）非常相似。虽然将实际问题作为无限自由度问题进行敏度分析更加复杂，但也是可能的，如将设计变量进行离散处理，然后对得到的敏度方程进行离散化处理，具体可参考其他资料。本节将以有限自由度的离散问题为研究对象进行敏度分析的讨论。

在平面问题的有限元分析中，同种类型的单元都可以用一个唯一的父单元通过一对一映射 $\xi\mapsto\boldsymbol{x}(\xi)$ 建立有限元单元，式中，$\boldsymbol{x}=[x_1\quad x_2]^{\mathrm{T}}$，$\xi=[\xi_1\quad \xi_2]^{\mathrm{T}}$，如图 6.4 所示。图 6.4 所示为一个四结点单元，在 $\xi_1\xi_2$ 坐标系中，父单元占用区域为 $-1\leqslant\xi_1\leqslant1$，$-1\leqslant\xi_2\leqslant1$，用 $\hat{\Omega}$ 表示。在 x_1x_2 坐标系中，单元 Ω_e 所在位置一般取决于设计变量。为避免设计变量和坐标之间的混淆，这里设计变量不用 x_i 表示，而用 α_i 表示。采用等参方程，几何和位移用相同的形函数进行插值：

$$\boldsymbol{x}(\xi)=\boldsymbol{X}^{\mathrm{T}}\boldsymbol{N}_v \tag{6.16}$$

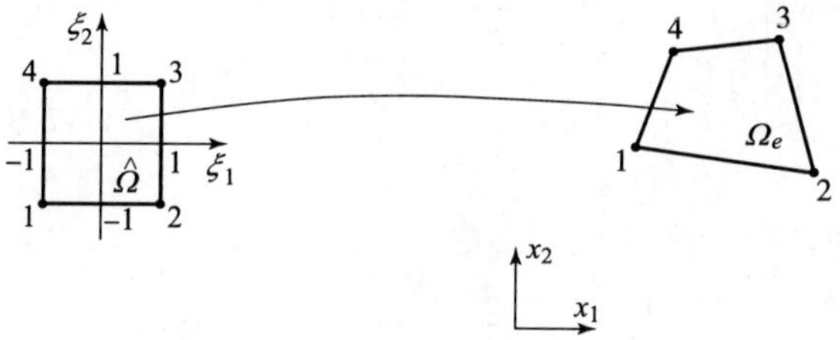

图 6.4 父单元到单元 e 的映射

$$\widetilde{\boldsymbol{u}}(\xi)=\boldsymbol{U}^{\mathrm{T}}\boldsymbol{N}_v \tag{6.17}$$

矩阵 $\boldsymbol{X}$ 包含单元 e 的结点坐标：

$$\boldsymbol{X}=\begin{bmatrix} x_{11} & x_{12} \\ \vdots & \vdots \\ x_{n_n 1} & x_{n_n 2} \end{bmatrix} \tag{6.18}$$

式中，n_n 为单元结点数，x_{pq} 是结点 p 的 x_q 坐标。N_v 为形函数矩阵，为列阵：

$$\boldsymbol{N}_v=\begin{bmatrix} N_1(\xi) \\ \vdots \\ N_{n_n}(\xi) \end{bmatrix} \tag{6.19}$$

在结点 i，形函数为 1，在其他结点为零。如四结点单元的形函数为：

$$N_1(\xi)=\frac{1}{4}(1-\xi_1)(1-\xi_2)$$

$$N_2(\xi)=\frac{1}{4}(1+\xi_1)(1-\xi_2)$$

$$N_3(\xi)=\frac{1}{4}(1+\xi_1)(1+\xi_2)$$

$$N_4(\xi)=\frac{1}{4}(1-\xi_1)(1+\xi_2)$$

矩阵 $\boldsymbol{U}$ 的元素为

$$\boldsymbol{U}=\begin{bmatrix} u_{11} & u_{12} \\ \vdots & \vdots \\ u_{n_n 1} & u_{n_n 2} \end{bmatrix}$$

为结点位移。单元内任意一点 $\boldsymbol{\xi}$ 的位移表示为 $\widetilde{\boldsymbol{u}}=[\widetilde{\boldsymbol{u}}_1 \quad \widetilde{\boldsymbol{u}}_2]^{\mathrm{T}}$，由于 $\boldsymbol{u}$ 表示的是结构总体位移列阵，这里用上标（～）进行区别。

单元刚度矩阵为

$$\boldsymbol{k}_e=\int_{\hat{\Omega}}\boldsymbol{B}^{\mathrm{T}}\boldsymbol{D}\boldsymbol{B}\,|\boldsymbol{J}|\,t\,\mathrm{d}\hat{\Omega} \tag{6.20}$$

式中，省略了积分符号下所有积分项的下标 e。该积分也可通过在单元中利用高斯点的积分值进行数值计算得到。

应变位移关系矩阵，简称应变矩阵 $\boldsymbol{B}$ 为

$$\boldsymbol{B}=\begin{bmatrix}\frac{\partial N_1}{\partial x_1} & 0 & \cdots & \frac{\partial N_{n_n}}{\partial x_1} & 0\\ 0 & \frac{\partial N_1}{\partial x_2} & \cdots & 0 & \frac{\partial N_{n_n}}{\partial x_2}\\ \frac{\partial N_1}{\partial x_2} & \frac{\partial N_1}{\partial x_1} & \cdots & \frac{\partial N_{n_n}}{\partial x_2} & \frac{\partial N_{n_n}}{\partial x_1}\end{bmatrix} \tag{6.21}$$

若为平面应力问题，应变应力矩阵，简称弹性矩阵 $\boldsymbol{D}$ 为

$$\boldsymbol{D}=\frac{E}{1-\mu^2}\begin{bmatrix}1 & \mu & 0\\ \mu & 1 & 0\\ 0 & 0 & \frac{1-\mu}{2}\end{bmatrix}$$

式中，E 为杨氏模量，μ 为泊松比。矩阵

$$\boldsymbol{J}=\begin{bmatrix}\frac{\partial x_1}{\partial \xi_1} & \frac{\partial x_2}{\partial \xi_1}\\ \frac{\partial x_1}{\partial \xi_2} & \frac{\partial x_2}{\partial \xi_2}\end{bmatrix}$$

为 $\xi\mapsto \boldsymbol{x}(\xi)$ 映射的雅可比矩阵，$|\boldsymbol{J}|$ 为雅可比矩阵的行列式。t 为单元厚度。

假设薄板中每个单元 e 的厚度为常数。对于尺寸优化和拓扑优化，设计变量 $\alpha_e=t_e$，$e=1$，2，…，n_e，其中 n_e 为网格单元数。这样，t_e 可以移到式（6.20）积分符号外面，即

$$\boldsymbol{k}_e = t_e\int_{\hat{\Omega}}\boldsymbol{B}^{\mathrm{T}}\boldsymbol{D}\boldsymbol{B}\,|\boldsymbol{J}|\,\mathrm{d}\hat{\Omega} = t_e\boldsymbol{k}_e^0$$

式中，$\boldsymbol{k}_e^0$ 为单位厚度单元刚度矩阵。

因而，单元刚度矩阵的敏度为

$$\frac{\partial \boldsymbol{k}_e}{\partial \alpha_i}=\begin{cases}\boldsymbol{k}_e^0, & \text{如果 } e=i\\ 0, & \text{其他}\end{cases}$$

若为形状优化，此时边界曲线将由设计变量 α_i，$i=1$，2，…控制，如图 6.5 所示。在形状优化中，设计域 Ω_e 取决于设计变量 α_i，即 $\Omega_e=\Omega_e(\alpha_i)$，但是 $\hat{\Omega}$是不变的。由于薄板的厚度 t 和弹性矩阵 $\boldsymbol{D}$ 是常量，对式（6.20）求导得：

$$\frac{\partial \boldsymbol{k}_e}{\partial \alpha_i}=\int_{\hat{\Omega}}\left(\frac{\partial \boldsymbol{B}^{\mathrm{T}}}{\partial \alpha_i}\boldsymbol{D}\boldsymbol{B}\,|\boldsymbol{J}|+\boldsymbol{B}^{\mathrm{T}}\boldsymbol{D}\frac{\partial \boldsymbol{B}}{\partial \alpha_i}|\boldsymbol{J}|+\boldsymbol{B}^{\mathrm{T}}\boldsymbol{D}\boldsymbol{B}\frac{\partial|\boldsymbol{J}|}{\partial \alpha_i}\right)t\,\mathrm{d}\hat{\Omega} \tag{6.22}$$

注意，在单元内 t 是不同的，但不会因设计变量 α_i 的变化而改变。这里，

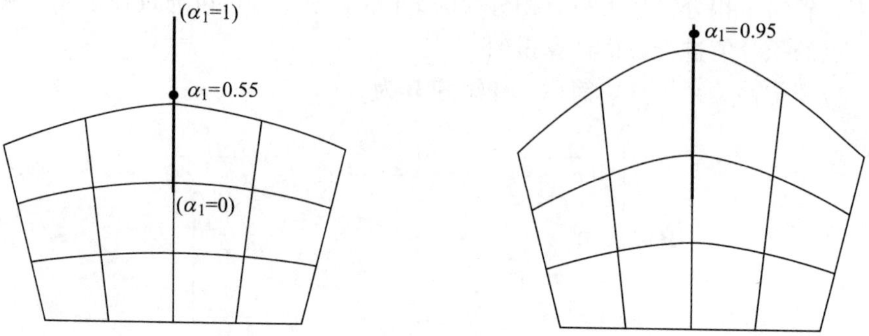

图 6.5　平面形状优化，设计变量确定控制点的位置，即决定了边界的曲线形状

主要是找到计算$\frac{\partial \boldsymbol{B}}{\partial \alpha_i}$和$\frac{\partial |\boldsymbol{J}|}{\partial \alpha_i}$的解析计算公式。首先，定义两个矩阵：

$$\boldsymbol{G}=\begin{bmatrix} \frac{\partial N_1}{\partial x_1}\cdots\frac{\partial N_{n_n}}{\partial x_1} \\ \frac{\partial N_1}{\partial x_2}\cdots\frac{\partial N_{n_n}}{\partial x_2} \end{bmatrix} \tag{6.23}$$

和

$$\hat{\boldsymbol{G}}=\begin{bmatrix} \frac{\partial N_1}{\partial \xi_1}\cdots\frac{\partial N_{n_n}}{\partial \xi_1} \\ \frac{\partial N_1}{\partial \xi_2}\cdots\frac{\partial N_{n_n}}{\partial \xi_2} \end{bmatrix} \tag{6.24}$$

由链式法则，得

$$\hat{\boldsymbol{G}}=\boldsymbol{J}\boldsymbol{G} \tag{6.25}$$

由式（6.16）可知

$$\boldsymbol{J}=\hat{\boldsymbol{G}}\boldsymbol{X} \tag{6.26}$$

显然，$\hat{\boldsymbol{G}}$和设计无关（因为$\hat{\boldsymbol{G}}$是ξ的函数，而不是$\boldsymbol{x}(\xi)$的函数）。为了书写方便，这里用角分符号（′）表示$\frac{\partial}{\partial \alpha_i}$。则

$$\boldsymbol{0}=\hat{\boldsymbol{G}}'=\boldsymbol{J}'\boldsymbol{G}+\boldsymbol{J}\boldsymbol{G}' \tag{6.27}$$

由式（6.26），可得

$$\boldsymbol{J}'=\hat{\boldsymbol{G}}\boldsymbol{X}' \tag{6.28}$$

由式（6.27）、式（6.28）和式（6.25），可得

$$\boldsymbol{G}'=-\boldsymbol{J}^{-1}\boldsymbol{J}'\boldsymbol{G}=-\boldsymbol{J}^{-1}\hat{\boldsymbol{G}}\boldsymbol{X}'\boldsymbol{G}=-\boldsymbol{G}\boldsymbol{X}'\boldsymbol{G}$$

下面，我们将计算$|\boldsymbol{J}|'$。由线性代数可知，任意一个非奇异矩阵$\boldsymbol{A}$，总有

$$|\boldsymbol{A}|'=|\boldsymbol{A}|\,\mathrm{tr}(\boldsymbol{A}^{-1}\boldsymbol{A}') \tag{6.29}$$

式中，$\mathrm{tr}(\boldsymbol{C})$表示任意方阵$\boldsymbol{C}$的迹，即矩阵$\boldsymbol{C}$中所有对角元素之和：$\mathrm{tr}(\boldsymbol{C})=C_{11}+C_{22}+C_{33}+\cdots$。对于一个 2×2 方阵，如$\boldsymbol{J}$，这个结论很容易通过直接计算进行证明。如一个任意非奇异方阵

$$\boldsymbol{A}=\begin{bmatrix} a_{11} & a_{12} \\ a_{21} & a_{22} \end{bmatrix}$$

矩阵$\boldsymbol{A}$的行列式为

$$|\boldsymbol{A}|=a_{11}a_{22}-a_{12}a_{21}$$

求导得

$$|\boldsymbol{A}|'=a'_{11}a_{22}+a_{11}a'_{22}-a'_{12}a_{21}-a_{12}a'_{21} \tag{6.30}$$

$\boldsymbol{A}^{-1}\boldsymbol{A}'$项为

$$\begin{aligned}\boldsymbol{A}^{-1}\boldsymbol{A}' &= \frac{1}{|\boldsymbol{A}|}\begin{bmatrix} a_{22} & -a_{12} \\ a_{21} & a_{11} \end{bmatrix}\begin{bmatrix} a'_{11} & -a'_{12} \\ a'_{21} & a'_{22} \end{bmatrix} \\ &= \frac{1}{|\boldsymbol{A}|}\begin{bmatrix} a'_{11}a_{22}-a'_{21}a_{12} & a'_{12}a_{22}-a'_{22}a_{12} \\ a'_{21}a_{11}-a'_{11}a_{21} & a'_{22}a_{11}-a'_{12}a_{21} \end{bmatrix}\end{aligned}$$

将$\boldsymbol{A}^{-1}\boldsymbol{A}'$的对角项相加后乘以$|\boldsymbol{A}|$，再与式（6.30）比较可知，式（6.29）成立。

利用式（6.29），代入式（6.28）和式（6.25）可得

$$|\boldsymbol{J}|'=|\boldsymbol{J}|\,\mathrm{tr}(\boldsymbol{J}^{-1}\boldsymbol{J}')=|\boldsymbol{J}|\,\mathrm{tr}(\boldsymbol{J}^{-1}\hat{\boldsymbol{G}}\boldsymbol{X}')=|\boldsymbol{J}|\,\mathrm{tr}(\boldsymbol{G}\boldsymbol{X}')$$

总结上面的推导，归纳如下：

$$\frac{\partial \boldsymbol{G}}{\partial \alpha_i}=-\boldsymbol{G}\frac{\partial \boldsymbol{X}}{\partial \alpha_i}\boldsymbol{G} \tag{6.31}$$

$$\frac{\partial |\boldsymbol{J}|}{\partial \alpha_i}=|\boldsymbol{J}|\,\mathrm{tr}\left(\boldsymbol{G}\frac{\partial \boldsymbol{X}}{\partial \alpha_i}\right) \tag{6.32}$$

虽然，本节是以二维问题为例进行推导的，但同样适合一维和三维问题，并且具有相同的形式。

一旦确定了$\boldsymbol{G}$的敏度，参考式（6.23）和式（6.21）可知，$\boldsymbol{B}$的敏度也很容易得到。注意，在$\partial \boldsymbol{B}/\partial \alpha_i$中仅包含形函数的一阶导数。这些项和标准有限元分析中建立平衡方程是完全一样。直觉上，在计算$\boldsymbol{B}$的敏度应该用到形函数的二阶导数，因为我们必须计算（$\partial/\partial \alpha_i$）($\partial N_j/\partial x_k$)，此时几何参数$x_1$和$x_2$依赖于$\alpha_i$。因此，我们还须计算$\partial \boldsymbol{X}/\partial \alpha_i$，即求结点坐标对设计变量的偏导，这些导数将取决于单元形状的描述形式（本书不做讨论，读者可参考有关书籍）。

最后，讨论如何计算载荷的敏度（因为载荷和设计相关）。首先，引入形函数矩阵：

$$\boldsymbol{N}=\begin{bmatrix} N_1 & 0 & \cdots & N_{n_n} & 0 \\ 0 & N_1 & \cdots & 0 & N_{n_n} \end{bmatrix}$$

为简单起见，本书仅分析和设计有关的牵引力。如对于体力 $\boldsymbol{b}$（单位面积力），在单元 e 上作用的载荷可记为：

$$f_e^a = \int_{\hat{\Omega}} \boldsymbol{N}^{\mathrm{T}} \boldsymbol{b} |\boldsymbol{J}| t \mathrm{d}\hat{\Omega} \tag{6.33}$$

一般地，作为和设计相关的体力，可以有和 x_2 坐标方向相反的重力和绕 x_2 轴旋转的离心力：$\boldsymbol{b}=[0 \quad -\rho g]^{\mathrm{T}}$ 和 $\boldsymbol{b}=[r\rho\omega^2 \quad 0]^{\mathrm{T}}$，式中 ρ 为密度（单位面积的质量），g 为重力加速度，ω 是角速度，半径 r 可由 $r=\sum_{i=1}^{n_n} N_i x_{i1}$ 插值，如图 6.6 所示。

图 6.6 设计相关的载荷

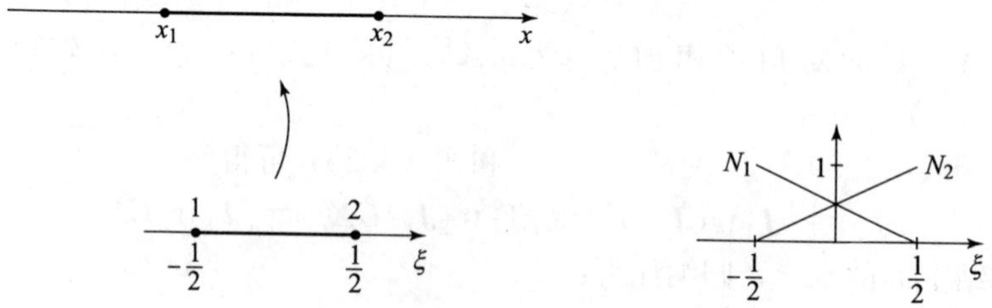

图 6.7 杆单元

若对式（6.33）求导，可得

$$\frac{\partial f_e^a}{\partial \alpha_i} = \int_{\hat{\Omega}} \boldsymbol{N}^{\mathrm{T}} \left(\frac{\partial \boldsymbol{b}}{\partial \alpha_i} |\boldsymbol{J}| + \boldsymbol{b} \frac{\partial |\boldsymbol{J}|}{\partial \alpha_i} \right) t \mathrm{d}\hat{\Omega} \tag{6.34}$$

例 6.4 如图 6.7 所示。杆单元的结点坐标 x_1 和 x_2（$x_2>x_1$）为设计变量，杆的截面积为 A，杨氏模量为 E。计算单元刚度矩阵的敏度，即$\frac{\partial \boldsymbol{k}_e}{\partial x_1}$和$\frac{\partial \boldsymbol{k}_e}{\partial x_2}$。

解：本节以二维平面问题为基础推导了相关的敏度计算方程，而本例是一个一维问题，因此需对相关计算公式进行适当的修改。

杆单元的结点坐标用列阵 $\boldsymbol{X}$ 表示，形函数矩阵也用列阵 $\boldsymbol{N}_v$ 表示，即

$$\boldsymbol{X}=\begin{bmatrix} x_1 \\ x_2 \end{bmatrix},\ \boldsymbol{N}_v=\begin{bmatrix} N_1(\xi) \\ N_2(\xi) \end{bmatrix}$$

杆单元上任意一点的坐标由式（6.16）进行插值得到：

$$x=\boldsymbol{X}^{\mathrm{T}}\boldsymbol{N}_v=\left(\frac{1}{2}-\xi\right)x_1+\left(\frac{1}{2}+\xi\right)x_2$$

则式（6.24）中的矩阵 $\hat{\boldsymbol{G}}$ 为

$$\hat{\boldsymbol{G}}=\left[\frac{\partial N_1}{\partial \xi}\cdots\frac{\partial N_2}{\partial \xi}\right]=[-1\quad 1]$$

而式（6.23）的矩阵 $\boldsymbol{G}$ 可写为：

$$\boldsymbol{G}=\left[\frac{\partial N_1}{\partial x}\quad\frac{\partial N_2}{\partial x}\right]$$

本例中，

$$\frac{\partial N_1}{\partial x}=\frac{\partial N_1}{\partial \xi}\frac{\partial \xi}{\partial x}=\frac{\partial N_1}{\partial \xi}\frac{1}{\frac{\mathrm{d}x}{\mathrm{d}\xi}}=-\frac{1}{x_2-x_1}$$

同理，

$$\frac{\partial N_2}{\partial x}=\frac{1}{x_2-x_1}$$

应变一位移矩阵 $\boldsymbol{B}$ 为

$$\boldsymbol{B}=\left[\frac{\partial N_1}{\partial x}\quad\frac{\partial N_2}{\partial x}\right]=\frac{1}{x_2-x_1}[-1\quad 1]$$

显然，在本例中，$\boldsymbol{B}=\boldsymbol{G}$。注意，这里的 $\boldsymbol{B}$ 是杆的应变 ε 和结点位移 $\boldsymbol{u}$ 的关系矩阵：$\varepsilon=\boldsymbol{Bu}$。因此，本例中的 $\boldsymbol{B}$ 矩阵和第 2 章桁架分析中所用的 $\boldsymbol{B}$ 矩阵是有区别的，在第 2 章中所定义的 $\boldsymbol{B}$ 是杆的伸长量和位移的关系矩阵，即 $\delta=\boldsymbol{Bu}$。

在本例中，雅可比矩阵 $\boldsymbol{J}$ 是一个标量：

$$\boldsymbol{J}=J=\frac{\partial x}{\partial \xi}=x_2-x_1$$

单元刚度矩阵 $\boldsymbol{k}_e$ 为：

$$\boldsymbol{k}_e=\int_{-1/2}^{1/2}\boldsymbol{B}^{\mathrm{T}}\boldsymbol{DB}\,|\boldsymbol{J}|\,A\,\mathrm{d}\xi$$

在本例中，弹性矩阵 $\boldsymbol{D}$ 为弹性模量 E。

则刚度矩阵 $\boldsymbol{k}_e$ 的敏度为

$$\frac{\partial \boldsymbol{k}_e}{\partial x_i}=AE\int_{-1/2}^{1/2}\left(J\frac{\partial \boldsymbol{G}^{\mathrm{T}}}{\partial x_i}\boldsymbol{G}+J\boldsymbol{G}^{\mathrm{T}}\frac{\partial \boldsymbol{G}}{\partial x_i}+\frac{\partial J}{\partial x_i}\boldsymbol{G}^{\mathrm{T}}\boldsymbol{G}\right)\mathrm{d}\xi \tag{6.35}$$

$\boldsymbol{G}$ 和 J 的敏度也可通过直接求导得到，本例中用式（6.31）和式（6.32）进行计算。

$$\frac{\partial \boldsymbol{G}}{\partial x_1}=-\boldsymbol{G}\frac{\partial \boldsymbol{X}}{\partial x_1}\boldsymbol{G}=-\frac{1}{(x_2-x_1)^2}[-1\quad 1]\begin{bmatrix}1\\0\end{bmatrix}[-1\quad 1]=-\frac{1}{(x_2-x_1)^2}[1\quad -1]$$

$$\frac{\partial J}{\partial x_1}=J\,tr\left(\boldsymbol{G}\frac{\partial \boldsymbol{X}}{\partial x_1}\right)=(x_2-x_1)\,tr\left(\frac{1}{x_2-x_1}[-1\quad 1]\begin{bmatrix}1\\0\end{bmatrix}\right)=-1$$

$$\frac{\partial \boldsymbol{G}}{\partial x_2}=\frac{1}{(x_2-x_1)^2}[1\quad -1]$$

$$\frac{\partial J}{\partial x_2}=1$$

代入式（6.35）得到 $\boldsymbol{k}_e$ 的敏度为

$$\frac{\partial \boldsymbol{k}_e}{\partial x_1}=\frac{AE}{(x_2-x_1)^2}\begin{bmatrix}1 & -1\\ -1 & 1\end{bmatrix}$$

$$\frac{\partial \boldsymbol{k}_e}{\partial x_2}=-\frac{AE}{(x_2-x_1)^2}\begin{bmatrix}1 & -1\\ -1 & 1\end{bmatrix}$$

在本例中，$\boldsymbol{k}_e$ 的敏度也可直接由单元刚度矩阵 $\boldsymbol{k}_e=\frac{AE}{x_2-x_1}\begin{bmatrix}1 & -1\\ -1 & 1\end{bmatrix}$求导得到，结果是一样的。

第 7 章　二维连续体拓扑优化

本章简要介绍如何在弹性结构的拓扑优化中建立优化模型以及求解。首先，对二维弹性体进行了基本分析，建立了拓扑优化的基本模型，重点针对二维薄板的厚度优化问题，然后通过优化准则法寻找薄板的最佳厚度分布。传统的优化准则法对这类问题的求解非常有效，并广泛应用于该类问题的求解。该方法也是序列凸近似方法的一种特殊形式。同时，本章也初步介绍了各向同性材料的密度惩罚法，分析了数值不稳定的基本原理。

7.1　二维弹性体

如图 7.1 所示的二维弹性体，设计域 $\Omega \in \mathbb{R}^2$，厚度为 h。三维设计域 $\Omega \times [0, h]$ 材料为线弹性材料，在包含 Ω 的平面内作用载荷，因此具有一定的变形。Ω 的边界分成两部分，Γ_t 和 Γ_u。Ω 内的任一点 $\boldsymbol{x}$ 表示为 $\boldsymbol{x}=(x, y)$，作用在 Ω 上的外力为单位面积力 $\boldsymbol{b}(\boldsymbol{x}) \in \mathbb{R}^2$，和单位长度的力 $\boldsymbol{t}(\boldsymbol{x}) \in \mathbb{R}^2$。设计域 Ω、边界和载荷如图 7.1 所示。平面的内力用正应力 σ_x，σ_y 和剪应力 τ_{xy} 表示，则应力向量为

$$\boldsymbol{\sigma}=[\sigma_x, \sigma_y, \tau_{xy}]^{\mathrm{T}}$$

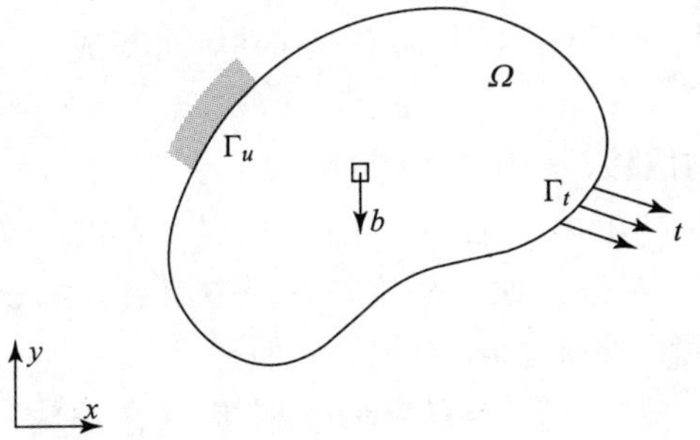

图 7.1　二维弹性体设计域 Ω

引入微分算子矩阵

$$\nabla^{\mathrm{T}}=\begin{bmatrix} \dfrac{\partial}{\partial x} & 0 & \dfrac{\partial}{\partial y} \\ 0 & \dfrac{\partial}{\partial y} & \dfrac{\partial}{\partial x} \end{bmatrix}$$

弹性体 Ω 域内的平衡方程为

$$\nabla^{\mathrm{T}}(h\boldsymbol{\sigma})+\boldsymbol{b}=\mathbf{0}\ (\text{在}\ \Omega\ \text{内}) \tag{7.1}$$

在边界 Γ_t，由 $\boldsymbol{\sigma}=[\sigma_x,\ \sigma_y,\ \tau_{xy}]^{\mathrm{T}}$ 表示的内力和外部边界力 $\boldsymbol{t}$ 也应保持平衡。首先定义矩阵

$$\boldsymbol{N}=\begin{bmatrix} n_x & 0 & n_y \\ 0 & n_y & n_x \end{bmatrix}$$

式中，$\boldsymbol{n}=(n_x,\ n_y)$ 是在边界 Γ_t 上单位法向矢量。则边界 Γ_t 上的平衡方程为

$$\boldsymbol{N}(h\boldsymbol{\sigma})=\boldsymbol{t}\ (\text{在}\ \Gamma_t\ \text{上}) \tag{7.2}$$

方程中各元素为

$$t_x=(h\sigma_x)n_x+(h\tau_{xy})n_y$$
$$t_y=(h\tau_{xy})n_x+(h\sigma_y)n_y$$

位移向量为 $\boldsymbol{u}=[u_x,\ u_y]^{\mathrm{T}}$。在边界 Γ_u 上，弹性体固定，因此位移向量为零，即

$$\boldsymbol{u}=\mathbf{0}\ (\text{在}\ \Gamma_u\ \text{上}) \tag{7.3}$$

由胡克定律，线弹性体的本构方程（constitutive equation）为

$$\boldsymbol{\sigma}=\boldsymbol{D}\boldsymbol{\varepsilon} \tag{7.4}$$

式中，$\boldsymbol{D}$ 为弹性矩阵。对于各向同性材料的平面应力问题，$\boldsymbol{D}$ 为

$$\boldsymbol{D}=\frac{E}{1-\mu^2}\begin{bmatrix} 1 & \mu & 0 \\ \mu & 1 & 0 \\ 0 & 0 & \dfrac{1-\mu}{2} \end{bmatrix} \tag{7.5}$$

式中，E 为杨氏模量（Young's modulus），μ 为泊松比（Poisson's ratio）。

应变和位移之间的关系，由几何方程描述，可写成

$$\boldsymbol{\varepsilon}=\nabla\boldsymbol{u} \tag{7.6}$$

式中，$\boldsymbol{u}$ 为弹性体的位移，$\boldsymbol{\varepsilon}$ 为弹性体的应变，为列阵，$\boldsymbol{\varepsilon}=[\varepsilon_x,\ \varepsilon_y,\ \gamma_{xy}]^{\mathrm{T}}$。

二维线弹性体问题由方程（7.1）、方程（7.2）、方程（7.3）、方程（7.4）和方程（7.6）描述。通过从这些方程中消去 $\boldsymbol{\sigma}$ 和 $\boldsymbol{\varepsilon}$，得到二维线弹性体描述的偏微分方程，即确定 $\boldsymbol{u}$：$\Omega\rightarrow\mathbb{R}^2$，使得

$$(\mathbb{PDE})\begin{cases} \nabla^{\mathrm{T}}(h\boldsymbol{D}\nabla\boldsymbol{u})+\boldsymbol{b}=\mathbf{0} & (\text{在}\ \Omega\ \text{内}) \\ N(h\boldsymbol{D}\nabla\boldsymbol{u})=\boldsymbol{t} & (\text{在}\ \Gamma_t\ \text{上}) \\ \boldsymbol{u}=\mathbf{0} & (\text{在}\ \Gamma_u\ \text{上}) \end{cases}$$

对于充分光滑的位移场，（$\mathbb{PDE}$）方程等效于虚功原理（Principle of Virtual Work），即

$$(\mathbb{PVW})\begin{cases}\text{在 }\Omega\to \mathrm{R}^2\text{，使 }\boldsymbol{u}=\boldsymbol{0}\text{（在 }\Gamma_u\text{ 上），且}\\ \text{对所有 }v:\Omega\to \mathrm{R}^2\text{，}\boldsymbol{v}=\boldsymbol{0}\text{（在 }\Gamma_u\text{ 上），满足}\\ \int_\Omega(\nabla \boldsymbol{v})^{\mathrm{T}}h\boldsymbol{D}\,\nabla \boldsymbol{u}\mathrm{d}A=\int_{\Gamma_t}\boldsymbol{v}^{\mathrm{T}}\boldsymbol{t}\mathrm{d}s+\int_\Omega \boldsymbol{v}^{\mathrm{T}}\boldsymbol{b}\mathrm{d}A\end{cases}$$

总的势能为

$$J(\boldsymbol{u})=\frac{1}{2}\int_\Omega(\nabla \boldsymbol{u})^{\mathrm{T}}h\boldsymbol{D}\,\nabla \boldsymbol{u}\mathrm{d}A-\int_{\Gamma_t}\boldsymbol{u}^{\mathrm{T}}\boldsymbol{t}\mathrm{d}s-\int_\Omega \boldsymbol{u}^{\mathrm{T}}\boldsymbol{b}\mathrm{d}A$$

式中，第一项为应变能，后两项为外力势能。在许可位移场内计算势能最小，得

$$(\mathbb{PEM})\begin{cases}\min\limits_{\boldsymbol{u}} J(\boldsymbol{u})\\ \text{s. t. }\boldsymbol{u}=\boldsymbol{0}\text{（在 }\Gamma_u\text{ 上）}\end{cases}$$

这是一个凸优化问题，优化条件为：

$J'(\boldsymbol{u};\ \boldsymbol{v})=0$，$\boldsymbol{v}:\Omega\to\mathbb{R}^2$，$\boldsymbol{v}=0$（在 Γ_u 上）$\Leftrightarrow$（$\mathbb{PVW}$）

这样就使得所建立的三种问题具有一致性。

注意，（$\mathbb{PDE}$）包含关于位移的二阶导数，而其他两种模型中仅含位移的一阶导数。因此，在大位移场中，（$\mathbb{PVW}$）和（$\mathbb{PEM}$）比（$\mathbb{PDE}$）更有意义，一般把后者称为“强”形式，而其他两种为“弱”形式。

7.2　优化设计问题

考虑一种设计问题，设计变量函数定义为 ρ，该变量在双线性函数 a 中为线性参数。因此，既考虑 ρ，又考虑位移场 v 的双线性函数为

$$a(\rho,v,v)=2\int_\Omega \rho e(v)\mathrm{d}\Omega \tag{7.8}$$

式中，e 为比应变能，积分区域 Ω 与积分单元 $\mathrm{d}\Omega$ 随具体情况不同而不同。比应变能是位移的二次函数。$\rho\mathrm{d}\Omega$ 在多数情况下是体积，此时的比应变能表示为单位体积的应变能。

函数 a 中的 ρ 假定为线性函数，如本章后续例子所示。如果 ρ 为非线性函数，则对于一些设计问题可能无解。而且，ρ 为线性函数，则优化问题是一个凸问题，反之则为非凸问题。

本章的设计目的是使结构的刚度尽可能大。本文利用平衡位移场 u 的线性函数表示目标函数 $l(u)$。$l(u)$ 称为柔度，即总体刚度的倒数。当柔度最小时，意味着结构刚度最大。当在平衡位移时，柔度和双线性函数 a 相等。

在优化设计过程中，设计变量必须满足

$$\int_\Omega \rho\mathrm{d}\Omega=V \tag{7.9}$$

式中，V 为给定的常数。多数情况下，V 为实际结构的体积。实际上，一般

还存在如下的约束：

$$\rho(x)\geqslant 0,\ x\in\Omega \tag{7.10}$$

归纳起来，得到如下的优化设计问题：

$$(\mathbb{P}_s)\begin{cases}\min\limits_{u,\rho} l(u)\\ \text{s. t.}\begin{cases}a(\rho,\ u,\ v)=l(v),\ u\in K,\ v\in K\\ \int_\Omega \rho \mathrm{d}\Omega = V\\ \rho(x)\geqslant 0,\ x\in\Omega\end{cases}\end{cases}$$

式中，K 为许用位移场集合。

第一个约束是平衡约束，也可写成如下最小化问题：

对于所有 $v\in K$，确定 u，使得

$$J(\rho,\ u)\leqslant J(\rho,\ v),\ u\in K$$

式中，

$$J(\rho,\ v)=\frac{1}{2}a(\rho,\ v,\ v)-l(v)$$

后面两个约束是设计约束，定义满足这些约束的集合为 $\mathcal{H}$，即

$$\begin{cases}\int_\Omega \rho \mathrm{d}\Omega = V\\ \rho(x)\geqslant 0,\ x\in\Omega\end{cases} \Leftrightarrow \rho\in\mathcal{H}$$

对于一维弹性体，如杆而言，位移场 v 用 u 表示，设计变量 ρ 为杆的截面积 A，因此

$$a(\rho,\ v,\ v)=\int_0^L \rho E(v')\mathrm{d}x$$

比应变能为

$$e(v)=\frac{1}{2}E(v')^2$$

体积约束为：

$$\int_0^L \rho \mathrm{d}x = V$$

若为二维弹性体，位移场 v 为位移向量 $\boldsymbol{u}$，ρ 为厚度 h，可写为：

$$a(\rho,\ v,\ v)=\int_0^L (\nabla\boldsymbol{u})^{\mathrm{T}}\rho\boldsymbol{D}\ \nabla\boldsymbol{u}\mathrm{d}A$$

比应变能为：

$$e(v)=\frac{1}{2}(\nabla\boldsymbol{u})^{\mathrm{T}}\boldsymbol{D}\ \nabla\boldsymbol{u}$$

体积约束为：

$$\int_0^L \rho \mathrm{d}A = V$$

例 7.1　等截面梁的刚度优化问题。在所有梁中，位移的大小和梁的惯量矩成反比。如图 7.2 所示的梁的截面图，z 方向的弯曲惯量矩为

$$I = \int_A z^2 \mathrm{d}A$$

为便于改变横截面形状，假设梁的截面如图 7.3 所示。在给定面积下，定义两个变量 x_1 和 x_2，以梁的位移最小为优化目标，建立的优化模型为：

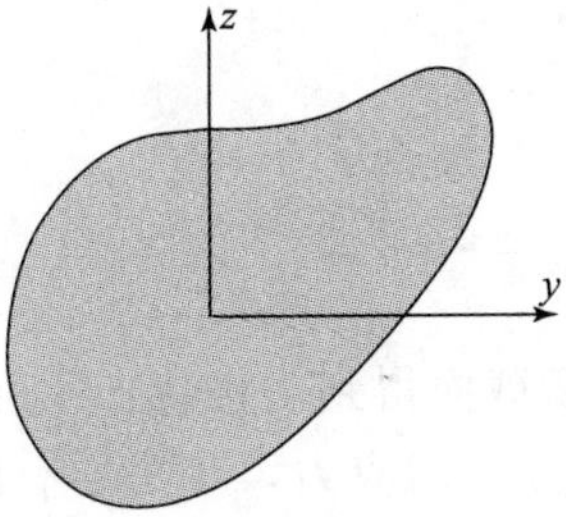

图 7.2　梁的截面图

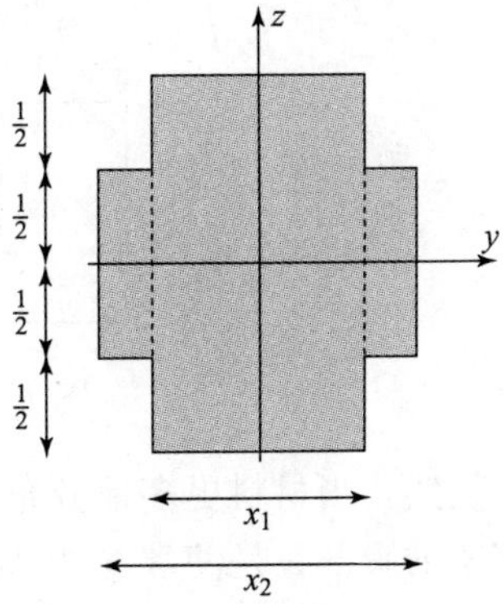

图 7.3　设计变量定义

$$\begin{cases} \max\limits_{x_1, x_2} I(x_1, x_2) \\ \text{s. t.} \begin{cases} \varepsilon \leqslant x_i \leqslant 1 \ (i=1, 2) \\ x_1 + x_2 = 1 \ (\text{给定面积}) \end{cases} \end{cases}$$

式中，ε 是一个给定的小数。

此时，梁的惯量矩很容易计算

$$I(x_1, x_2) = 2\int_0^{1/2} x_2 z^2 \mathrm{d}z + 2\int_{1/2}^1 x_1 z^2 \mathrm{d}z = \frac{1}{12}x_2 + \frac{7}{12}x_1$$

给定面积的约束，$x_2 = 1 - x_1$，则

$$I(x_1, x_2) = \frac{1}{12} + \frac{1}{2}x_1$$

则优化模型为

$$\begin{cases} \max\limits_{x_1} x_1 \\ \text{s. t.} \begin{cases} \varepsilon \leqslant x_1 \leqslant 1 \\ \varepsilon \leqslant 1 - x_1 \leqslant 1 \Leftrightarrow [x_1 \leqslant 1 - \varepsilon, \ x_1 \geqslant 0] \end{cases} \end{cases}$$

显然，最优解 $x_1^* = 1 - \varepsilon$，这也意味着 $x_2^* = \varepsilon$。从几何上看，这是一个 I 字梁，如图 7.4 所示。优化后，梁的惯性矩为

$$I(x_1^*,\ x_2^*)=\frac{\varepsilon}{24}+\frac{7}{24}(1-\varepsilon)\to\frac{7}{24}(\varepsilon\to 0)$$

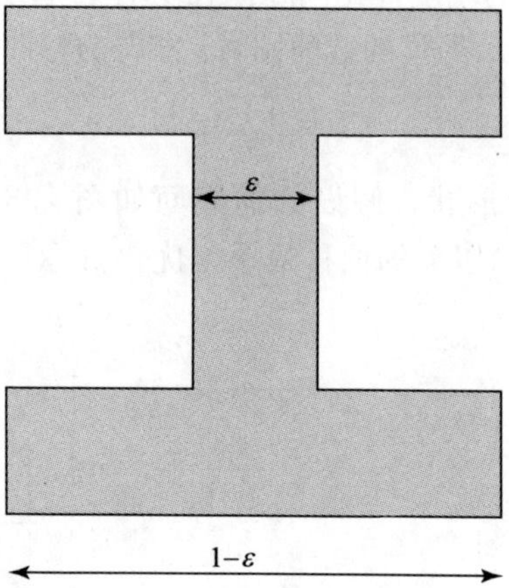

图 7.4　梁的截面优化后 I 字梁

显然，当材料更多地分布在翼缘板时，梁的横截面得到了优化：实际上，工字梁的腹部只是使翼缘板确定位置，承担小部分剪切应力，几乎所有的弯曲刚度取决于翼缘板。

7.3　变厚度薄板问题

7.3.1　问题描述

本例是一个二维弹性薄板变厚度问题，见图 7.5。这里，薄板厚度 ρ 作为优化设计变量。首先定义设计变量集合 $\mathcal{H}$，引入设计变量 ρ 的上限 $\bar{\rho}$ 和下限 $\underline{\rho}$，且$\underline{\rho}>0$。此外，所有厚度必须满足体积约束，即 $\int_\Omega \rho \mathrm{d}\Omega = V$，因此集合 $\mathcal{H}$ 定义为

$$\begin{cases}\int_\Omega \rho \mathrm{d}\Omega = V \\ \underline{\rho}\leqslant\rho(x)\leqslant\bar{\rho},\ x\in\Omega\end{cases}\Leftrightarrow\rho\in\mathcal{H}$$

这样，将要解决的问题是：

$$(\mathbb{P})\begin{cases}\min\limits_{\boldsymbol{u},\rho} \ell(\boldsymbol{u}) \\ \text{s. t.}\begin{cases}a(\rho,\ \boldsymbol{u},\ \boldsymbol{v})=\ell(\boldsymbol{v}),\ \boldsymbol{u}\in K \\ \rho\in\mathcal{H}\end{cases}\end{cases}$$

这里

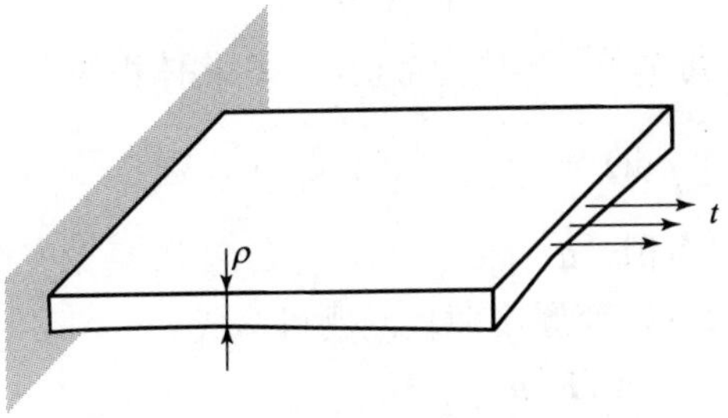

图 7.5　变厚度板问题

$$a(\rho, \boldsymbol{u}, \boldsymbol{v})=\int_{\Omega}(\nabla \boldsymbol{u})^{\mathrm{T}} \rho \boldsymbol{D} \nabla \boldsymbol{v} \mathrm{d} A$$

式中，a 是对称双线性函数，即满足 $a(\boldsymbol{u}, \boldsymbol{v})=a(\boldsymbol{v}, \boldsymbol{u})$，且变量 $\boldsymbol{u}$ 和 $\boldsymbol{v}$ 都满足线性条件，$\boldsymbol{u}, \boldsymbol{v} \in K$。假设函数 a 中变量 ρ 也是线性的。$\boldsymbol{D}$ 为平面应力中各向同性材料的弹性矩阵。若不考虑体积力，则柔度为

$$l(\boldsymbol{v})=\int_{\Gamma_t} \boldsymbol{v}^{\mathrm{T}} \boldsymbol{t} \mathrm{d} s$$

许可位移集合定义为

$$K=\{\boldsymbol{v}: \Omega \rightarrow R^2 \mid \boldsymbol{v}=\mathbf{0} \text{ 在 } \Gamma_u\}$$

7.3.2　有限元离散

将二维设计域 Ω 离散成有限单元 Ω_e，$e=1, 2, \cdots, n$。使用位移场函数进行位移插值，并在每个单元内 ρ 近似为常数，单元刚度矩阵为

$$\boldsymbol{k}_e(x_e)=x_e \boldsymbol{k}_e^0$$

式中，x_e 是 Ω_e 内厚度 ρ 的近似值，$\boldsymbol{k}_e^0$ 是单位厚度单元的刚度矩阵。薄板的整体刚度矩阵可写为

$$\boldsymbol{K}(\boldsymbol{x})=\sum_{e=1}^{n} x_e \boldsymbol{K}_e^0$$

式中，$\boldsymbol{x}=[x_1, x_2, \cdots, x_n]^{\mathrm{T}}$ 为薄板近似厚度向量。且

$$\boldsymbol{K}_e^0=\boldsymbol{C}_e^{\mathrm{T}} \boldsymbol{k}_e^0 \boldsymbol{C}_e$$

是单位厚度的单元 e 刚度矩阵的结构刚度矩阵。$\boldsymbol{C}_e$ 是单元结点自由度转换矩阵。

位移场函数的有限元近似，表明柔度可近似为

$$\int_{\Gamma_t} \boldsymbol{u}^{\mathrm{T}} \boldsymbol{t} \mathrm{d} s \approx \boldsymbol{F}^{\mathrm{T}} \boldsymbol{u}$$

式中，$\boldsymbol{u}$ 是结点位移向量，$\boldsymbol{F}$ 是结点力向量。注意，位移场函数和结点位移向量使用相同的符号 $\boldsymbol{u}$。此时，有限元求解方程，或结构的平衡方程为

$$\boldsymbol{K}(\boldsymbol{x})\boldsymbol{u}=\boldsymbol{F}$$

此外，通过假设每个单元厚度为常量，可以将体积约束中的积分形式近似为：

$$\int_{\Omega}\rho \mathrm{d}\Omega=\sum_{e=1}^{n}\int_{\Omega_e}\rho \mathrm{d}A\approx\sum_{e=1}^{n}x_e a_e=\boldsymbol{x}^{\mathrm{T}}\boldsymbol{a}$$

式中 a_e 是单元 Ω_e 的面积，$\boldsymbol{a}=[a_1,\ a_2,\ \cdots,\ a_n]^{\mathrm{T}}$ 是单元的面积向量。

经过有限元离散后，变厚度薄板问题可写成：

$$\begin{cases}\min\limits_{\boldsymbol{x},\boldsymbol{u}}\boldsymbol{F}^{\mathrm{T}}\boldsymbol{u}\\ \text{s. t.}\begin{cases}\boldsymbol{K}(\boldsymbol{x})\boldsymbol{u}=\boldsymbol{F}\\ \boldsymbol{x}^{\mathrm{T}}\boldsymbol{a}=V\\ \underline{\rho}\leqslant x_e\leqslant\bar{\rho},\ e=1,\ 2,\ \cdots,\ n\end{cases}\end{cases}$$

该问题的嵌套形式为

$$\begin{cases}\min\limits_{\boldsymbol{x}}\boldsymbol{C}(\boldsymbol{x})=\boldsymbol{F}^{\mathrm{T}}\boldsymbol{u}(\boldsymbol{x})\\ \text{s. t.}\begin{cases}\boldsymbol{x}^{\mathrm{T}}\boldsymbol{a}=V\\ \underline{\rho}\leqslant\rho\leqslant\bar{\rho},\ e=1,\ 2,\ \cdots,\ n\end{cases}\end{cases}$$

式中，$\boldsymbol{u}(\boldsymbol{x})=\boldsymbol{K}(\boldsymbol{x})^{-1}\boldsymbol{F}$。

7.3.3 优化准则（OC）法

针对以上离散结构优化问题，优化准则法（Optimality Criteria：OC）是一种经典的数值计算方法。OC 法比显式凸近似法历史久远，这两种方法一直被认为在互相竞争。然而，对于本章的优化问题，OC 法可认为是显式凸近似方法的特例，且特别适用于求解该类优化问题。

首先，计算柔度在 $\boldsymbol{x}=\boldsymbol{x}^k$ 的敏度

$$\frac{\partial C(\boldsymbol{x})}{\partial x_e}=-\boldsymbol{u}_e(\boldsymbol{x})^{\mathrm{T}}\boldsymbol{k}_e^0\boldsymbol{u}_e(\boldsymbol{x})=-(\boldsymbol{u}_e^k)^{\mathrm{T}}\boldsymbol{k}_e^0\boldsymbol{u}_e^k \tag{7.11}$$

式中，$\boldsymbol{u}_e^k=\boldsymbol{u}_e(\boldsymbol{x}^k)=\boldsymbol{C}_e\boldsymbol{u}(x^k)$，$\boldsymbol{u}(\boldsymbol{x}^k)=\boldsymbol{K}(\boldsymbol{x}^k)^{-1}\boldsymbol{F}$。

OC 法和显式凸近似方法之间的联系是在柔度 $C(\boldsymbol{x})$线性化中，引入了中间变量

$$y_e=x_e^{-\alpha}$$

式中，α 是大于零的任意常数。可得：

$$C(\boldsymbol{x})\approx C(\boldsymbol{x}^k)+\sum_{e=1}^{n}\left.\frac{\partial C}{\partial y_e}\right|_{\boldsymbol{x}=\boldsymbol{x}^k}(y_e-y_e^k) \tag{7.12}$$

式中

$$\frac{\partial C}{\partial y_e}=\frac{\partial C}{\partial x_e}\frac{\partial x_e}{\partial y_e}=\frac{\partial C}{\partial x_e}\frac{1}{\dfrac{dx_e^{-\alpha}}{dx_e}}=-\frac{1}{\alpha x_e^{-\alpha-1}}\frac{\partial C}{\partial x_e}=-\frac{x_e^{\alpha+1}}{\alpha}\frac{\partial C}{\partial x_e} \tag{7.13}$$

将式（7.11）和式（7.13）代入式（7.12）得

$$C(x)\approx \text{const.}+\sum_{e=1}^{n} b_e^k x_e^{-\alpha}$$

式中

$$b_e^k=\frac{1}{\alpha}\left(\left(\boldsymbol{u}_e^k\right)^{\mathrm{T}}\boldsymbol{k}_e^0\boldsymbol{u}_e^k\right)\left(x_e^k\right)^{1+\alpha} \tag{7.14}$$

至此，优化模型的近似为：

$$(\mathbb{P}_s^{\text{sheet}})_k^{\text{FE}}\begin{cases}\min\limits_{x}\sum\limits_{e=1}^{n} b_e^k x_e^{-\alpha}\\ \text{s. t.}\begin{cases}\boldsymbol{x}^{\mathrm{T}}\boldsymbol{a}=V\\ \underline{\rho}\leqslant\rho\leqslant\bar{\rho},\ e=1,2,\cdots,n\end{cases}\end{cases}$$

该问题是一个凸规划问题，可采用拉格朗日对偶法处理。拉格朗日函数为

$$L(\boldsymbol{x},\lambda)=\sum_{e=1}^{n} b_e^k x_e^{-\alpha}+\lambda(\boldsymbol{x}^{\mathrm{T}}\boldsymbol{a}-V)$$

对偶目标函数为

$$\varphi(\lambda)=\min_{\underline{\rho}\leqslant x_e\leqslant\bar{\rho}}\mathcal{L}(\boldsymbol{x},\lambda)=\sum_{e=1}^{n}\min_{\underline{\rho}\leqslant x_e\leqslant\bar{\rho}}\left[b_e^k x_e^{-\alpha}+\lambda a_e x_e\right]-\lambda V$$

显然，该函数是一个分离函数，即每个单元都是一个变量独立的函数，$\varphi(\lambda)$ 可通过分别计算 n 个单元的函数最小值得到。

$$\varphi_e(x_e,\lambda)=b_e^k x_e^{-\alpha}+\lambda a_e x_e$$

假设 $\varphi_e(x_e,\lambda)$ 的最小值在 $\underline{\rho}\leqslant\rho\leqslant\bar{\rho}$ 的内部取得，对函数求偏导

$$\frac{\partial\varphi_e(x_e,\lambda)}{\partial x_e}=-\alpha b_e^k x_e^{(-\alpha-1)}+\lambda a_e=0$$

则

$$x_e=\left(\frac{\alpha b_e^k}{\lambda a_e}\right)^{\frac{1}{1+\alpha}}$$

为证明以上假设的正确性，主对偶关系为

$$x_e(\lambda)=\begin{cases}\underline{\rho} & \text{如果}\left(\dfrac{\alpha b_e^k}{\lambda a_e}\right)^{\frac{1}{1+\alpha}}<\underline{\rho}\\ \left(\dfrac{\alpha b_e^k}{\lambda a_e}\right)^{\frac{1}{1+\alpha}} & \text{如果}\ \underline{\rho}\leqslant\left(\dfrac{\alpha b_e^k}{\lambda a_e}\right)^{\frac{1}{1+\alpha}}\leqslant\bar{\rho}\\ \bar{\rho} & \text{如果}\left(\dfrac{\alpha b_e^k}{\lambda a_e}\right)^{\frac{1}{1+\alpha}}>\bar{\rho}\end{cases} \tag{7.15}$$

将 $x_e(\lambda)$ 代入拉格朗日函数，得到对偶函数 $\varphi(\lambda)$ 的显式函数，对偶问题

为

$$\max_{\lambda \in R} \varphi(\lambda)$$

式中

$$\varphi(\lambda) = \mathcal{L}(\boldsymbol{x}(\lambda), \lambda) = \sum_{e=1}^{n} \varphi_e(x_e(\lambda), \lambda) - \lambda V$$

对偶函数单调递增，因此优化极值为对偶函数 $\varphi(\lambda)$ 的驻点，即偏导数为零（如图 7.6 所示），可得：

$$\frac{\partial \varphi(\lambda)}{\partial \lambda} = \sum_{e=1}^{n} \left(\frac{\partial \varphi_e}{\partial x_e} \frac{\partial x_e}{\partial \lambda} + \frac{\partial \varphi_e}{\partial \lambda} \right) - V = \sum_{e=1}^{n} a_e x_e(\lambda) - V = 0 \tag{7.16}$$

当满足体积约束时，对偶函数存在一个驻点。式（7.16）很容易求解，因为 $\varphi(\lambda)$ 是单调递增函数，$\frac{\partial \varphi(\lambda)}{\partial \lambda}$ 必须为零（如图 7.6 所示）。式（7.16）的唯一解 λ^* 可以通过区间缩减法（Interval reduction）计算得到。

将 λ^* 代入式（7.15），求得 $(\mathbb{P}_s^{\text{sheet}})_k^{\text{FE}}$ 的解，并作为下一次厚度迭代的初始值，即

$$x_e^{k+1} = x_e(\lambda^*)$$

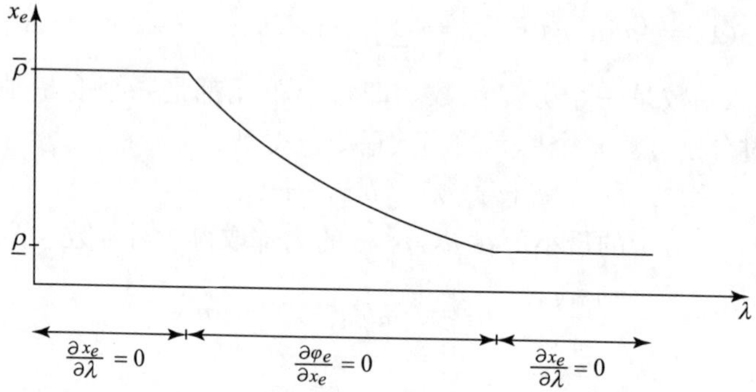

(a)

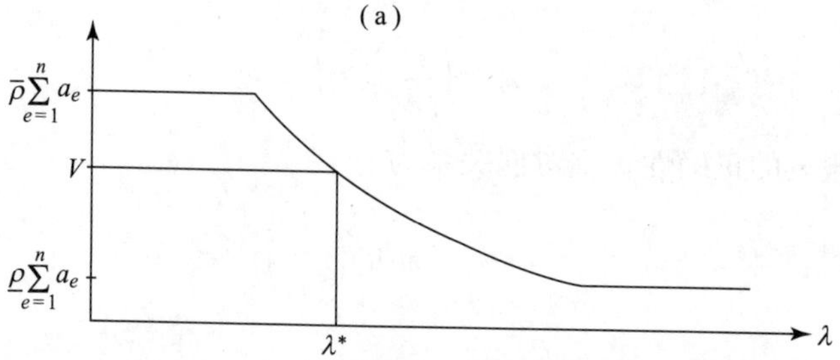

(b)

图 7.6

(a) 主-对偶函数 $\chi_e(\lambda)$；(b) 解（7.16）的根 λ^* 的图例

如果我们仅考虑式（7.15）的中间值，利用式（7.14）可得：

$$x_e^{k+1}=\left(\frac{(\boldsymbol{u}_e^k)^{\mathrm{T}}\boldsymbol{k}_e^0\boldsymbol{u}_e^k}{\lambda a_e}\right)^{\frac{1}{1+\alpha}}x_e^k$$

由上式可知，α 仅出现在 $1/(1+\alpha)$ 中，引入符号

$$\eta=\frac{1}{1+\alpha}$$

称为阻尼因子。

归纳迭代过程如下：

给定一个初始设计（如厚度）$\boldsymbol{x}^k$，解平衡方程 $\boldsymbol{K}(\boldsymbol{x}^k)\boldsymbol{u}^k=\boldsymbol{F}$，得到位移向量 $\boldsymbol{u}^k$。

新的设计按下式迭代

$$x_e^{k+1}=\min\left\{\max\left[\left(\frac{(\boldsymbol{u}_e^k)^{\mathrm{T}}\boldsymbol{k}_e^0\boldsymbol{u}_e^k}{\lambda a_e}\right)^{\eta},\ \underline{\rho}\right],\ \bar{\rho}\right\}$$

式中，λ 由下式确定

$$\sum_{e=1}^{n}a_e x_e^{k+1}(\lambda)-V=0$$

以上算法称为优化准则（OC）法。这个方法最初是基于以下想法提出的：如果约束 $\underline{\rho}\leqslant\rho\leqslant\bar{\rho}$ 不起作用，当

$$\left(\frac{(\boldsymbol{u}_e^k)^{\mathrm{T}}\boldsymbol{k}_e^0\boldsymbol{u}_e^k}{\lambda a_e}\right)=1$$

时，该方法是收敛的。这意味着

$$\frac{(\boldsymbol{u}_e^k)^{\mathrm{T}}\boldsymbol{k}_e^0\boldsymbol{u}_e^k}{a_e}=\lambda=\text{const},\ e=1,\ 2,\ \cdots,\ n$$

括号内的值表示的是单位体积应变能，或比应变能的两倍。收敛时，每一个单元的应变能都为常数，因此迭代的过程就是修改单元的厚度以达到这种状态的过程。高应变能单元的刚度较低，因此这些单元将变厚。当 η 小于 1 时，单元厚度的修改将被阻止。因此，η 称为阻尼因子。

7.3.4　固体各向同性材料惩罚法（SIMP）

如果单元厚度的下限非零，变厚度板的问题实质上是尺寸优化问题。另一方面，如果厚度为零，这个问题就具有了拓扑优化特性，因为 $\rho=0$ 的区域可以解释为设计域 Ω 中出现了孔洞。更进一步，可以将其视为一个纯拓扑优化问题，此时薄板厚度的下限 $\underline{\rho}$ 只能取零，上限为 $\bar{\rho}$。实际上，这可以看作是在厚度为 $\bar{\rho}$ 的薄板中，通过冲压工艺的设计得到孔的最优分布。但是，在求解这类离散优化问题时存在着一些困难。首先，若 $\underline{\rho}=0$，则单元的刚度矩阵为零，平衡方程中结构的总体刚度矩阵奇异，不能得到唯一解。因此，一般

假设$\underline{\rho}=\varepsilon$，$\varepsilon$ 为一个小的正数，而实际上是将该单元作为孔处理。其次，对于大型优化问题，离散变量的优化效率低，因此在优化过程中允许设计变量中间值的存在，但进行惩罚是一种有效的优化方法。当采用这种方法时，令 $\bar{\rho}=1$。原因是，这种方法可直接应用于三维弹性问题，此时 ρ 就不能只表示厚度，而是作为表示材料有无的变量，即 $\rho=\varepsilon\approx 0$ 表示无材料，$\rho=1$ 表示有材料。

（1）固体各向同性材料的惩罚法（SIMP）。

在各向同性材料固体的惩罚方法（SIMP）中，中间变量是通过胡克定律的本构矩阵进行惩罚：

$$\boldsymbol{D}=\frac{\rho^q E}{1-\mu^2}\begin{bmatrix}1 & \mu & 0 \\ \mu & 1 & 0 \\ 0 & 0 & \dfrac{1-\mu}{2}\end{bmatrix} \tag{7.17}$$

q 为常数。因此，材料“实际”杨氏模量为 $\rho^q E$。和变厚薄板不同的是，SIMP 法是通过将 ρ 改为 ρ^q，且令 $\rho=\varepsilon\approx 0$ 和 $\bar{\rho}=1$ 而建立的。

如图 7.7 所示，不同的 q 值，“有效”杨氏模量为 ρ 的函数。如果 $q>1$，当 $0<\rho<1$ 时，刚度线性程度很低，因此在优化解中这些值将被排除：它们不再表示材料的有效利用。因此，我们可以得到基于本构矩阵（7.17）的最优解，即包含 $\rho=\varepsilon\approx 0$ 的区域为“孔”，$\rho=1$ 的区域中材料的杨氏模量为 E。

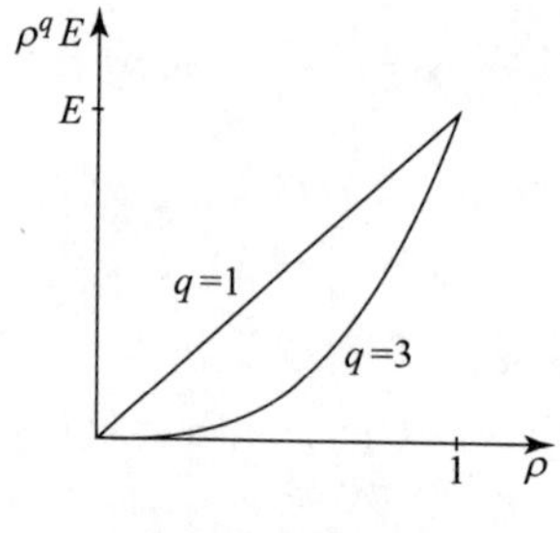

图 7.7　对不同的 q 值，“有效”杨氏模量为 ρ 的函数

SIMP 可用于三维设计域 Ω，此时 ρ 不再为厚度，而是作为一种广义的材料密度，认为 $\rho=\varepsilon\approx 0$ 代表孔，$\rho=1$ 代表杨氏模量为 E 的固体。ρ 的物理单位不再是长度，而是一个量纲为 1 的量。

如何将上一节的薄板问题的 OC 法，进行修改以满足 SIMP 法要求呢？由本构矩阵式（7.17），结构的总体刚度矩阵为

$$\boldsymbol{K}(\boldsymbol{x})=\sum_{e=1}^{n} x_e^q \boldsymbol{K}_e^0$$

导数为

$$\frac{\partial \boldsymbol{K}(\boldsymbol{x})}{\partial x_e}=q x_e^{q-1} \boldsymbol{K}_e^0$$

因此式（7.11）应改为

$$\frac{\partial C(\boldsymbol{x})}{\partial x_e}=-\boldsymbol{u}_e(\boldsymbol{x})^{\mathrm{T}}\{q x_e^{q-1} \boldsymbol{k}_e^0\} \boldsymbol{u}_e(x)$$

因此，适合 SIMP 的 OC 法是在原 OC 法中用 $(\boldsymbol{u}_e^k)^{\mathrm{T}}\{q\ (x_e^k)^{q-1} \boldsymbol{k}_e^0\} \boldsymbol{u}_e^k$ 替换 $(\boldsymbol{u}_e^k)^{\mathrm{T}} \boldsymbol{k}_e^0 \boldsymbol{u}_e^k$。

（2）其他惩罚因子。

（1）中所描述的 SIMP 方法，除用 $\eta(\rho)=\rho^q$ 取代变厚度板问题本构方程中的 ρ 外，还有其他用于惩罚中间值的函数，如

$$\eta(\rho)=\frac{\rho}{1+(q-1)(1-\rho)} \tag{7.18}$$

其中，q 值应该大于 1，体现了惩罚的水平。

中间值惩罚的另一种方式是保持本构方程中原有的 $\eta(\rho)=\rho$，但是在目标函数中加入一个惩罚因子，如

$$P(\rho)=\int_{\Omega}(\rho-\underline{\rho})(\bar{\rho}-\rho)\mathrm{d}\Omega \tag{7.19}$$

该函数的值恒为正。该函数被较大的常数 q 相乘后加入目标函数。在最小化寻优过程中，该函数值趋向于小值，即 ρ 趋于 $\underline{\rho}$ 或 $\bar{\rho}$。

（3）数值不稳定的问题。

在前述部分，我们通过惩罚中间值得到“黑和白”的设计。我们的目的是得到如下问题的近似解：

$$(\mathbb{P}_a)\begin{cases}\min\limits_{\boldsymbol{u},\rho} l(\boldsymbol{u}) \\ \text{s. t.}\begin{cases}a(\rho,\ \boldsymbol{u},\ \boldsymbol{v})=l(\boldsymbol{v}),\ \boldsymbol{v}\in K \\ \int_{\Omega}\rho\mathrm{d}\Omega=V \\ \rho\in\{0,\ 1\}\end{cases}\end{cases}$$

上式称为原型问题，其中线性和双线性函数 l 和 a 既适用于二维也适用于三维问题，此时弹性模量为 ρE。如前所述，ρ 的约束值属于整数集合 $\{0,\ 1\}$，使得该问题成为离散规划问题，比较难以处理。因此，我们采用了惩罚的方法。但是，无论是原型问题还是惩罚问题，该问题是否都一定有解呢？答案是在多数边界条件下，$(\mathbb{P}_a)$ 问题无解！

图 7.8 左上角为两杆构成的设计，如果用更多且更细的杆代替原有杆，

刚度将增大。如图 7.8 所示，这一过程是无止尽的。如此，通过增加越来越多的杆，随着杆越来越细，结构的刚度将越来越大。这种情况可以用如下函数进行解释：

$$\begin{cases}\min f(x)=1/x \\ x\in \mathcal{H}=\{x\in\mathbb{R}\,|\,x\geqslant 1\}\end{cases} \tag{7.20}$$

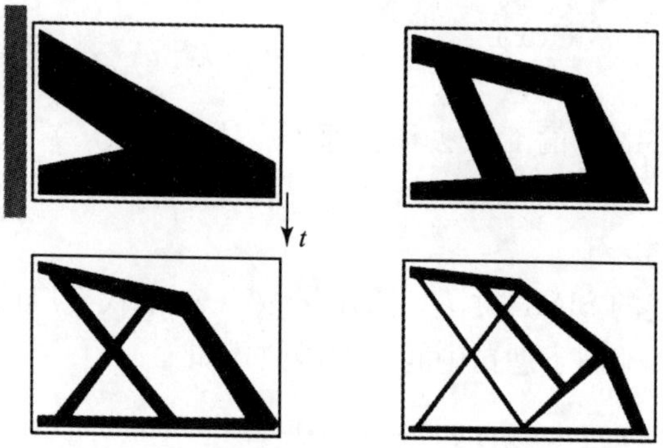

图 7.8　杆多且细将得到更好的目标函数值，如果是原型问题或惩罚，这个过程没有终止

显然，该问题无解，因为该问题的可能解 $x\in\mathcal{H}$，可以很容易得到一个更好的解，如 $x_{\text{new}}=x+1$。

需要指出的是，变厚度薄板问题并不包含在该问题中，因此（$\mathbb{P}_s^{\text{sheet}}$）存在唯一解，但若采用修改后 SIMP 法来获得“黑和白”的设计，若 $q>1$，就无解了。

如果不考虑无解的理论证明问题，对原型问题进行有限元离散或惩罚后，则可能会出现几种数值不稳定性问题。

首先，该问题是通过有限元（FE）近似建立的优化模型。一般而言，问题都有解。然而，如果设计结果不满意，若通过网格细化进行重新优化，也并不一定能得到有所改善的优化结果。而且，不同的网格产生不同的设计结果，如出现新的孔洞等，这称为网格依赖性（mesh-dependency）。典型的情况是，若没有任何限制，当网格变得更细时，将得到更多的薄结构件（其中 $\rho=1$）。所导致的后果是，这些零件的尺寸将趋向于一个或两个单元的宽度，从而导致结构的人为刚度。

即使存在解，如变厚度板的问题，随着网格的细化而形成的基于有限元的系列优化问题，也可能不收敛。如果设计变量 ρ 和位移向量 $\boldsymbol{u}$ 的离散没有好好选择，就会出现这种情况。在这种情况下，出现了典型的所谓棋盘格现象，此时设计函数 ρ 要么为 0，要么为 1，表示有材料和空洞，见图 7.9。而且，对于无优化解的问题，由于没有办法收敛，肯定会出现棋盘格现象。在这种情况下，就不存在任何合适的有限元离散。对于变厚度薄板问题，采用 9 结点拉格朗日单元面描述位移 $\boldsymbol{u}$，每个单元的厚度采用常数 ρ，可得到无棋盘格现象的优化解。

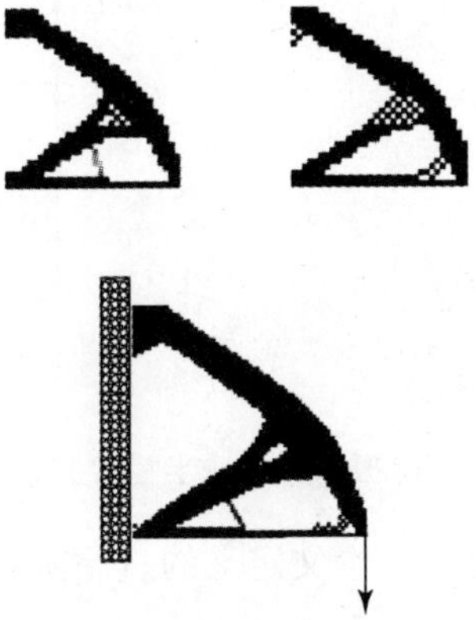

图 7.9　对某病态问题，采用 SIMP 法得到的三种设计：上两种情况是用同一种有限元网格，但是左上角的图是通过惩罚因子 q 连续变化得到的。下图是采用上两图中 4 倍单元数得到的

最后一个困难是非凸性，该问题似乎没有明显的解决方法。变厚度板的问题是一个凸问题；凸性是一个非常好的属性，此时每个局部最小值也是全局最小值，而全局最小值正是我们所需要的。不幸的是，用于产生“非黑即白（没有中间密度值的存在）”设计的惩罚方法将产生非凸问题：在 SIMP 法，若 $q>1$，则此时的优化问题就是非凸的。对于这样的问题，设计初值不同，算法收敛时将得到完全不同的局部极值。目前，对拓扑优化中典型的大型尺寸问题，还没有保证收敛到全局最小值的方法。设计是否可接受还得依赖工程经验。此时，可用的启发式方法有：①选择不同的初始设计进行计算；②在 q 值从 1（凸问题）逐渐增大到更大值（“黑与白”设计）时，选择几个 q 值进行计算。

图 7.9 表示了针对同一问题，应用 SIMP 法，采用三种不同的方式求解得到的拓扑结构图。该图可以说明本节中讨论的一些困难。例如，三种结果都显示了不同区域出现的棋盘格现象。左上角的拓扑图是通过分别取 q 为 1，2 和 3 三个步骤得到的。右上角的拓扑图是直接令 $q=3$ 求解得到的。最下边的拓扑图是采用前两次分析中的 4 倍单元得到的。三个图形表示了稍有不同的拓扑结构，显示了对网格可能的非凸性依赖。

（4）过滤。

在图像处理中，通过低通滤波器隔离高频成分。类似地，也可采用相同的原理减少原型问题中设计的振荡现象。过滤算子 S_R 的效果如图 7.10 所示。过滤算子依赖过滤半径 R。它可以通过卷积显式定义，在点 $x\in\Omega$ 处定义为

$$S_R(\rho)(x)=\int_{\Omega}\rho(y)\phi(x,y)\mathrm{d}\Omega$$

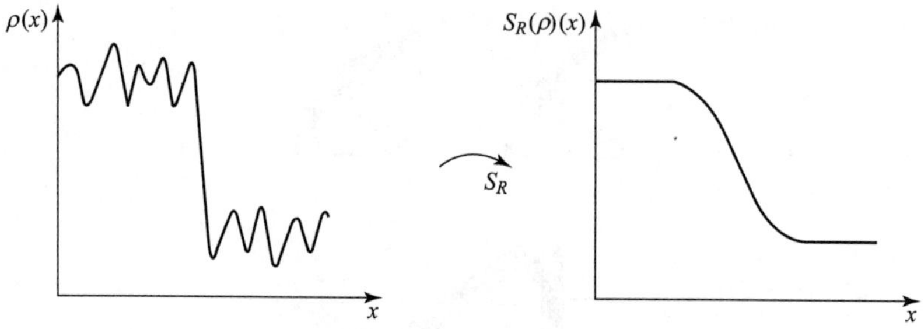

图 7.10　过滤算子消除振荡。过滤半径 R 控制如何消除局部振荡

此时，积分和变量 $y\in\Omega$ 有关，本文定义的过滤函数 $\phi(x,\ y)$ 为

$$\phi(x,\ y)=\frac{3}{\pi R^2}\max\left(0,\ 1-\frac{|x-y|}{R}\right) \tag{7.21}$$

如图 7.11 所示。

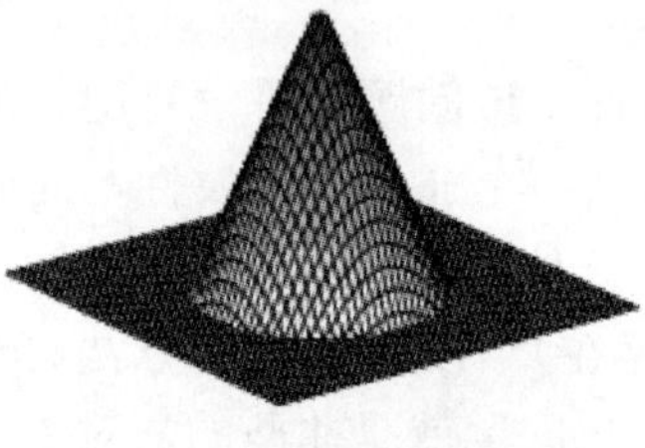

图 7.11　过滤函数

在原型问题中，至少有三种不同的加入过滤算子方法。Sigmund 提出了一种简单而有效的方法，是在 OC 法或凸近似法中进行敏度过滤。对比下面描述的其他两种过滤方法，没有数学方法可证明这种方法在实际上出现网格依赖性，但所有数值分析都表明了这一现象。

Bruns 和 Torterelli 通过将 SIMP 插值函数 $\eta(\rho)$ 改为 $\eta(S_R(\rho))$ 进行过滤。此时，结构件的最小宽度约为 $2\pi R/3$。这种方法的缺点是在于绘制密度时具有奇异性：因为优化采用的是未过滤的密度，而结构响应是采用过滤后的密度进行计算。

Borrvall 和 Petersson 是在惩罚函数（7.19）中加入过滤。在平衡方程中，ρ 是线性独立，在目标函数加入惩罚项。然而，引入惩罚函数 $P(\rho)$ 后，与原 SIMP 法相比，同样的困难一样存在，也很难得到一个适定问题（well-posed problem)。而以 $P(S_R(\rho))$ 表示的正则惩罚，则可得到一个适定问题，并且

易于得到规则的有限元离散模型。由于惩罚函数的功能主要是解决优化结果中“黑与白”之间的区域，这种方法与周长约束非常相似，但数值更稳定。虽然正则惩罚对刚度优化问题很有效，但在设计变量边界时，其缺点是对于是否可扩展到目标函数的其他选择并不明确。

如图 7.12 为使用正则惩罚得到 MBB 梁的四种不同的优化结果，由 Borrvall 和 Petersson 提供。最上边的解用了 2 400 个单元离散，第二个使用了 9 700 个单元，下面两个解均采用了 38 400 个单元。最下边的解使用的惩罚参数比其他三种都大。

图 7.12　正则惩罚的收敛性研究：载荷和边界条件由图 1.6 给出

如图 7.13 中的解也由 Borrvall 和 Petersson 给出，显示了对过滤半径 R 的依赖，有限元离散单元都为 17 000。

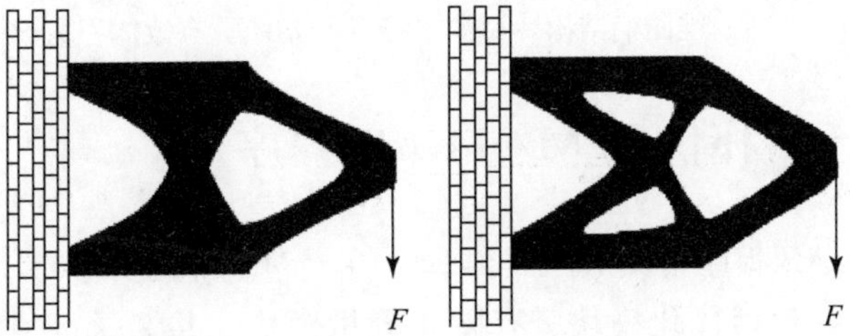

图 7.13　不同过滤半径的计算效果：由 Borrvall 和 Petersson 得出解

最后，本节给出由 Borrval 和 Pettersson 使用正则惩罚得到的一些优化结果。图 7.14 为 245 770 个单元离散的悬臂梁。图 7.15 为 192 000 个单元离散的曲柄结构。

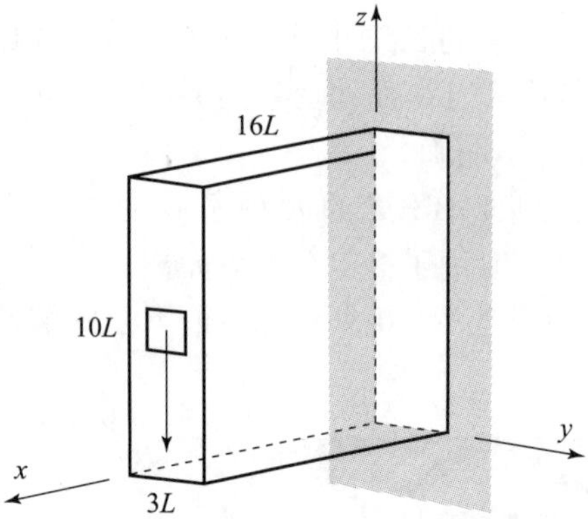

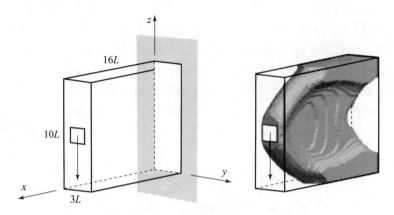

图 7.14　三维悬臂梁：过滤半径为 $R=0.5L$，有效体积为 50%

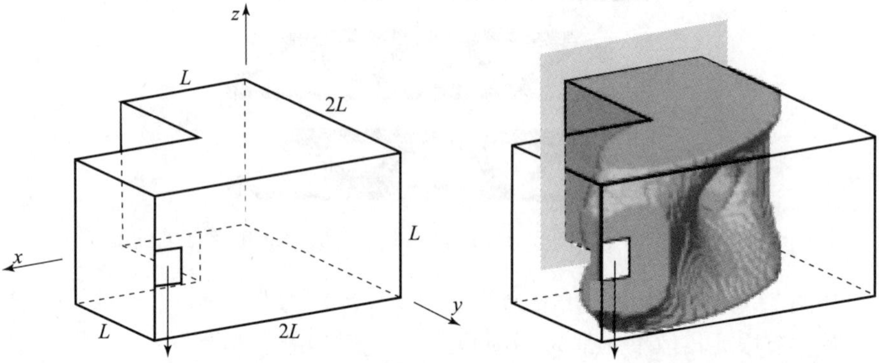

图 7.15　三维曲柄结构：过滤半径 $R=0.1L$，有效体积为 50%

7.4　99 行拓扑优化 MATLAB 程序

该 MATLAB 程序是针对二维结构，在受静力情况下，实现柔度最小的拓扑优化程序，包括优化模块、有限元分析模块，共 99 行，其中主程序 37 行，优化准则法求解器 12 行，网格依赖性检查 17 行，有限元分析 35 行。此外，通过增加三行代码，这个程序也可进行多种载荷的结构优化。完整的 MATLAB 程序见附录 E，也可从网址http：//www.topopt.dtu.dk 下载。

7.4.1　拓扑优化问题

99 行拓扑优化所针对的优化问题如图 7.16 所示。优化数学模型为：

$$\begin{cases}\min\limits_{\boldsymbol{x}} c(\boldsymbol{x})=\boldsymbol{U}^{\mathrm{T}}\boldsymbol{K}\boldsymbol{U}=\sum\limits_{e=1}^{N}(x_e)^p\boldsymbol{u}_e^{\mathrm{T}}\boldsymbol{k}_0\boldsymbol{u}_e\\ \text{s. t.}\begin{cases}\dfrac{V(\boldsymbol{x})}{V}=f\\ \boldsymbol{K}\boldsymbol{U}=\boldsymbol{F}\\ 0<\boldsymbol{x}_{\min}\leqslant\boldsymbol{x}\leqslant 1\end{cases}\end{cases} \tag{7.22}$$

式中，$\boldsymbol{U}$ 和 $\boldsymbol{F}$ 分别为结构总体位移列阵和载荷列阵，$\boldsymbol{K}$ 是总体刚度矩阵，$\boldsymbol{u}_e$ 和 $\boldsymbol{k}_e$ 分别是单元位移列向量和刚度矩阵，$\boldsymbol{x}$ 是设计变量向量，$x_{\min}$是最小相对密度向量（非零，避免刚度矩阵奇异），N(＝nelx×nely) 是离散设计域的单元数目，p 是惩罚因子（典型值 $p=3$），$V(x)$ 和 V_0 是材料体积和设计域体积，f 是预定义的体积分数（volume fraction）。

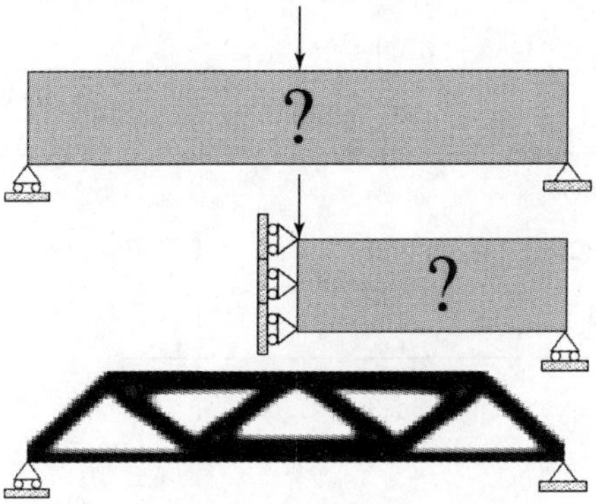

图 7.16　拓扑优化几何模型

有限元网格划分采用 4 结点正方形单元，单元划分、单元编号和 4 个结点的位移分量如图 7.17 所示。

式 (7.22) 所示的优化问题可以采用多种方法进行求解，如优化准则法、序列线性规划法或移动渐近线法等。本章采用标准的优化准则法进行求解。

设计变量的启发式更新为

$$x_e^{\text{new}}=\begin{cases}\max(x_{\min},\ x_e-m), & \text{如果 } x_eB_e^{\eta}\leqslant\max(x_{\min},\ x_e-m)\\ x_eB_e^{\eta}, & \text{如果 } \max(x_{\min},\ x_e-m)<x_eB_e^{\eta}<\min(1,\ x_e+m)\\ \min(1,\ x_e+m), & \text{如果 } \min(1,\ x_e+m)\leqslant x_eB_e^{\eta}\end{cases} \tag{7.23}$$

式中，m 是移动限（move limit），大于零。η 是阻尼因子，B_e 是通过优化条件得到的：

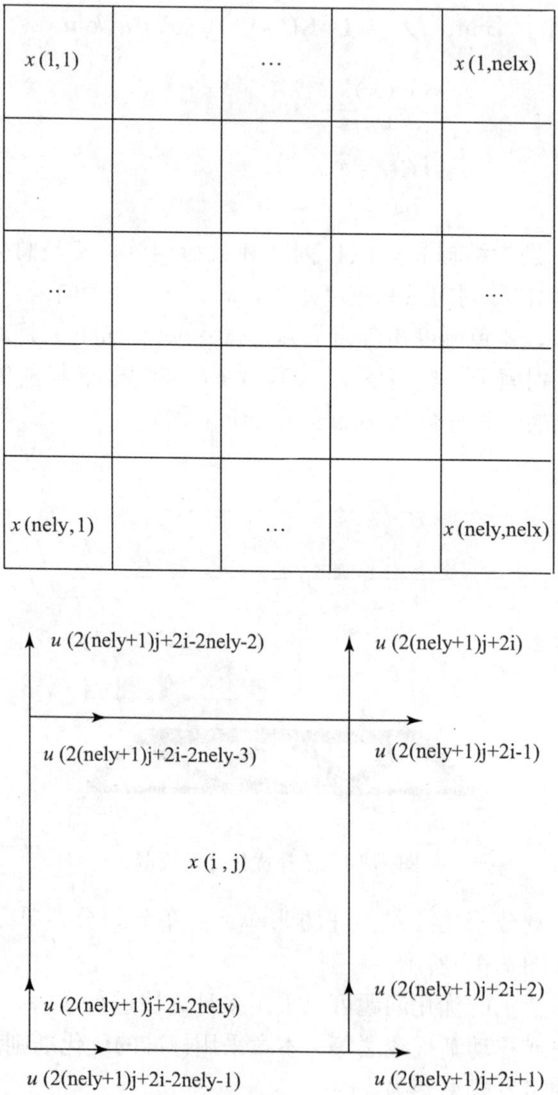

图 7.17 单元划分、位移向量表示

$$B_e = \frac{-\dfrac{\partial c}{\partial x_e}}{\lambda \dfrac{\partial V}{\partial x_e}} \tag{7.24}$$

式中，λ 是拉格朗日乘子，可由二分法确定。

目标函数的导数（敏度）为

$$\frac{\partial c}{\partial x_e}=-p(x_e)^{p-1}\boldsymbol{u}_e^{\mathrm{T}}\boldsymbol{k}_0\boldsymbol{u}_e \tag{7.25}$$

网格依赖性通过修改单元的敏度进行检查

$$\frac{\partial c}{\partial x_e}=\frac{1}{x_e\sum_{f=1}^{N}H_f}\sum_{f=1}^{N}H_f x_f\frac{\partial c}{\partial x_f} \tag{7.26}$$

式中，卷积因子（或权重系数）H_f 为

$$H_f=r_{\min}-\mathrm{dist}(e,f),\ \{f\in N\mid \mathrm{dist}(e,f)\leqslant r_{\min}\},\ e=1,2,\cdots,N \tag{7.27}$$

算子 dist(e，f) 表示单元 e 的中心和单元 f 的中心距离。在过滤面积外，H_f 为零，并随着和单元 f 距离的延长而线性衰减。该敏度作为优化准则法中迭代过程的敏度分析。

7.4.2　MATLAB 程序实现

（1）程序函数。

程序函数 top（nelx，nely，volfrac，penal，rmin）

nelx 和 nely：水平方向和垂直方向的单元数；

volfrac：设计域的体积分数，优化后的体积（或质量）与初始体积（或质量）之比；

penal：中间密度的惩罚因子；惩罚因子的大小决定了最终的优化结果是充满材料还是无材料，即黑或白。一般地，惩罚因子取 3。若惩罚因子为 1，则中间密度没有惩罚作用。

rmin：过滤半径，保证设计网格无关。

（2）主程序（1～37 行）。

首先将设计域内材料均匀分布（第 4 行）。经过迭代次数（loop）、前后两次设计的误差（change）赋初值后，调用有限元子程序（第 12 行），返回结构单元位移向量 $\boldsymbol{U}$。由于固体的单元刚度矩阵为常数，因此仅调用一次（第 14 行）。然后，经过所有单元的循环（17～24 行），计算目标函数和敏度。变量 n_1 和 n_2 表示左上角和右下角结点在结构总体结点数，用于从结构位移向量中提取单元位移向量 $\boldsymbol{u}_e$。敏度分析调用网格依赖性过滤（第 27 行）子程序和优化准则法（第 28 行）子程序。当前柔度值和其他变量值在 30～33 行打印在屏幕上，密度分布图在第 35 行绘制。当设计变量的变化值（change 由第 30 行确定）小于 1%时，迭代终止，否则重复以上步骤。

（3）基于优化准则法的求解器（37～48 行）。

优化求解器确定每次优化设计后的设计变量值。由于材料的体积（sum（sum（xnew)））是拉格朗日乘子（lag）的单调递减函数，满足体积约束的拉

格朗日乘子可以通过二分法计算（40～48 行）。下限 11 和上限 12 为二分法计算的初值（第 39 行）。下、上限的中值循环减半，直到满足收敛准则（第 40 行）。

（4）网格依赖性过滤（49～74 行）。

49～74 行表示了式（7.26）的 MATLAB 实现程序。此时，注意找到半径 rmin 内的单元并不需要搜索设计域中所有单元，而仅是在所考虑单元的周围，边长为 round（rmin）两倍的正方形内的单元。在子程序的调用中，如果选择小于 1 的 rmin，过滤后的敏度将等于初始敏度，使得过滤失效。

（5）有限元分析（75～99 行）。

有限元求解器利用了 MATLAB 中稀疏矩阵。通过遍历所有单元，计算总体刚度矩阵（70～77 行）。在主程序中，代表单元在结构总体编号中的左上角和右上角的结点编号 n_1 和 n_2 是用于在结构总体刚度矩阵的右边插入单元刚度矩阵。

结点和单元的编号都是按列从左到右进行编号。而且，每个结点有两个自由度（水平和垂直），因此 F(2，1)＝－1（第 79 行）表示了在结构的左上角作用了一个垂直方向的单位力。

约束（或支撑）是通过从线性方程组中消除约束自由度实现的。

```
84   U(freedofs,:)=K(freedofs,freedofs)\F(freedofs,:);
```

式中，freedofs 表示无约束的自由度。

固定约束（fixeddofs）也很容易定义因此 freedofs 可利用 Matlab 的算子 setdiff 实现。该算子通过计算所有自由度和固定自由度的差确定结构的自由度数（第 82 行）。

87～89 行计算单元的刚度矩阵。4 结点正方形双线性单元的刚度矩阵是 8 乘 8 矩阵，可以通过符号运算确定。杨氏模量 E（第 88 行）和泊松比 nu（第 89 行）可以根据材料的不同进行修改。

熟悉程序结构，并回答以下问题

（1）设计和网格尺寸是否有关?

```
>>top(12,12,0.33,3.0,0.9)
>>top(17,17,0.33,3.0,1.2)
>>top(20,20,0.33,3.0,1.5)
```

（2）如果不要求非黑即白，通过以下两种情况优化后柔度的比较，说明哪个设计较好?

```
>>top(20,20,0.33,1.0,1.5)
>>top(20,20,0.33,3.0,1.5)
```

（3）检验网格依赖性。将过滤半径 rmin 设为小于 1，或者注销第 25 行：

```
25  %[dc]=check(nelx,nely,rmin,x,dc)
```

在控制窗口输入>>top(20,20,0.33,3.0,1.5)；检查优化结果，然后再看有无过滤情况以及不同过滤半径的影响。

7.4.3 程序功能扩充

附录 E 的 MATLAB 程序仅表示了优化 MBB 梁的材料分布。对程序进行适当的修改，就可得到更多的应用。

（1）边界条件。

对于如图 7.18 所示的悬臂梁，左边边界条件为固定约束，梁的左下角受力。此时，需修改第 79 和 80 行。

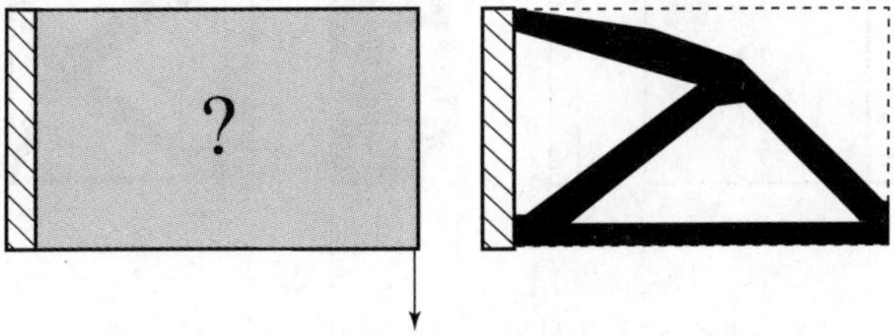

图 7.18　悬臂梁优化

```
79  F(2*(nelx+1)*(nely+1),1)=-1;
80  fixdofs=[1:2*(nely+1)];
```

（2）多个载荷工况。

若结构受多个载荷，仅需增加 3 行程序，并对其他 4 行进行小修改即可。对于受两个载荷情况，载荷和位移必须定义为两列的列向量，因此第 79 行改为

```
79  F=sparse(2*(nely+1)*(nelx+1),2);
    U=sparse(2*(nely+1)*(nelx+1),2);
```

目标函数则为两个载荷分别作用下的柔度和，即

$$c(\boldsymbol{x}) = \sum_{i=1}^{2} \boldsymbol{U}_i^{\mathrm{T}} \boldsymbol{K} \boldsymbol{U}_i$$

因此 20～22 行必须替换为

```
19b  dc(ely,elx)=0.;
19c  for i=1:2
20      Ue =U([2*n1-1;2*n1;2*n2-1;2*n2;2*n2+1;2*n2+2;2
          *n1+1;2*n1+2],i)
21      c=c+x(ely,elx)^penal*Ue'*KE*Ue;
22       dc (ely, elx) = dc (ely, elx) - penal * x (ely, elx) ^
```

```
        (penal-1)*Ue'*KE*Ue;
22b  end
```

若求图 7.19 所示的 2 个载荷的问题，右上角的向上单位载荷加到第 79 行，则

```
79  F(2*(nelx+1)*(nely+1),1)=-1.;
    F(2*(nelx)*(nely+1)+2,2)=1.;
```

图 7.18 是以下输入的优化情况：

```
top(30,30,0.4,3.0,1.2)
```

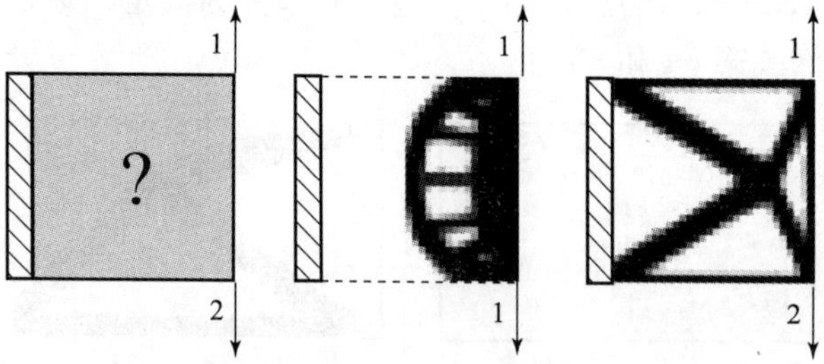

图 7.19　作用两个载荷的悬臂梁拓扑优化（左：设计域；中：仅用一个载荷的优化结果；右：两个载荷下的拓扑优化结果）

(3) 被动单元。

在某些情况下，要求一些单元的密度为最小（如管道中间的孔）。首先，在主程序中定义一个 nely * nelx 的空数组 passive，并把空数组传给 OC 子程序，即在第 28 和 38 行的调用程序头中增加 passive。此外，在 OC 子程序中，需要找到被动单元，并将其赋值 0.001（最小密度），即

```
42b  xnew(find(passive))=0.001;
```

为了找到半径为 nely/3，中心为（nely/2，nelx/2）的圆中的被动单元，在主程序中，增加了 10 行程序（第 4 行后）

```
for ely=1:nely
  for elx=1:nelx
      if sqrt((ely-nely/2.)^2+(elx-nely/3.)^2)<nely/3.
              passive (ely,elx)=1;
              x(ely,elx)=0.001;
      else
              passive(ely,elx)=0;
      end
    end
end
```

图 7.20 为输入以下条件后的优化结果：

```
top(45,30,0.5,3.0,1.5)
```

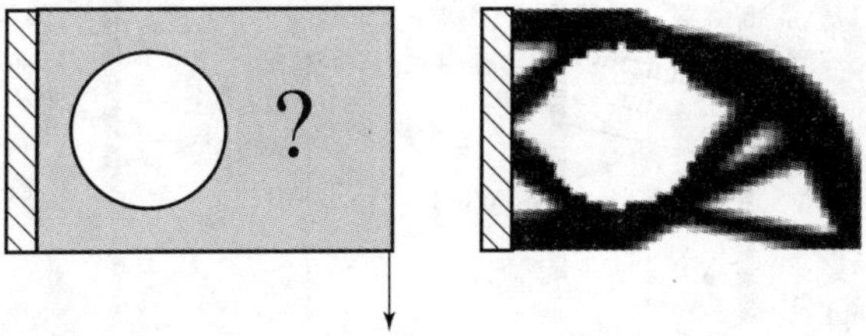

图 7.20　具有固定孔的悬臂梁拓扑优化（左：设计域；右：优化后的梁）

7.4.4　拓扑优化实验

本节将两个实际的设计实例抽象为平面应力问题，要求读者在充分理解 99 行拓扑优化程序及功能扩展的基础上，进行两个实例的拓扑优化设计，并且讨论网格尺寸（即单元大小）、惩罚因子和过滤半径对优化结果的影响。

（1）自行车车架的设计。

女士自行车和男式自行车的区别是车架的设计。女士自行车以容易上车为目的，男式自行车以强度为目的。本实验是如何找到“最好”车架。

设计问题如图 7.21 左图所示。实验目的是设计车架的前半部分，使车架刚度最好。这一部分包含扶手和车凳，设计域如图 7.21 右图所示。扶手把作用一个垂向力，车架后半部分作为支撑，在设计域中为前轮空出一部分。

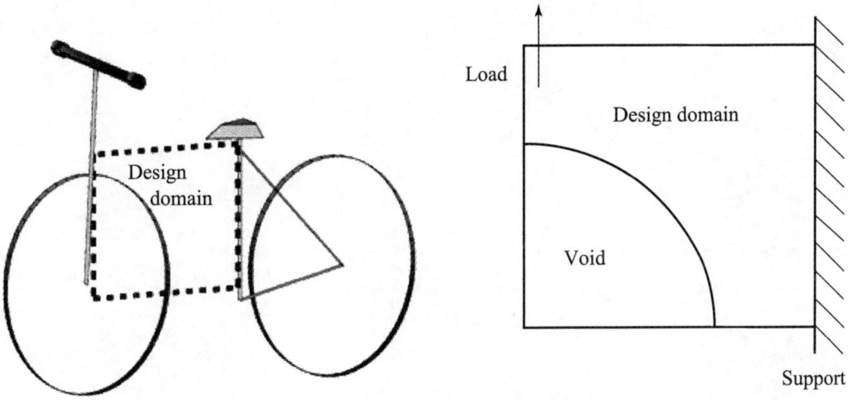

图 7.21　自行车车架优化

（2）广告牌支架设计。

图 7.22 左图为受风力作用的广告牌，需要一个坚固的支架固定广告牌。图 7.22 右图为广告牌支架的载荷和约束示意图。设计域的体积分数要求 0.2，

并假设广告牌是固体，广告牌的立柱和支架为同一种材料。

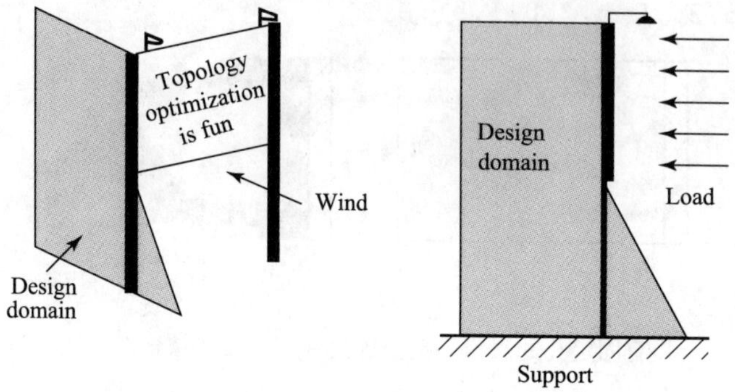

图 7.22 广告牌支架优化

第2部分

结构优化设计专题应用

第 8 章　Optistruct 简介

8.1　Hyperworks 介绍

Altair 公司是世界领先的工程设计技术的开发者之一，主要产品 Hyperworks 包括完整的 CAE 建模、可视化、有限元分析、结构优化和过程自动化等领域（图 8.1～图 8.3 分别为几种典型的应用），产品模块如下：

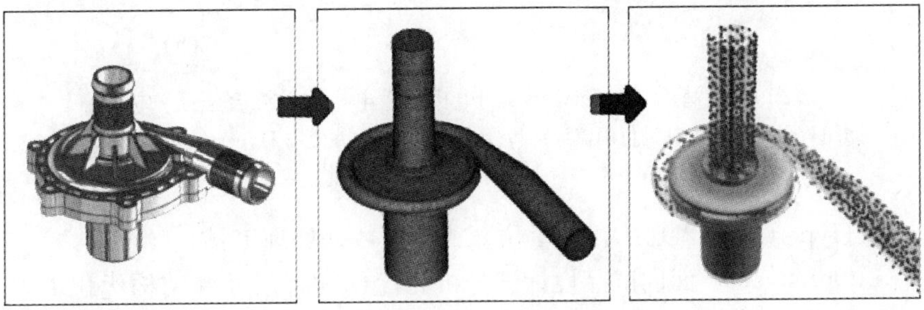

图 8.1　基于 AcuSolve 的新型水泵设计

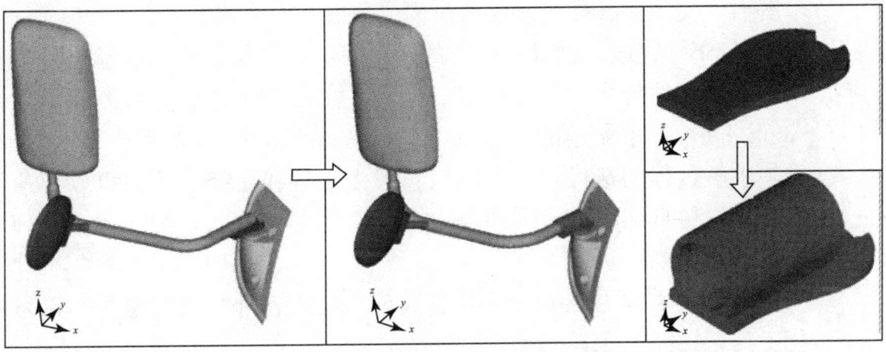

图 8.2　基于 RADIOSS 的后视角强度优化

- HyperMesh：CAE 前处理工具，可以快速建立高质量的 CAE 分析模型。
- HyperView：CAE 仿真和实验数据后处理可视化环境。
- HyperCrash：碰撞安全性分析的 CAE 前处理工具。

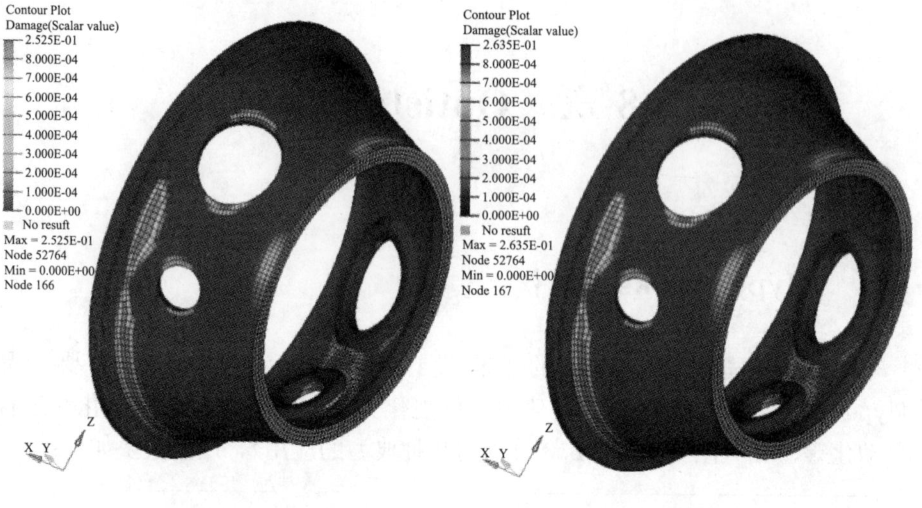

(a) (b)

图 8.3 基于 Hyperworks 的电机组发电机主轴综合强度分析

由 Hyperworks 自动进行雨流计数和线性损伤累积，并使用 Hyperview 进行后处理

(a) 考虑重力载荷；(b) 不考虑重力载荷

- HyperGraph2D/3D：海量仿真或实验数据处理工具。
- Optistruct：面向产品设计、分析和优化的有限元和结构优化求解器，拥有先进的优化技术、提供全面的优化方法。
- HyperStudy：开放的多学科优化平台，以其强大的优化引擎调用各类求解器，实现多参数的多学科全面优化。
- RADIOSS：快速、精确和稳健的有限元结构分析软件，能够进行多种线性和非线性分析，广泛运用于汽车、航天、航空等机械设计领域。
- AcuSolve：技术先进的、通用的基于有限元的计算流体动力学软件。无须求解过程的迭代，也不用担心网格质量和拓扑关系，可以快速得到高质量仿真结果。流固耦合功能可以提供有效地复杂问题多物理场分析能力。
- MotionView：通用的机械系统仿真前后处理软件，同时也是图形可视化工具，它拥有业界领先的柔体技术。
- MotionSolve：多体机械系统仿真前后处理软件，MotionSolve 支持运动学求解、静力求解、准静态求解、结构动力求解、线性化、特征值分析和状态矩阵输出。
- HyperForm：金属钣金冲压成型和液压成型的仿真工具。
- HyperXtrude：三维金属挤压成形仿真软件。
- SolidThinking：工业设计三维造型结果方案。拥有三维建模功能、完整历史进程、可视化界面及快速的实时渲染功能，可以运用于建筑、汽车、电子设备、珠宝、产品包装及游艇等多个领域。能够帮助设计师轻松、快速、低成本地发明、探讨和评估新的设计想法。

- Inspired：利用物理学原理，模拟自然规律和过程获得基于特定环境而形成的形态与结构。可以帮助设计师和建筑师进一步激发创意，完成同时满足结构与美学需求的设计。

读者可以通过 Altair 官方渠道免费获取 Hyperworks 教育版，具体方法如下：

（1）访问 Altair 网上商城（https：//secure. altair. com/onlinestore），选择所在国家和货币。

（2）注册一个网上商城账号（需要使用所在学校的 E-mail 地址）。然后，你将收到一封确认信，包括登录信息。再用你的个人登录信息登录到 Altair 网上商城。

（3）开始“shopping”：选择“Student Edition”，运行工具找到你的 HostID 信息。然后单击“Add Items To Cart”。

（4）“Place the order”。注意：你的 license 请求还将通过 Altair 审核确认，一般在 24 小时内。确认后，你将收到一封确认单，包括软件和 license 文件的下载链接。

（5）安装学生版，并将 license 文件（文件名：altair _ lic. dat）放入 HyperWorks sub-directory/security。

8. 2　Optistruct 功能及特点

Altair OptiStruct 是一个基于有限元技术的概念设计、结构分析和设计优化工具。OptiStruct 在给定的设计空间中能够自动计算最优的设计方案。早在 1994 年，OptiStrut 就荣获《Industry Week》周刊“年度技术奖”，凭借其无可比拟的优化技术，OptiStruct 在工业界屡获大奖。OptiStruct 在设计的早期阶段利用最少的输入预测最优的结构形式，并在随后的详细设计阶段实现进一步的设计改良，使优化设计更加方便、稳健和精确可靠，并为 CAE 技术找到自主创新的突破口。

此外，利用先进的优化算法和精确的内嵌求解器，OptiStruct 能在较短时间内解决数百万设计变量的复杂优化问题。OptiStruct 利用有限元和多体动力学的相关理论对结构和系统的变化进行仿真，其设计和优化能力常常被用于解决下列问题：

- 二自由度桁架优化设计

- 三维模型加强筋仿真
- 固体结构加强筋设计
- 焊点结构优化
- 二维、三维模型减重孔洞的优化设计
- 三自由度固体的离散结构优化
- 零件体积优化
- 三维模型的强度优化
- 机械零件及系统的质量及应力优化
- 应力集中优化

8.2.1 结构设计及优化

结构设计工具包括拓扑优化、形貌优化、形状优化及尺寸优化。

在模型的设计及优化过程中，可以定义的响应类型有：位移、速度、加速度、应力、应变、特征值、屈曲载荷因子、结构柔度等，也可以是各响应量的混合。设计变量可取任何单元的密度、结点坐标、厚度、形状尺寸、面积、二次惯性矩等。除此之外，用户还可根据自己的设计要求和优化目标，在软件中方便地写入自编的公式进行优化设计。在实际问题中，拓扑优化、形貌优化、尺寸及形状优化功能可以结合使用。

印度贾特拉帕蒂希瓦吉国际机场 2 号航站楼在设计阶段大量运用了 Altair OptiStruct 进行结构分析。图 8.4 为基于 Optistruct 的航站楼立柱设计。

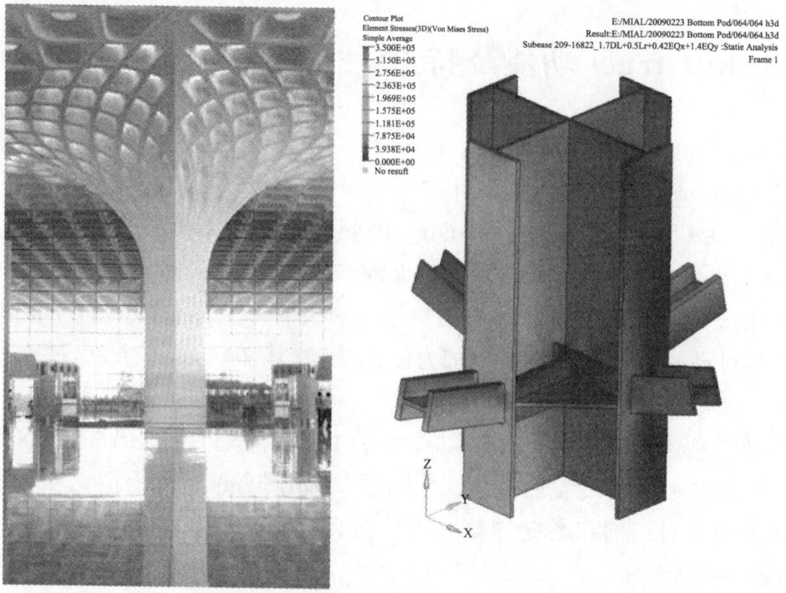

图 8.4 基于 Optistruct 的航站楼立柱设计

8.2.2　拓扑优化

在产品研发的初始阶段，用户定义产品的设计空间、设计目标、设计约束和加工制造条件等信息，OptiStruct 将根据这些信息求解出一个不仅满足设计约束，而且达到各项性能最优的结构拓扑设计方案。

此外，利用 OptiStruct 软件包中的 OSSmooth 工具，可以将拓扑优化结果生成为 IGES 等格式的文件，可以在 CAD 系统中方便地输入。

图 8.5 是拓扑优化在齿轮减重方面的例子。考虑到齿轮为旋转结构，如果材料分布不以重心对称就会产生很大的转动惯量，不利于系统受力，在优化的时候选择在沿厚度方向和垂直面方向加了三面对称约束，其优化结果如下：

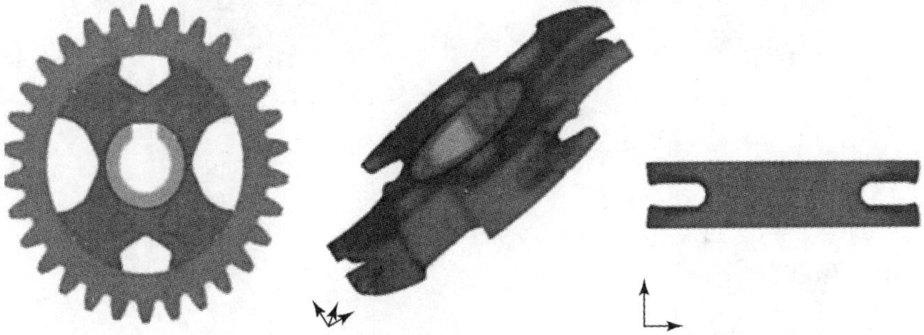

图 8.5　在厚度方向和垂直方向施加三面对称约束的拓扑优化结果

如果将三面约束换成周向循环对称约束，同时考虑沿厚度中面向两侧的拔模约束，优化后的结果如图 8.6 所示。

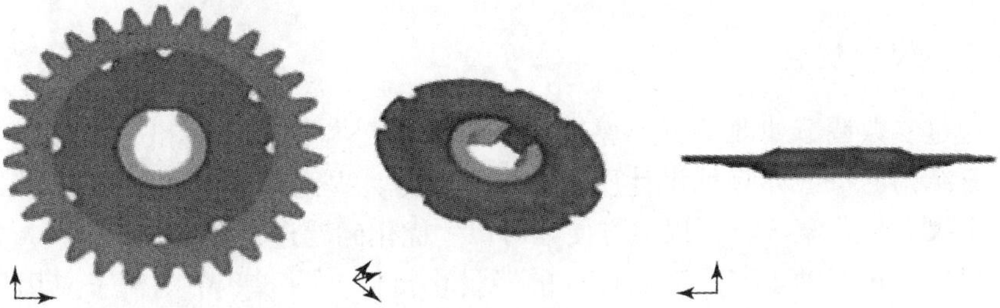

图 8.6　周向循环对称约束的拓扑优化结果

8.2.3　形貌优化

这是一种形状最佳化的方法，它可以用来设计薄壁结构的强化压痕，既能减轻结构的质量，又能满足强度、频率等要求。设定优化步骤简单，只需要定义一个设计区域、装饰条的最大深度和拉伸角。同时考虑到可加工形，软件还提供了多种压痕成型方式。优化后的结果还可以用 OSSmooth 工具产生的几何数据输入到 CAD 软件中，进行二次设计。

商用车发动机在怠速和工作中会产生较大的振动和噪声，与其相关的零部件的振动特性就显得尤为重要。利用 Optistruct 的形貌优化功能能够很好地优化相关零部件的形貌，从而满足相应的振动特性。图 8.7 为某商用车油底壳形貌优化结果。

图 8.7 运用形貌优化优化商用车油底壳
(a) 原始方案；(b) 优化方案

8.2.4 形状优化

OptiStruct 还可以用来求解一般的形状优化问题如边界移动等。利用 Altair HyperMesh 软件中的 AutoDV 和 HyperMorph 来生成复杂形状的摄动向量，将结点位置作为设计变量，通过结构外形的调整以改善结构特性，如降低应力、提高频率等。形状优化后结果可通过 OSSmooth 生成几何数据输入到 CAD 系统中。

8.2.5 尺寸优化

通过参数调节如改变壳的厚度、梁的横截面参数、弹性和质量属性，从而改善结构的特性如降低设计质量、减小应力、提高频率等。HyperMesh 中有一个尺寸优化菜单，可以很方便地对尺寸优化问题进行设定。

尺寸优化有助于实现产品设计的轻量化目标。图 8.8 中的例子应用尺寸优化设计方法，采用 Altair 公司的 OptiStruct 优化设计软件的尺寸优化模块，对某整车试验台架进行结构优化设计。

8.2.6 有限元分析

OptiStruct 是一个效率极高、精确独立的有限元求解器，支持在多 CPU 计算机上进行并行运算。该求解器涵盖了标准的有限元类型，可用于进行线

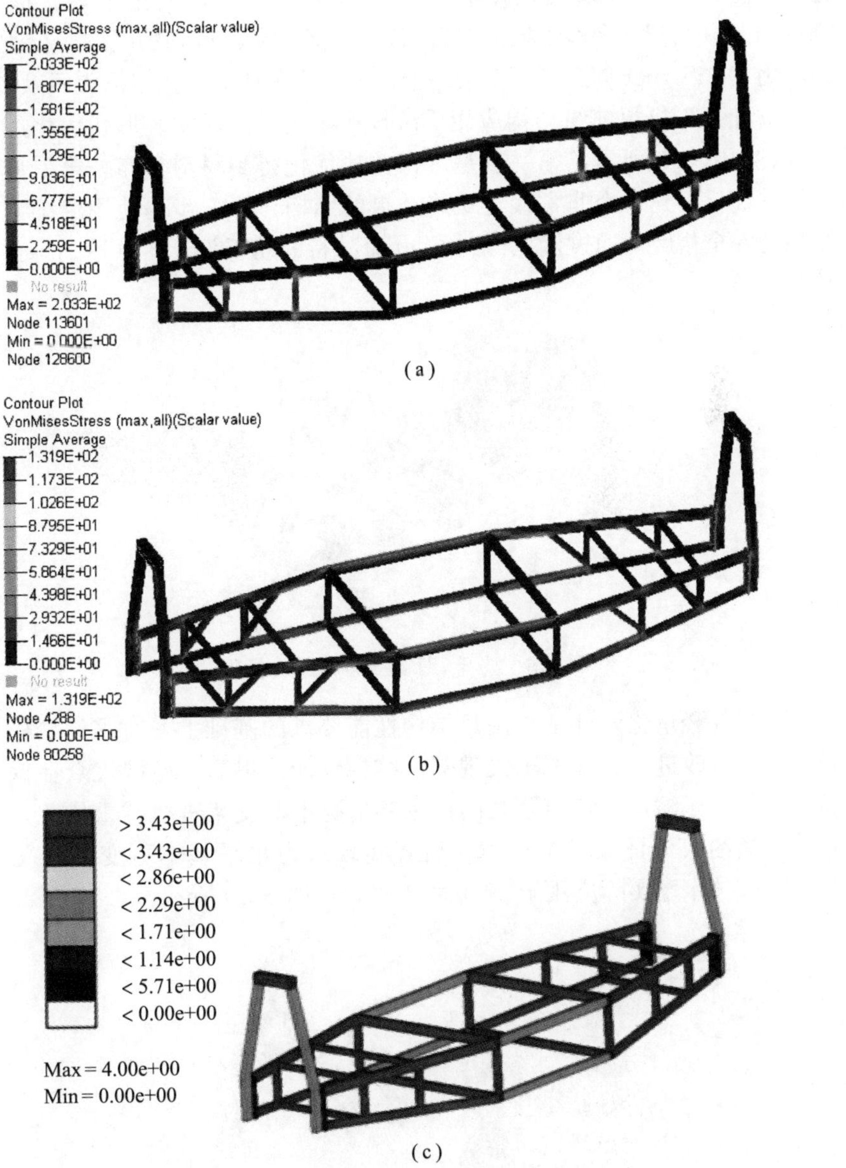

图 8.8　基于尺寸优化的某整车试验台架结构优化设计

(a) 优化前应力分布结果；(b) 优化后应力分布结果；(c) 优化后梁的厚度分布结果

性静态分析、模态分析、惯性释放、频率响应分析和屈曲分析。

8.2.7　多体动力学分析

OptiStruct 利用不同的处理方法处理运动学、动力学、静力学、准静态问题。柔性体问题可以利用 OptiStruct 内置的有限元模型求解。综合使用 Optistruct 的各类优化功能可以解决许多工业上实际遇到的问题，行业领导者们利用 OptiStruct 创造了一个又一个奇迹，为工业界做出了巨大贡献。

波音 787 机翼前缘结构应用 OptiStruct 拓扑、尺寸、形状优化进行优化设计，如图 8.9 所示。第一步是进行拓扑优化得到材料分布，第二步是尺寸和形状优化得到一个非常接近最终结果的结构，第三步是使用传统方法计算结构的安全裕度。通过优化得到了 50 个独特的肋板设计，并达到了预期的减重效果。

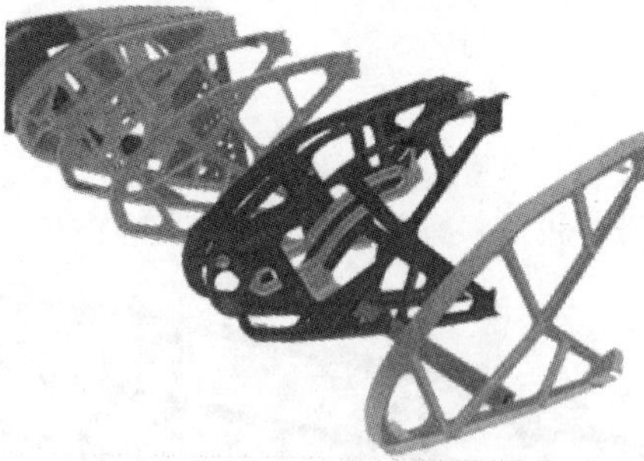

图 8.9　波音 787 机翼前缘结构优化设计

零部件轻量化设计是在满足结构性能要求的基础上，对零件结构进行轻量化设计或改进，实现整车关键部位结构性能的提高。德国大众在保证发电机、空调、压缩机、转向泵共同作用的情况下对支架进行减重优化，并进行铸造拔模约束保证设计的可制造性，实现应力水平基本不变的情况下减重 23%，该技术已实际应用于 20 余种车型，如图 8.10 所示。

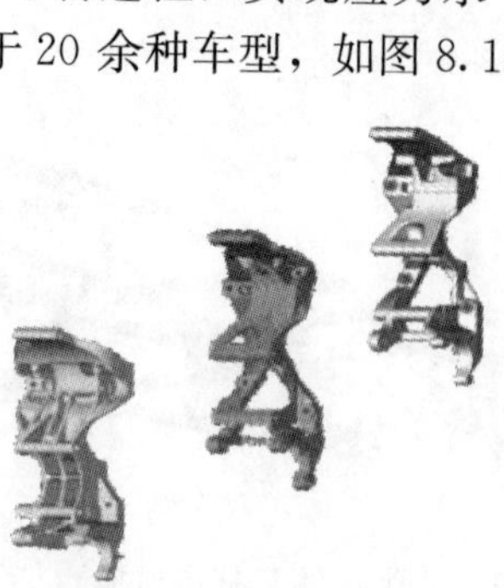

图 8.10　德国大众对支架的优化设计

OptiStruct 为“牵牛星”登月车设计提供概念设计思路，重新设计了结构的材料分布以便更有效地承受载荷，如图 8.11 所示。同时，进行了尺寸和形状优化分析。在满足所有设计要求的情况下，优化后的复合材料结构设计方案实现了 66%的结构减重，同时最大程度简化研发流程，优化技术缩短了设计评估时间的 40%以上。

图 8.11 “牵牛星”登月车概念设计

8.3 Optistruct 结构优化常用模块

8.3.1 HyperMesh 界面概述

在使用 Hyperworks 中的 Optistruct 模块时，往往需要通过 HyperMesh 完成包括预处理在内的一系列工作。所以，对于读者来说，熟悉 HyperMesh 的使用方法是十分必要的。

1. 启动方法

使用 HyperMesh 的第一步是启动该软件，对于 Windows 用户，请选择以下路径：开始菜单->所有程序->Altair HyperWorks 版本号->HyperMesh 选项；对于 Windows8.0 以上版本，请选择以下路径：所有应用->Altair HyperWorks 版本号->HyperMesh 选项。Unix 用户请遵循以下步骤：打开终端程序->键入 HyperMesh 完整路径并单击< Enter> 键。

2. 界面简介

以 Windows8.1 及 Hyperworks12.0 版本为例，HyperMesh 的界面（图 8.12）分为很多区域：

（1）菜单栏：菜单栏位于标题栏（标题栏位于界面顶部）下方，通过不同的菜单命令，可以执行调用 Hyperworks 中集成的绝大部分功能。

（2）工具栏：工具栏位于图形区周围，上面的按钮是 HyperMesh 中常用到的功能。通过设置，可以修改显示的工具栏的类型、内容以及显示位置。

（3）标签区：标签区位于图形区左侧，用于管理、创建模型中各个组成元素，编辑元素属性、调整显示方式等。

（4）主菜单：主菜单显示了 HyperMesh 中可以使用的所有功能，可以通过在按钮上单击鼠标右键实现所需功能。

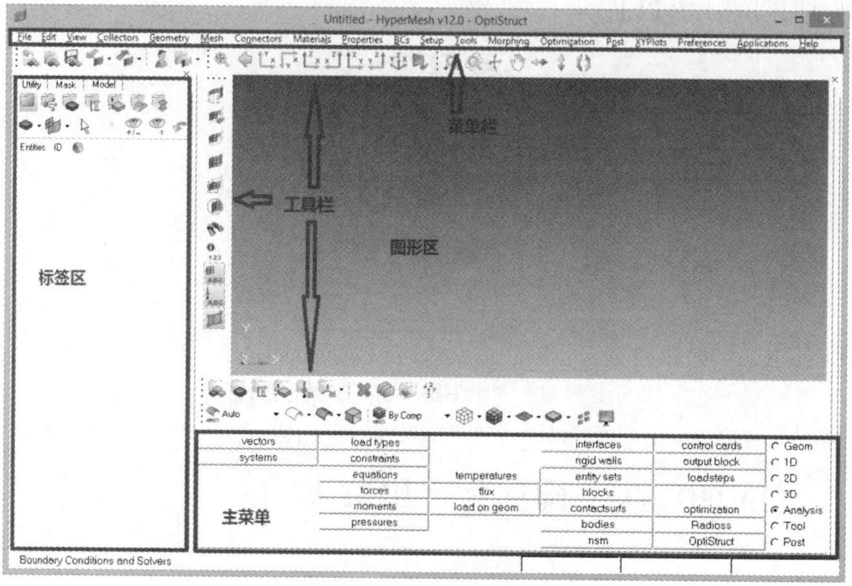

图 8.12 HyperMesh 界面简介

• Geom 选项：用于创建、编辑、删除几何模型。
• 1D，2D，3D 选项：用于创建、编辑、删除计算单元。
• Analysis 选项：用于定义边界条件、建立计算模型、调用求解器求解。
• Tool 选项：用于编辑、修改模型。
• Post 选项：用于后处理。

3. 常用工具栏介绍：

1）Collector 工具栏

Collector 工具栏如图 8.13 所示，图 8.14 为各图标的功能。

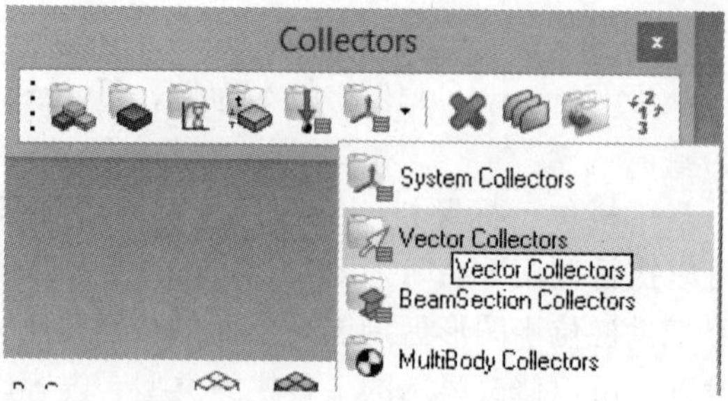

图 8.13 Collector 工具栏

2）Standard 工具栏

Standard 工具栏如图 8.15 所示，各图标的具体功能见图 8.16。

按钮	名称	执行操作
	Assemble	打开 Assemble面板
	Components	打开 Components 面板
	Materials	打开 Materials 面板
	Properties	打开 Properties 面板
	Load Collectors	打开 Load Collectors 面板
	System Collectors	打开 System Collectors 面板
	Vector Collectors	打开 Vector Collectors 面板
	Beam Section Collectors	打开 Beam Section Collectors面板
	Multibodies	打开 Multibodies面板
	Delete	打开 Delete 面板
	Card Edit	打开 CardEdit面板
	Organize	打开 Organize面板
	Renumber	打开 Renumber 面板

图 8.14 Collector 工具栏中各图标的功能

图 8.15 Standard 工具栏

4. 选用 Optistruct：

1）启动 HyperMesh，默认弹出 User Profiles 面板。(单击 Standard 工具栏的按钮)，如图 8.17 所示。

2）点选 OptiStruct 选项。

按钮	名称	执行操作
	New Model	新建模型
	Open Model	打开模型
	Save Model	保存模型
	Import Solver Deck	在标签区打开导入面板，按照类型分别可导入模型、几何实体、网格等
	Export Solver Deck	在标签区打开导出面板，按照类型分别可导出模型、几何实体、网格等
	Load User Profile	打开User Profile面板
	Load Result	打开计算结果

图 8.16 Standard 工具栏各图标的功能

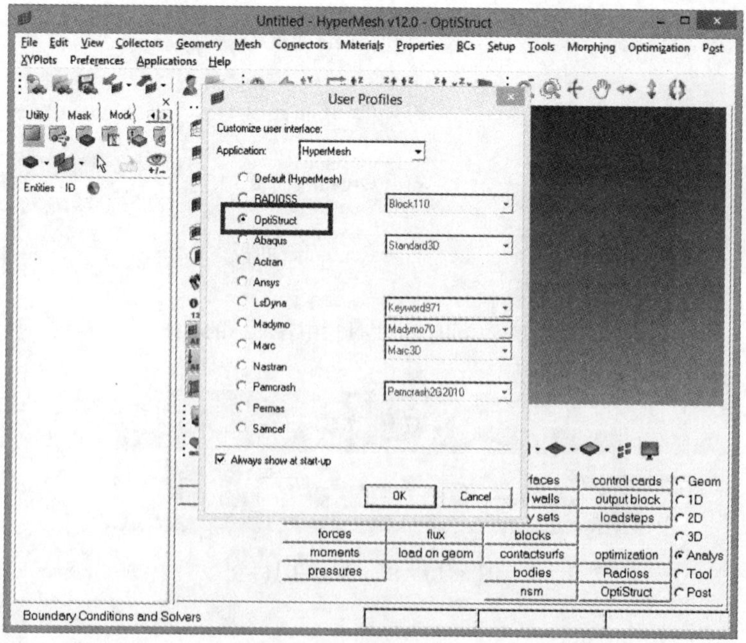

图 8.17 选择 Optistruct

3）单击 OK。完成模板加载。

其中包含对应的 template，macro menu，和 import reader，并加载创建

RADIOSS 和 OptiStruct 下的 Bulk Data Format 模型相关的功能。

8.3.2　Optistruct 结构优化基本流程

从一个设计模型到得出优化结果一般需要经过如图 8.18 所示的下列步骤：

图 8.18　OPTISTRUCT 功能优化流程

下面详细介绍每阶段操作的常用方法。

1. 数字建模

在处理实际问题优化的过程中，首先需要将模型数字化。HyperMesh 自身具有一定功能的 CAD 建模能力，但是绘制过程繁杂，所以，一般地，都是结合相关 CAD 软件辅助建立几何数字模型。在建立几何数字模型的过程中可以使用的软件有：AutoDesk Inventor、SolidWorks、Proe 等。

在完成绘制几何模型之后，需要将文件保存为标准格式，HyperMesh 支持的标准格式有：*.igs、*.step。将标准几何文件导入操作方法如下：

①鼠标左键单击（Import Solver Deck）按钮打开导入面板。

②选择（Import Geometry）按钮进入几何导入面板。

③鼠标左键单击 按钮选择导入文件。

④单击 Import 按钮将几何文件导入 HyperMesh。

导入完成后，图形区将出现您导入的几何元素，如图 8.19 所示。

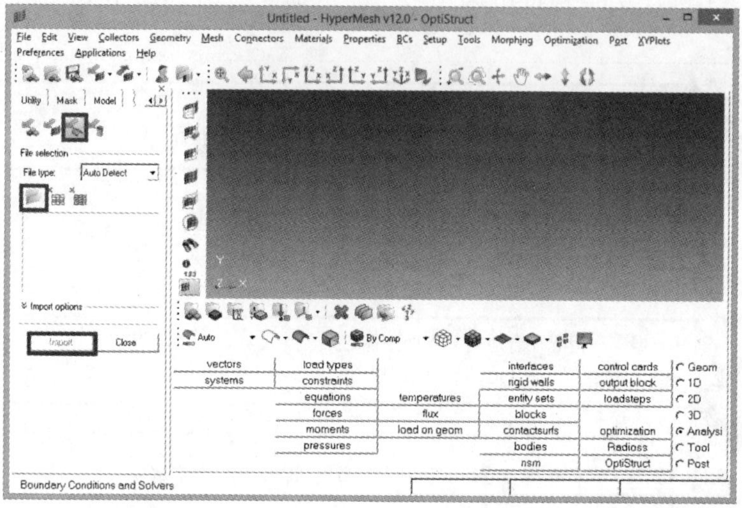

图 8.19   导入几何模型

2. 预处理

1) 修改几何模型

在于处理阶段，根据处理问题的特点，可能会对几何模型进行进一步修改，这就需要使用到 Geom 菜单（图 8.20）。

nodes	lines	surfaces	solids	quick edit	⊙ Geom
node edit	line edit	surface edit	solid edit	edge edit	○ 1D
temp nodes	length	defeature		point edit	○ 2D
distance		midsurface		autocleanup	○ 3D
points		dimensioning			○ Analys
					○ Tool
					○ Post

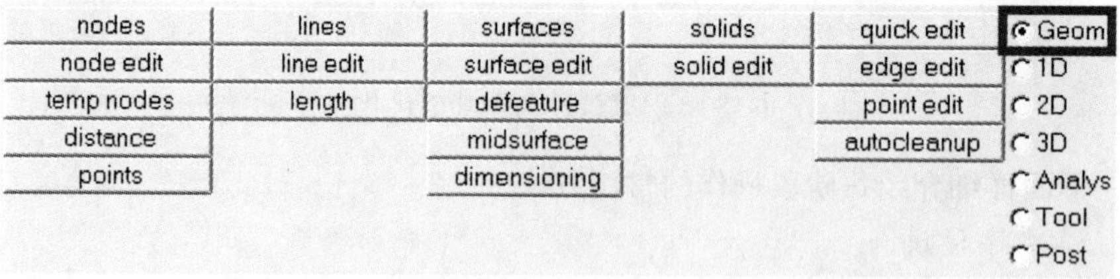

图 8.20   几何菜单

根据需要修改的内容，创建（Nodes/Lines/Surfaces/Solids）、修改（Nodes edit/Lines edit/Surfaces edit/Solids edit）相应的点（nodes）、线（lines）、面（Surfaces）、实体（Solids）。

2) 生成网格

处理完几何模型后，需要绘制相应的网格，根据几何模型的不同，选择 1D/2D/3D 菜单（图 8.21）绘制生成不同的网格，以便进行计算。

对于初学者，在几何模型中，推荐使用 Linemesh、Automesh、Tetramesh

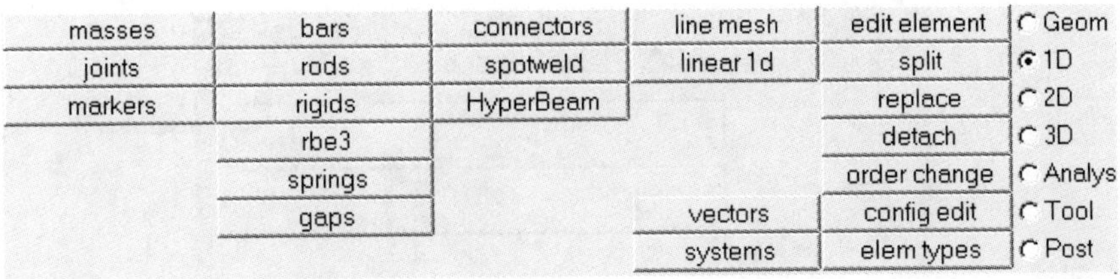

masses	bars	connectors	line mesh	edit element	○ Geom
joints	rods	spotweld	linear 1d	split	● 1D
markers	rigids	HyperBeam		replace	○ 2D
	rbe3			detach	○ 3D
	springs			order change	○ Analys
	gaps		vectors	config edit	○ Tool
			systems	elem types	○ Post

1D菜单

planes	ruled	connectors	automesh	edit element	○ Geom
cones	spline	HyperLaminate	shrink wrap	split	○ 1D
spheres	skin	composites	smooth	replace	● 2D
torus	drag		qualityindex	detach	○ 3D
	spin		elem cleanup	order change	○ Analys
	line drag		mesh edit	config edit	○ Tool
	elem offset			elem types	○ Post

2D菜单

solid map	drag	connectors	tetramesh	edit element	○ Geom
linear solid	spin		smooth	split	○ 1D
solid mesh	line drag		CFD tetramesh	replace	○ 2D
	elem offset			detach	● 3D
				order change	○ Analys
				config edit	○ Tool
				elem types	○ Post

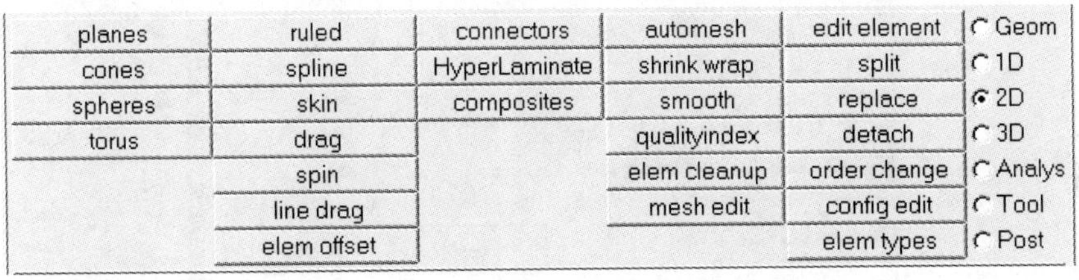

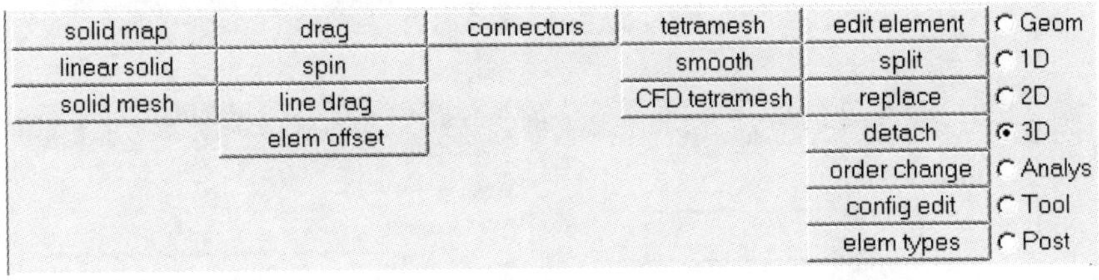

3D菜单

图 8.21　1D/2D/3D 菜单

命令让 HyperMesh 自动生成网格。

3）定义材料

定义材料一般需要分别创建 Material 和 Property 选项卡。

创建 Material 选项卡的步骤如下：

①在标签区单击鼠标右键。

②选择 Create->Material 命令创建 Material 选项卡，如图 8.22 所示。

③在弹出的 Material 面板中定义类型、名称、和特征卡片。

创建 Property 选项卡的步骤如下：

①在标签区单击鼠标右键。

②选择 Create->Property 命令创建 Property 选项卡，如图 8.23 所示。

③在弹出的 Property 面板的 Property 书签中定义类型、名称和特征卡片。

④在 Material 书签中 Name 一栏选择相应的 Material 信息。

完成选项卡创建之后，使用鼠标右键单击要赋予材料属性的 Component，选择 Edit 命令，在弹出的 Component 面板的 Property 书签中选择合适的

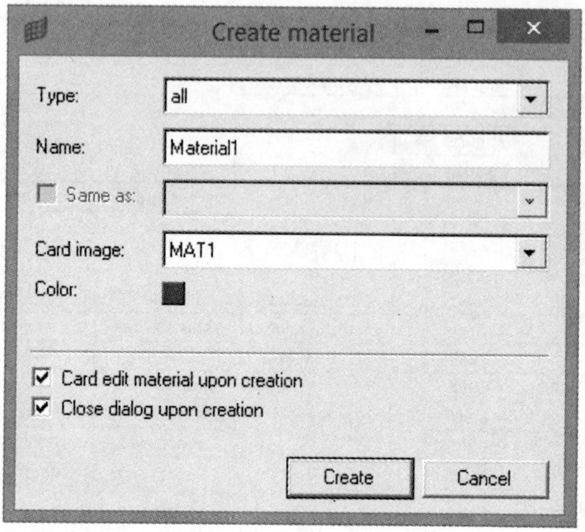

图 8.22 Material 面板

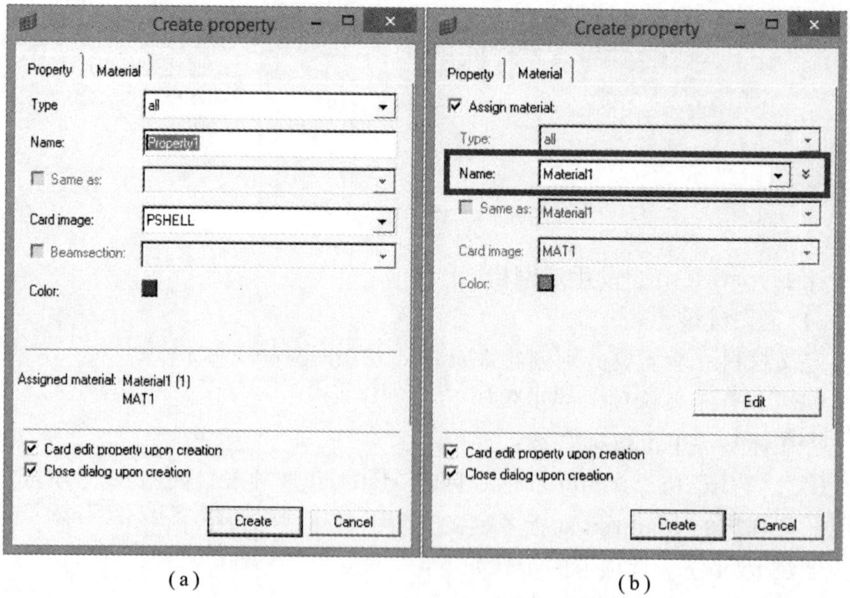

图 8.23 Material 面板

(a) Property 书签；(b) Material 书签

Property 信息，完成材料定义。

3. 定义约束与载荷

定义约束或载荷首先需要创建 Load Collector 选项卡，创建步骤如下：

①在标签区单击鼠标右键。

②选择 Create->Load Collector 命令创建 Load Collector 选项卡，如图 8.24 所示。

③在弹出的 Load Collector 面板中定义名称和特征卡片。

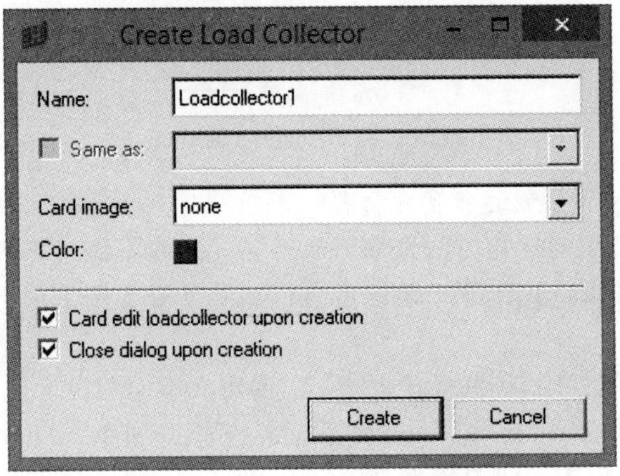

图 8.24 Load Collector 面板

根据定义内容的不同，选择相应的 Load Collector，单击鼠标右键，使用 Make Current 命令开始创建约束或载荷。创建过程需要用到 Analysis 菜单中的相应命令：

- 使用 Forces 命令定义载荷。
- 使用 Constrain 命令定义约束。

注意：Force 和 Constraints 必须分别定义在不同的 Load Collector 中，否则无法继续优化操作。

4. 使用求解器求解

完成定义工作后，需要为求解器定义合适的加载载荷和约束的加载顺序，其具体方法如下：

①进入 Analysis 菜单，如图 8.25 所示。

②选择 LoadStep 选项，根据要求分别勾选加载类型并定义加载内容。

③在 Type 中选择载荷的加载方法。

如果上述过程准确无误则可以使用求解器求解，具体步骤如下：

④进入 Analysis 菜单。

⑤选择 Optistruct 选项，单击 Save As 命令保存模型文件。

⑥在 Run Option 中选择 Analysis，Export Option 中选择 all。

⑦单击 Optistruct 运行分析。

若以上步骤准确，则会得到相应的求解信息。

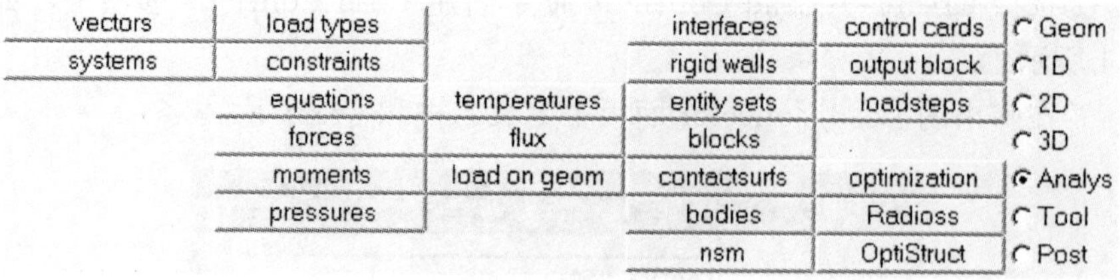

图 8.25 Analysis 菜单

5. 进行优化设置及运行优化过程

由于可以使用的优化方法众多，本节对此内容不做过多讲解，而将重点放在帮助读者梳理优化流程。请读者自行参照下章实例掌握不同类型优化的设置。

根据不同的优化目标和优化方法，需要定义不同的设计变量、优化响应、响应约束、Objective Function 等等。这些命令都在 Analysis 菜单下的 Optimization 选项中，如图 8.26 所示。

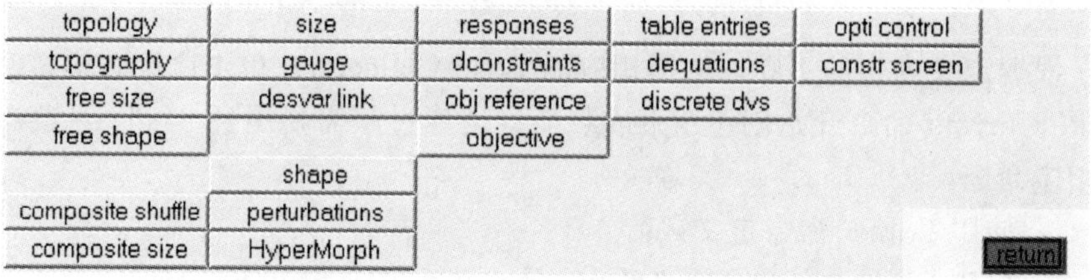

图 8.26 Analysis->Optimization 选项内容

如果上述过程准确无误则可以使用求解器求解，具体步骤如下：

①进入 Analysis 菜单。

②选择 Optistruct 选项，单击 Save As 命令保存模型文件。

③在 Run Option 中选择 Optimization。

④单击 Optistruct 运行分析。

经过以上步骤，优化过程基本完成，所生成的文件可以通过 HyperView 查看结果。

第 9 章　结构拓扑优化

拓扑优化通过改进和优化材料的分布，寻求给定设计空间内材料的最佳分布，实现概念设计和结构的轻量化，为形状优化和尺寸优化做准备，属于结构的初步设计阶段。拓扑优化一般采用壳单元或实体单元定义设计空间，并采用 Homogenization（均匀化方法）和 Density（变密度方法）两种方法定义材料，在 Optistruct 中一般通过近似法（如对偶法等）获得最佳的加载路径设计方案。在结构拓扑优化中，还能考虑结构优化模型的加工性要求，如对称约束、铸件的拔模方向等。此外，利用 Optistruct 中的 OSSmooth 工具，还可以将拓扑优化结果生成 IGES 等格式的文件，然后输入到 CAD 系统中进行二次设计。

下面分别通过二维（壳单元）和三维（实体单元）两个实例讲述应用 HyperWorks 中 OptiStruct 软件模块进行拓扑优化设计的基本过程。

9.1　二维结构拓扑优化

本节讲述一个二维壳单元的拓扑优化实例。优化对象的有限元模型如图 9.1 所示。设计目标、约束和设计变量如表 9－1 所示。

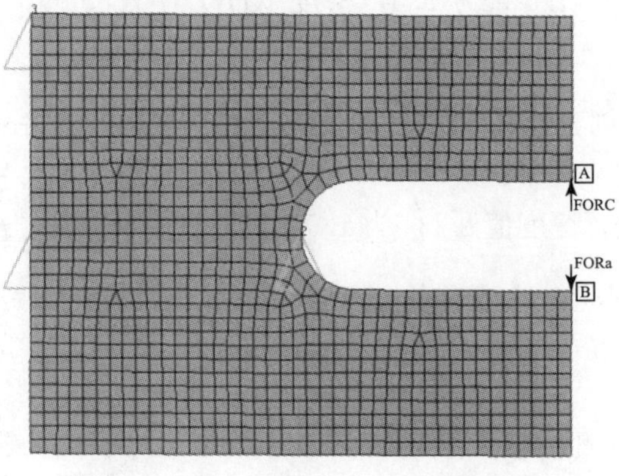

图 9.1　二维拓扑优化有限元模型

表 9-1 优化目标、约束和设计变量

目标	最小化体积分数
约束	A点y方向位移<0.07mm； B点y方向位移>-0.07mm
设计变量	设计区域内单元密度

第一步：开启 HyperMesh，设置用户模式。

①在开始菜单中启动 HyperMesh，将出现 User Profiles 对话框。

②单击 OptiStruct 前的圆形按钮，选择 OptiStruct 用户模式。

③单击 Ok。

第二步：打开 cclip.hm 文件。

①单击打开文件按钮。

②选择 cclip.hm 文件，地址为<软件安装路径>/tutorials/hwsolvers/optistruct/。

③单击打开。

第三步：创建材料和属性，指定组件。

创建组件时需要指定一个材料，所以应首先创建材料集合器。

①单击创建材料。“mat name=”输入“steel”。单击“card image”，选择“MAT1”。单击“Create/Edit”进入编辑材料属性页面，设置弹性模量E为200000，泊松比Nu为0.3，密度RHO为7.85e-9，设置完成后单击“return”返回。

②单击创建属性。在“prop name=”输入“prop _ shell”。单击“card image”，选择“PSHELL”，单击“material=”选择“steel”，单击“Create/Edit”设置厚度值[T]为1.0。设置完成后单击“return”返回。

③单击创建组件。双击“comp name=”选择“comp _ shell”。双击property，选择“prop _ shell”，单击“update”，单击return返回。

第四步：创建载荷集。

创建两个载荷集（Constraints和Forces）并指定颜色。

①单击创建载荷集。“loadcol name=”输入“Constraints”。选择一个颜色，单击“create”创建完成。

②使用同样的方法创建“Forces”载荷集。

第五步：创建约束。

①在模型浏览器中，展开 LoadCollectors，选择 Constraints，单击右键，单击“Make Current”。如图 9.2 所示。

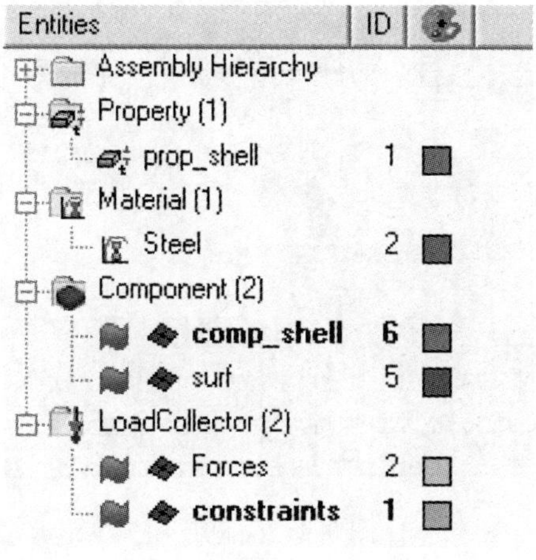

图 9.2　模型浏览器

②单击“Analysis”操作页面，进入“constraints”面板。

③按图 9.3 所示，选取点并约束相应自由度，单击“return”。

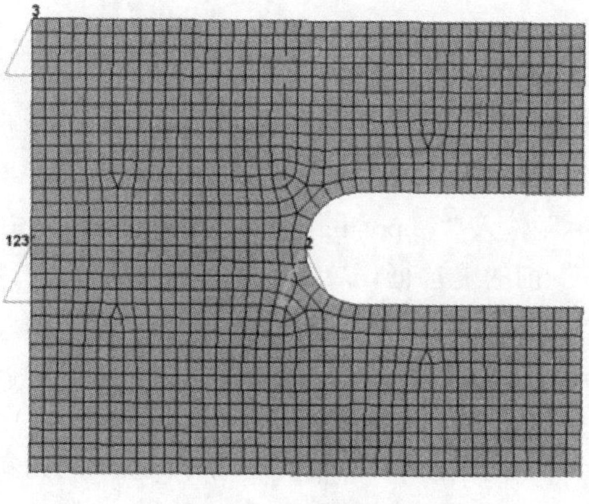

图 9.3　约束定义

第六步：创建力。

在结构开口处的两点施加大小为 100N、方向相反的两个力。

①在模型浏览器中，展开 LoadCollectors，选择 Forces，单击右键，单击“Make Current”。

②单击“Analysis”操作页面，进入“forces”面板。

③选取图 9.4 所示的 A 点，“magnitude=”输入 100，按 Enter 确定，将下方的方向转换为“y-axis”，单击“create”。一个向上的箭头出现在 A 点。

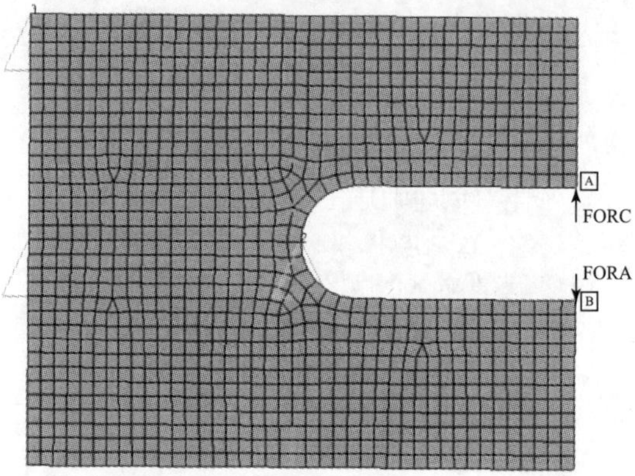

图 9.4 载荷定义

④同理，选取图 9.4 所示的 B 点，“magnitude=”输入−100，按 Enter 确定，将下方的方向转换为“y-axis”单击“create”。一个向下的箭头出现在 B 点。

⑤为使箭头不相互重叠，利于分辨，选择“uniform size=”并在其后输入 7。

⑥单击“return”返回“Analysis”操作页面。

第七步：创建 Load Cases。

①在“Analysis”操作页面，进入“loadsteps”面板。

②在“name=”输入“opposing forces”，按 Enter 确定。

③单击“SPC”前的复选框，单击右侧出现的输入区，在载荷列表中选择“Constraints”。

④单击“Load”前的复选框，在载荷列表中选择“Forces”。

⑤分析类型“type”为“linear static”（线性静力分析）。

⑥单击“create”创建完毕，单击“return”返回“Analysis”操作页面。

第八步：运行分析。

定义拓扑优化过程之前进行结构的线性静力分析，为优化过程中设定约束条件提供依据。

①在“Analysis”操作页面，进入“Radioss”面板。

②单击“save as…”选择结果文件的保存路径。

③设置“export options”为“all”；“run options”为“analysis”；设置“memory options”为“memory default”。

④单击“Radioss”进行分析。

第九步：查看位移云图。

①在“Radioss”面板，单击“HyperView”，进入模型结果查看模块。

②在“Graphics”下拉菜单中选择“contour”，“Result type”选择“Displacement”，在“Displacement”下方空格选择“Y”。

③单击“Apply”，显示 Y 方向的位移云图。

④从“File”下拉菜单中单击“Exit”退出 HyperView。

第十步：创建拓扑优化设计变量。

①在“Analysis”操作页面，进入“optimization”面板。

②选择“topology”，进入“topology”面板。

③选择右侧的“create”子面板。

④单击“desvar=”输入“d_shell”，按 Enter 键确定。

⑤单击 props 

，在列表中选择“prop_shell”，单击“select”。

⑥设置“type:”为“PSHELL”。

⑦设置“base thickness”为 0.0（0.0 表示单元的厚度可以变为 0，即无材料）。

⑧单击“create”，后单击“return”返回“optimization”页面。

第十一步：创建体积响应。

①进入“responses”面板。

②在“response=”处输入“volfrac”。

③设置“response type:”为“volumefrac”。

④单击“create”。

第十二步：创建位移响应。

①进入“responses”面板。

②在“response=”处输入“upperdis”。

③设置“response type:”为“static displacement”。

④选择 A 点作为位移约束对象，约束自由度“dof2”。

⑤单击“create”。

⑥在“response=”处输入“lowerdis”。

⑦置“response type:”为“static displacement”。

⑧选择 B 点作为位移约束对象，约束自由度“dof2”。

⑨单击“create”，后单击“return”返回“optimization”页面。如图 9.5 所示。

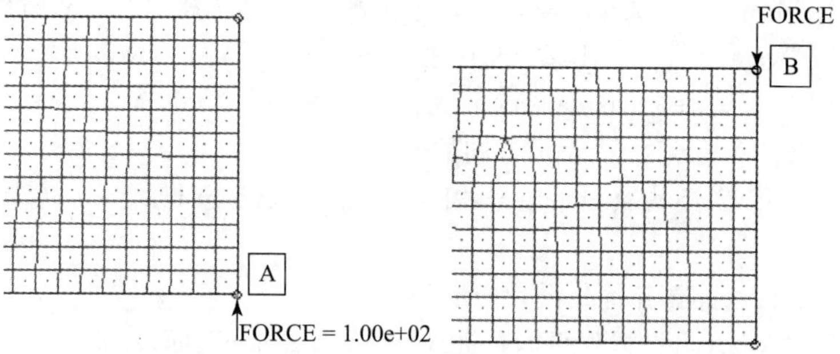

图 9.5 响应的定义

第十三步：定义目标函数。

①单击“objective”。

②左侧设置“min”。

③双击“response=”选择“volfrac”。

④单击“create”。并单击“return”并返回“optimization”面板。

第十四步：创建位移响应约束。

这步将为分析设置上、下限约束条件。

①选择“dconstraints”面板。

②在“constraint=”处输入“c _ upper”。

③仅选中“upper bound=”复选框，在其后输入 0.07。

④双击“response=”在列表中选择“upperdis”。

⑤单击“loadsteps”在列表中选择“opposing forces”。

⑥单击“create”。

⑦在“constraint=”处输入“c _ lower”。

⑧仅选中“lower bound=”复选框，在其后输入−0.07。

⑨双击“response=”在列表中选择“lowerdis”。

⑩单击“loadsteps”在列表中选择“opposing forces”。

⑪单击“create”后单击“return”返回“optimization”面板。

第十五步：优化求解。

①在“Analysis”操作页面，进入“OptiStruct”面板。

②单击“save as…”选择结果文件的保存路径。

③设置“run options”为“optimization”。

④单击“OptiStruct”进行优化分析。DOS 窗口中出现“…Processing complete”表明工作完成，关闭 DOS 窗口。如果程序报错，则在结果文件的保存路径中打开“. out”文件查看错误的详细信息。

第十六步：查看优化结果中单元密度分布。

①在“OptiStruct”面板中，单击“HyperView”，加载“cclip _ complete. h3d”文件。

②在图形用户界面，单击图示红色圆圈标识区域激活“Load Case and Simulation Selection”对话框。如图 9. 6 所示。

图 9. 6　对话框

③“Load case”选择“Design”，在“Simulation”选择最后一个迭代步，单击“OK”。如图 9. 7 所示。

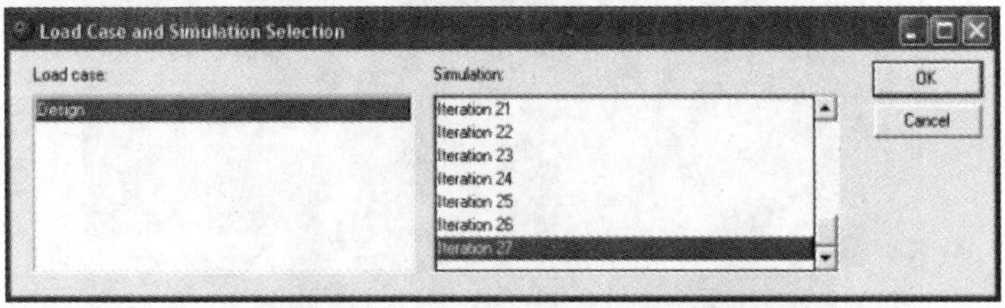

图 9. 7　选择最后一个迭代步

④在“Graphics”下拉菜单中单击“Iso Value”，“Result type”选择“Element Densities”。设置“Current Value:”为 0. 3，单击“Apply”。如图 9. 8 所示。

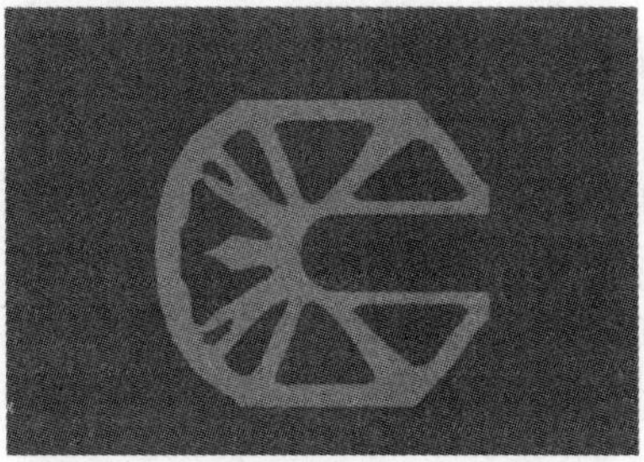

图 9. 8　拓扑优化材料分布云图

⑤移动“Current Value:”下面的滑块改变密度值的界限。可观察拓扑优化结果中密度的分布情况，即优化后材料的分布情况。

第十七步：原始的和优化后的应力云图对比。

①在“HyperView”中，单击下一页的箭头跳转到第二页。显示“cclip _ complete _ sl. h3d”文件。

②在图形用户界面，单击图示红色圆圈标识区域激活“Load Case and Simulation Selection”对话框。并选择最后一个迭代过程。

③在“Graphics”下拉菜单中单击“Contour”，“Result type”选择“Element Stresses（2D&3D)”和“vonMises”。设置“Averaging Method:”为“Simple”，单击“Apply”，即可看出优化结构中应力的大小。如图 9.9 所示。

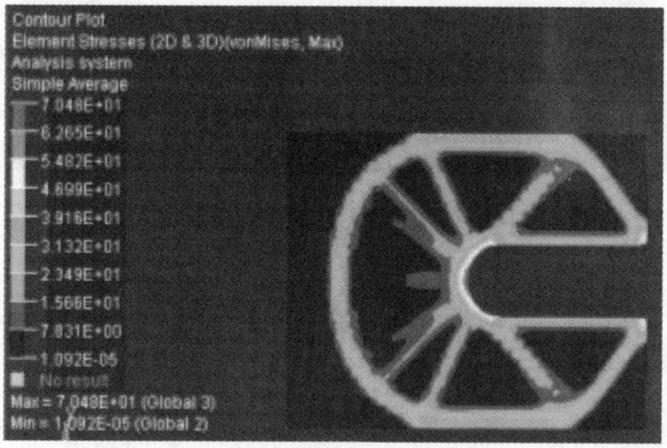

图 9.9 优化后结构应力云图

9.2 三维结构拓扑优化

本节讲述一个如图 9.10 所示的三维体单元的拓扑优化实例。

目标	最小化体积
约束	施力点的位移：x 向<0.05mm；y 向<0.02mm；z 向<0.04mm
设计变量	设计区域内单元密度

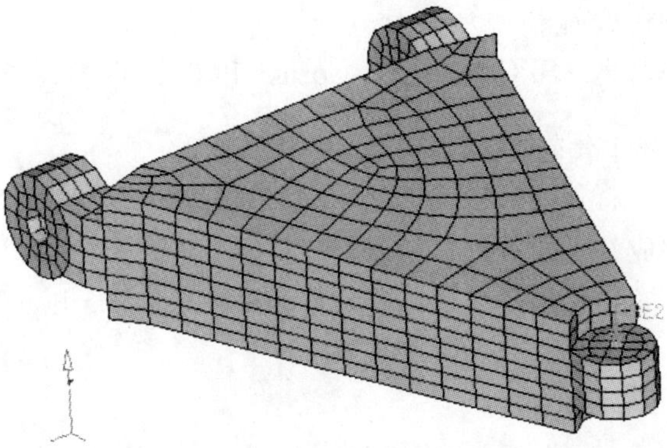

图 9.10　三维体单元拓扑优化

第一步：启动 HyperMesh，调出文件。

①启动 HyperMesh。

②选择 OptiStruct 用户界面并单击 OK。

③在“Analysis”页面选择“optimization”面板。

④在工具条的“File”下拉菜单下，选择“open”。

⑤选择 carm. hm 文件，地址为<软件安装路径>/tutorials/hwsolvers/optistruct/。

⑥单击“open”。

第二步：创建材料和属性，指定组件。

创建组件时需要指定一个材料，所以首先应创建材料集合器。

①单击创建材料。“mat name=”输入“steel”。单击 card image，选择“MAT1”，单击“Create/Edit”进入编辑材料属性页面，设置弹性模量 E 为 200000，泊松比 Nu 为 0.3，密度 RHO 为 7.85e－9，设置完成后单击“return”返回。

②单击创建属性。“prop name=”输入“design _ prop”。单击 card image，选择“PSOLID”，单击“material=”选择“steel”，单击“create”。

③“prop name=”输入“nondesign _ prop”。单击 card image，选择“PSOLID”，单击“material=”选择“steel”，单击“create”。

④单击“Collectors”下拉菜单，移动鼠标到“Assign”处展开菜单选择“Components Property”。

⑤单击“comps”，选中“nondesign”单击“select”。

⑥双击“property=”，选择“nondesign _ prop”，单击“assign”。

⑦重复 5、6，把“design _ prop”分配到“design”，单击“return”。

第三步：创建载荷集。

创建四个载荷集（SPC，Brake，Corner 和 Pothole）并指定颜色。

①单击创建载荷集。

②“loadcol name =”输入“Constraints”。选择一个颜色，单击“create”创建完成。

③使用同样的方法创建“Brake”，“Corner”和“Pothole”载荷集。

第四步：创建约束。

①在模型浏览器中，展开“LoadCollectors”，选择“SPC”，单击右键，单击“Make Current”。

②单击“Analysis”操作页面，进入“constraints”面板。

③选取图 9.11 所示下点，约束 dof1，dof2，dof3 三个方向自由度，单击“create”。

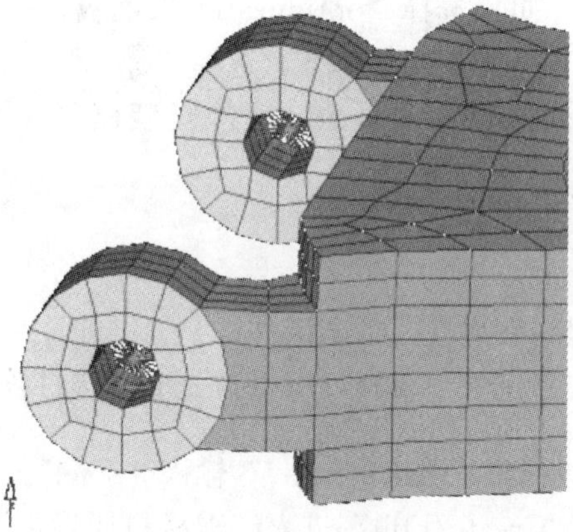

图 9.11　创建约束

④选取图 9.11 所示上点，约束 dof2，dof3 两个方向自由度，单击“create”。

⑤单击“nodes”在出现的选择框里选择“by id”输入 3239，按 Enter 键确认，约束 dof3 一个方向自由度，单击“create”，如图 9.12 所示。

⑥单击“return”返回主菜单。

第五步：创建力。

①在模型浏览器中，展开“LoadCollectors”，选择“Brake”，单击右键，选择“Make Current”。

②单击“Analysis”操作页面，进入“forces”面板。

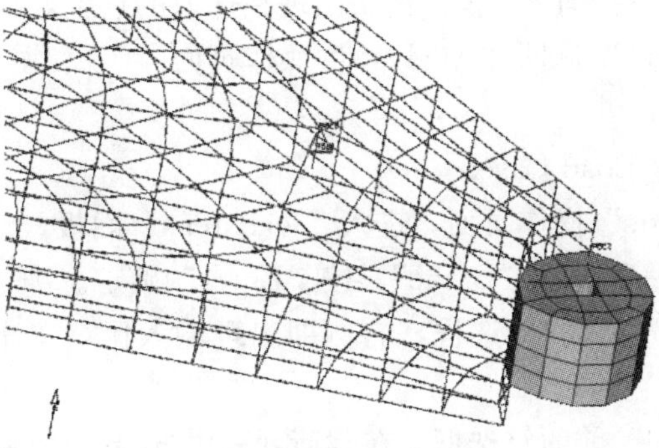

图 9.12　结点 3239 载荷添加

③单击“nodes”在出现的选择框里选择“by id”输入 2699，按 enter 键确认，“magnitude=”输入 1000，按 Enter 确定，将下方的方向转换为“x-axis”，单击“create”。一个指向 x 方向的箭头出现在选取的点上，如图 9.13 所示。

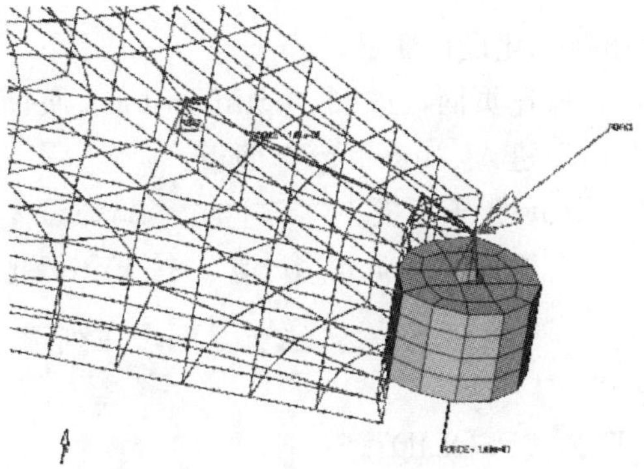

图 9.13　载荷添加示意图

④在模型浏览器中，展开“LoadCollectors”，选择“Corner”，单击右键，单击“Make Current”。

⑤单击“nodes”在出现的选择框里选择“by id”输入 2699，按 enter 键确认，“magnitude=”输入 1000，按 Enter 确定，将下方的方向转换为“y-axis”单击“create”。一个指向 y 方向的箭头出现在选取的点上。为使箭头不相互重叠，利于分辨，选择“uniform size=”输入 100，如图 9.13 所示。

⑥在模型浏览器中，展开“LoadCollectors”，选择“Pothole”，单击右键，单击“Make Current”。

⑦单击“nodes”在出现的选择框里选择“by id”输入 2699，按 enter 键确认，“magnitude=”输入 1000，按 Enter 确定，将下方的方向转换为“z-axis”

单击“create”。一个指向 z 方向的箭头出现在选取的点上，如图 9.13 所示。

⑧单击“return”返回“Analysis”操作页面。

第六步：创建 Load Cases。

①在“Analysis”操作页面，进入“loadsteps”面板。

②在“name=”输入“Brake”，按“Enter”确定。

③单击“SPC”前的复选框，右侧即出现输入区，单击输入区，在载荷列表中选择“SPC”。

④单击“Load”前的复选框，在载荷列表中选择“Brake”点。

⑤分析类型“type”为“linear static”(线性静力分析)。

⑥单击“create”创建完毕。

⑦同样的方法创建 Load Cases：Corner（选择载荷集“Corner”和“SPC”）和 Pothole（选择载荷集“Pothole”和“SPC”）。

⑧单击“return”返回“Analysis”操作页面。

第七步：创建拓扑优化设计变量。

①在“Analysis”操作页面，进入“optimization”页面。

②选择“topology”进入“topology”面板。

③选择右侧的“create”子面板。

④单击“desvar=”输入“design _ prop”，按 Enter 键确定。

⑤单击 props 

，在列表中选择“design _ prop”，单击“select”。

⑥设置“type:”为“PSOLID”。

⑦单击“create”，后单击“return”返回“optimization”页面。

第八步：创建体积和位移响应。

①进入“responses”面板。

②在“response=”处输入“vol”。

③设置“response type:”为“volume”，并确认“regional”设置为“total”。

④单击“create”。

⑤进入“responses”面板。

⑥在“response=”处输入“disp1”。

⑦设置“response type:”为“static displacement”。

⑧单击“nodes”，在弹出菜单中选择“by ID”，输入 2699，此点（作用

了三个力）作为位移约束对象，约束自由度“total disp”（即约束 x、y、z 三个方向位移）。

⑨单击“create”。单击“return”返回“optimization”页面。

第九步：定义目标函数。

①单击“objective”。

②左侧设置“min”。

③双击“response=”选择“vol”。

④单击“create”。单击“return”返回“optimization”面板。

第十步：创建位移响应约束。

这步将为分析设置上、下边界约束。

①选择“dconstraints”面板。

②在“constraint=”处输入“constr1”。

③仅选中“upper bound=”复选框，在其后输入 0.05。

④双击“response=”在列表中选择“disp1”。

⑤单击“loadsteps”在列表中选择“Brake”。

⑥单击“create”。

⑦在“constraint=”处输入“constr2”。

⑧仅选中“upper bound=”复选框，在其后输入 0.02。

⑨单击“loadsteps”在列表中选择“Corner”。

⑩单击“create”。

⑪在“constraint=”处输入“constr3”。

⑫仅选中“upper bound=”复选框，在其后输入 0.04。

⑬单击“loadsteps”在列表中选择“Pothole”。

⑭单击“create”。单击“return”返回“optimization”面板。

第十一步：优化求解。

①在“Analysis”操作页面，进入“OptiStruct”面板。

②单击“save as…”选择结果文件的保存路径。

③设置“run options”为“optimization”。

④单击“OptiStruct”进行优化分析。DOS 窗口中出现“…Processing completed successfully”表明工作完成，关闭 DOS 窗口。如果程序报错，则在结果文件的保存路径中打开“.out”文件查看错误的详细信息。

第十二步：查看单元密度分布。

①在“OptiStruct”面板中，单击“HyperView”。

②在图形用户界面，单击图示红色圆圈标识区域激活“Load Case and Simulation Selection”对话框。

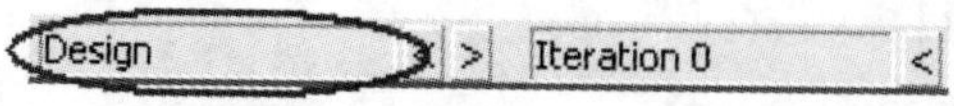

③“Load case”选择“Design”，在“Simulation”选择最后一个迭代步，单击“OK”。

④在“Graphics”下拉菜单中单击“Iso Value”，“Result type”选择“Element Densities”。设置“Current Value:”为 0.15，单击“Apply”。你将看到如图 9.14 所示的拓扑优化结果。

⑤移动“Current Value:”下面的滑块改变密度值的界限。

图 9.14　拓扑优化结果

第 10 章　形状优化和尺寸优化

形状优化和尺寸优化都是以拓扑优化后所确定的基本结构为基础，进行结构形状和具体尺寸的优化设计，它们都属于细节设计。

形状优化（Shape Optimization）是通过改变模型的某些形状参数（几何特性的形状），达到改变模型的力学性能以满足某些具体要求（如应力、位移等）。在形状优化中，优化问题的求解是通过修改结构的几何边界实现的，在有限元中表现为结点位置的改变。

在 Hyperworks 中通过 HyperMorph 实现网格的变形，以便在形状优化中建立形状变量。在利用 Optistruct 进行形状优化分析之前，用户需先使用 HyperMorph 预先设置一个形状变化，并通过交互方式改变网格形状，如拖拽控制柄（Handle）、改变倒角和孔的半径以及曲面映射等，然后建立形状设计变量，定义优化的相关响应、约束和目标，进行形状优化的求解。

尺寸优化是在模型形状的基础上所进行的一种细节设计，它是通过改变结构单元的属性，如壳单元的厚度、梁单元的截面属性等以达到一定的设计要求（如应力、质量和位移等）。

10.1　形状优化

形状优化包括找到最优形状降低应力集中或改变截面形状满足特定的设计需要。因此，设计人员需要定义形状变化和结点运动来实现形状的改变，在形状优化中需要定义“DESVAR”和“DVGRID”两个卡片，卡片中包含了 OptiStruct 形状优化的目标函数和约束的输入文件。此外，形状优化还需使用“HyperMorph”模块。

例 10.1　接头的形状优化。接头（如图 10.1 所示）由壳单元构成，作用了一个载荷，优化的目的是通过改变接头形状，在应力约束下，结构的质量最小（表 10－1）。

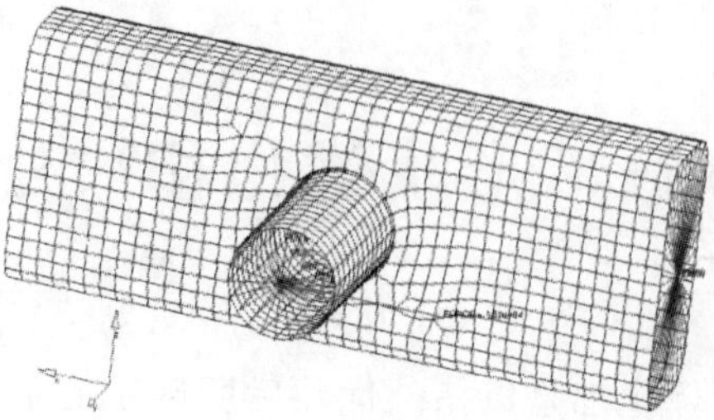

图 10.1 接头优化

表 10-1 接头形状优化的目标、约束和变量

目标	最小化质量
约束	接头处的最大应力<200MPa
设计变量	接头处的形状

第一步：启动 HyperMesh，设置用户模式并加载文件。

①在开始菜单中启动 HyperMesh，将出现 User Profiles 对话框。

②单击 OptiStruct 前的圆形按钮，选择 OptiStruct 用户模式。

③单击 OK。

④在“Analysis”操作页面，进入“optimization”页面。

⑤单击打开文件按钮 ，选择 rail _ joint _ original. hm 文件，地址为 <软件安装路径>/tutorials/hwsolvers/optistruct/。

⑥单击打开。

第二步：分析模型并查看最大应力值。

①在“Analysis”操作页面，进入“OptiStruct”面板。

②单击“save as…”选择结果文件的保存路径。

③设置“run options”为“analysis”；设置“memory options”为“memory default”。

④单击“OptiStruct”进行分析。

⑤关闭 DOS 窗口，单击“HyprView”按钮。

⑥单击工具条中“Contour”按钮 ，“Result type”选择“Element Stresses (2D&3D)”和“vonMises”，单击“Apply”。

⑦记录接头处的最大应力值。

⑧使用“HyperMorph”创建形状变量。

第三步：显示结点编号。

①在“Tool”页面，选择“numbers”面板。

②单击“nodes”选择“by sets”，在列表中选中“node set”单击“select”，12 个点在屏幕上高亮显示，如图 10.2 所示。

③单击“on”显示结点编号，单击“return”返回。

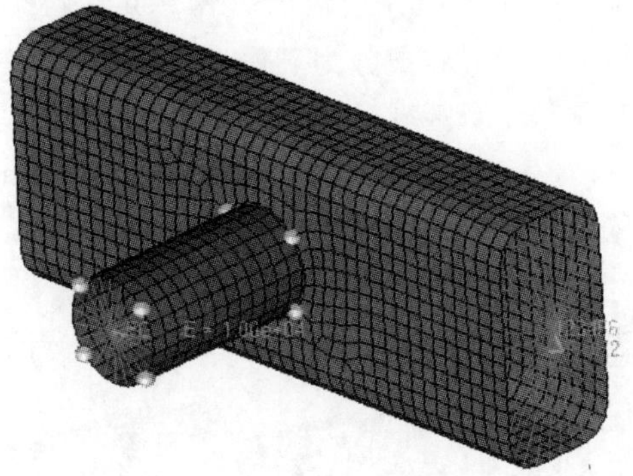

图 10.2　接点选择

第四步：在接头圆柱处建立 2-D Domain。

①展开模型浏览窗口的“Component”，在“PSHELL. 1”处单击右键，在出现的菜单中选择“Hide”，隐藏“PSHELL. 1”。用同样的方法隐藏“rigids”。

②在“Analysis”操作页面，进入“optimization”面板。

③进入“HyperMorph”子面板，选择“domains”，并选中面板左侧“partitioning”。

④确认“curve tolerance=”为 8，“domain angle=”为 50。

⑤左侧切换至“create”子面板。

⑥使用向下的三角按钮将区域切换为“2D domain”，将“all elements”切换为“elems”。

⑦单击“elems”在弹出菜单中选择“by sets”，在列表中选择“rail _ set1”和“rail _ set2”，单击“select”，并单击“create”。

第五步：分割接头处的圆形边界区域。

①切换至“edit edges”子面板，选择“split”。

②单击“domain”，在屏幕中选择通过 1300，1305，1311，1306 四点的圆形边界。

③单击“node”在屏幕中选择 1311 点，单击“split”。圆形区域就被 1311 点分割，并在 1311 点建立了控制点。

④选择包含 1316 点的圆弧边界区域，单击 1316 分割此区域。使用同样的方法，用 1305 和 1300 点分割圆形区域。

⑤同样用 931、926、937 和 942 四点分割另一圆形边界区域。

第六步：合并边界区域。

在上一步，完成了用四个点分割圆形边界，并在每个圆形边界处增加了四个控制点，使得每个圆形边界被分为五份（第四步产生一个控制点），本步骤将圆形边界分割形成的 5 个区域合并为 4 个。

①在“edit edges”子面板中选择“merge”，单击 domain，在屏幕中选择图中箭头所指边界（在其中一个圆中），确认“retain handles”没有被选择，单击“merge”（中间的控制点被移除）。

②用同样的方法合并另一圆上的两条边。如图 10.3 所示。

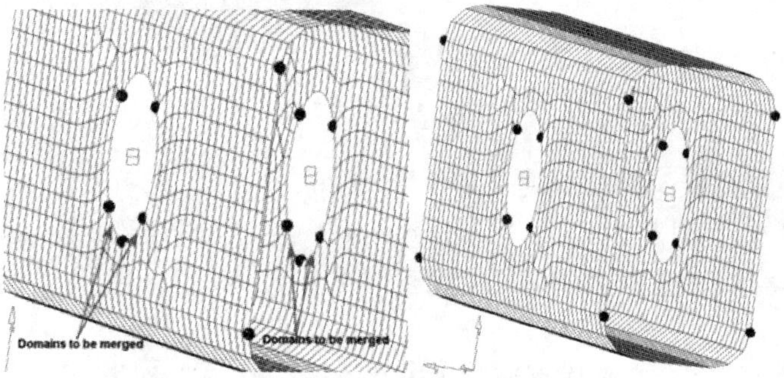

图 10.3　边界区域合并

第七步：在圆柱上建立 2-D Domain。

①展开模型浏览窗口的“Component”，在“PSHELL. 1”处单击右键，在出现的菜单中选择“show”，显示“PSHELL. 1”。

②左侧切换至“create”子面板。

③使用向下的三角按钮将区域切换为“2D domain”，将“all elements”切换为“elems”。

④单击“elems”在弹出菜单中选择“by sets”，在列表中选择“elem _ set1”，单击“select”，并单击“create”。

⑤重复 4 分别选择“elem _ set2”、“elem _ set3”和“elem _ set4”，创建另外三个 2-D Domain。

⑥单击“return”返回“HyperMorph”面板。

第八步：创建形状

在这步中，将利用创建好的 2-D Domain 和控制点创建三个形状。

①单击“morph”。

②选中左侧的“alter dimensions”，并选择“curvature”；“center calculation:”设置为“by edges”；选择“hold ends”。

③单击“edges only”下的“domains”，选择图示中红色的八个边界。如图 10.4 所示。

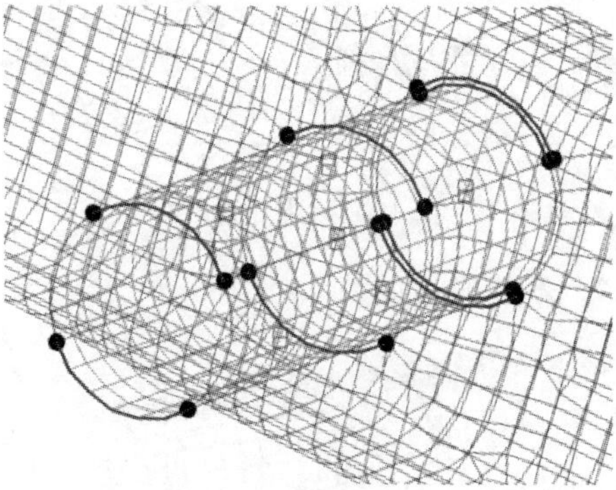

图 10.4　边界选取

④在“curve ratio=”处输入 20。

⑤单击“morph”，新的曲率应用在选择的边界上，如图 10.5 所示。

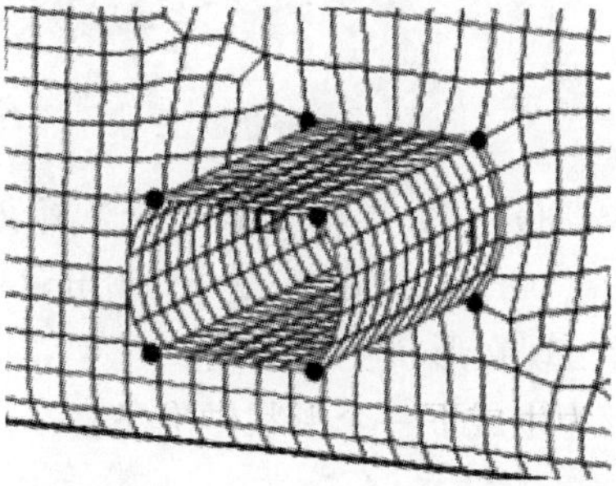

图 10.5　新的曲率应用在选择的边界上

⑥选择左侧的“save shape”，单击“name=”输入“sh1”。

⑦切换“as handle perturbation”为“as node perturbation”。单击“save”保存，形状向量出现在形状变化区域。

⑧单击“undo all”为生成下一个形状做准备。

⑨单击 Visualization 工具按钮，选择 morphing，单击“Shapes”前的“Hide”，隐藏形状向量。

⑩选中左侧的“alter dimensions”，单击“edges only”下的，清除之

前的选择。单击“domains”，选择图示中红色的八个边界，如图 10.6 所示。

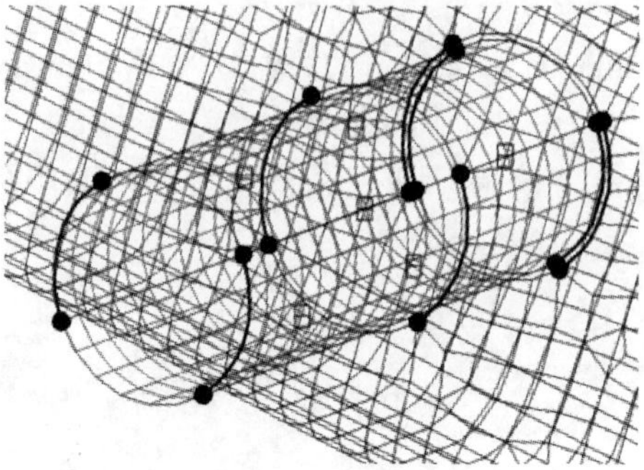

图 10.6　边界选取

⑪单击“morph”，新的形状如图 10.7 所示。

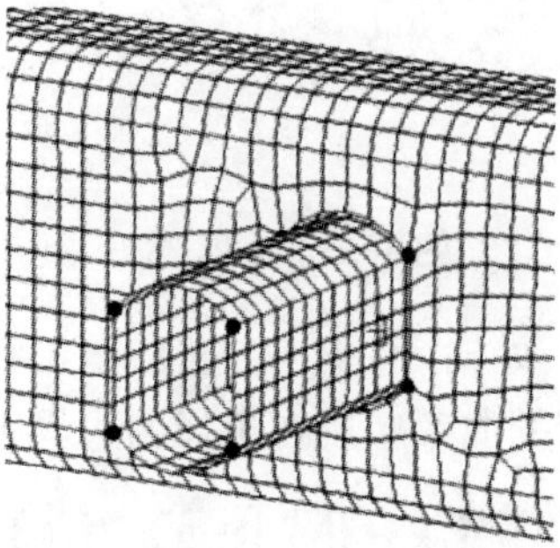

图 10.7　形状改变

⑫选择左侧的“save shape”，单击“name=”输入“sh2”。

⑬切换“as handle perturbation”为“as node perturbation”。单击“save”保存，形状向量出现在形状变化区域。

⑭单击“undo all”为生成下一个形状做准备。

⑮单击 Visualization 工具按钮，选择 morphing，单击“Shapes”前的“Hide”，隐藏形状向量。

⑯选中左侧的“apply shapes”，单击“shapes”在列表中选择“sh1”和“sh2”。单击“Select”，“multiplier=”处输入 1，单击“apply”，结果如图 10.8 所示。

⑰选择左侧的“save shape”，单击“name=”输入“sh3”。

⑱切换“as handle perturbation”为“as node perturbation”。单击“save”保存，形状向量出现在形状变化区域。

⑲单击 Visualization 工具按钮，选择 morphing，单击“Shapes”前

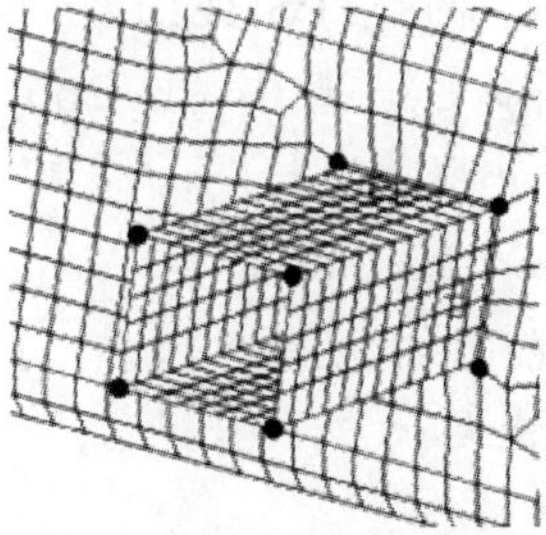

图 10.8　设计形状的改变图

的“Hide”，隐藏形状向量。此时不需单击“undo all”，因为我们将基于此创建下一个形状。

⑳展开模型浏览窗口的“Component”，在“PSHELL”处单击右键，在出现的菜单中选择“Hide”，隐藏“PSHELL”。

㉑选中左侧的“alter dimensions”，单击“edges only”下的 ，清除之前的选择。将“curve ratio=”切换为“distance=”（它将允许缩短被选择区域的距离）。

㉒单击“node a”在屏幕中选取图 10.9 所示点。

㉓单击“node b”在屏幕中选取图 10.9 所示点。a、b 点的距离即出现在“distance=”处（约为 43）。如图 10.9 所示。

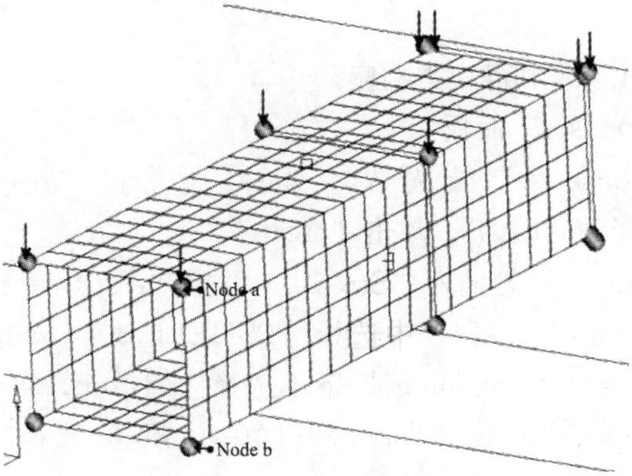

图 10.9　边界接点选择图

㉔单击“node a”下的“handles”，选择图 10.9 所示的带向下箭头的八个控制点。

㉕单击“node b”下的“handles”，选择图 10.9 所示的剩余的八个控制点。选择“hold middle”。

㉖展开模型浏览窗口的“Component”，在“PSHELL”处单击右键，在

出现的菜单中选择“Show”，显示“PSHELL”。

㉗单击“distance=”输入20。单击“morph”。

㉘选择左侧的“save shape”，单击“name=”输入“sh4”。

㉙切换“as handle perturbation”为“as node perturbation”。单击“save”保存，形状向量出现在形状变化区域。

㉚单击“undo all”，单击两次“return”返回“optimization”页面。

第九步：定义形状变量并观看动画。

①单击“shape”面板。

②选定左侧的“desvar”和“create”。

③切换至“multiple desvars”，单击“shapes”在列表中选择sh1、sh2、sh3和sh4，单击“select”。

④在“initial value=”输入0，在“lower bound=”输入−1，在“upper value=”输入1，单击“create”，在出现的提示“Selected shape（s）appear to be non-linear due to rotations. Switch to non-linear options?（y/n）.”单击“NO”。

⑤单击“animate”，“simulation=”选择“SHAPE-sh1（1）”，确认“data type=”为“Perturbation vector”，单击“modal”观看第一个形状变量的变化。单击“simulation=”旁的“next”查看其余三个形状变量的变化。

第十步：创建质量和静应力响应。

①进入“responses”面板。

②在“response=”处输入“Mass”，设置“response type:”为“mass”，区域选择为“total”，单击“create”。

③在“response=”处输入“Stress”，设置“response type:”为“static stress”，单击“props”，在列表中选择“PSHELL.1”，单击“select”，其后设置为“von Mises”，“excluding:”下不选择任何单元，将“elems”后选项设置为“both surfaces”，单击“create”。单击“return”返回“optimization”面板。

第十一步：定义目标函数。

①进入“objective”面板。

②左侧设置为“min”，单击“response=”，在列表中选择“Mass”，单击“create”，并单击“return”返回“optimization”面板。

第十二步：创建约束条件。

①选择“dconstraints”面板。

②在“constraint=”处输入“con”。

③仅选中“upper bound=”复选框，在其后输入 200。

④双击“response=”在列表中选择“Stress”。

⑤单击“loadsteps”在列表中选择“Step”。

⑥单击“create”。单击“return”返回“optimization”面板。

第十三步：定义形状优化控制卡片。

①在“Analysis”操作页面，进入“control cards”面板。

②单击“Next”按钮，选择“PARAM”卡片。

③单击“CHECKEL”前的复选框，将 CHECKEL_V1 下面设置为“NO”。

④单击两次“return”，返回“Analysis”。

第十四步：运行优化过程。

①在“Analysis”操作页面，进入“OptiStruct”面板。

②单击“save as…”选择结果文件的保存路径。

③设置“run options”为“optimization”。“memory options：”设置为“memory default”。

④单击“OptiStruct”进行优化分析。DOS 窗口中出现“…Processing completed successfully”表明工作完成，关闭 DOS 窗口。如果程序报错，则在结果文件的保存路径中打开“.out”文件查看错误的详细信息。

第十五步：查看形状优化结果。

①在“OptiStruct”面板中，单击“HyperView”。

②单击“Close”关闭信息窗口。

③单击“Contour”工具条按钮，“Pesult type：”设置为“Shape Change [V]”，下面设置为“mag”。单击“apply”显示形状的改变。

④在图形用户界面，单击图 10.10 所示的红色圆圈标识区域激活“Load Case and Simulation Selection”对话框。

图 10.10　“Load Case and Simulation Selection”对话框

⑤“Load case”选择“Design”，在“Simulation”选择最后一个迭代步，单击“OK”，得到如图 10.11 所示的形状优化结果。

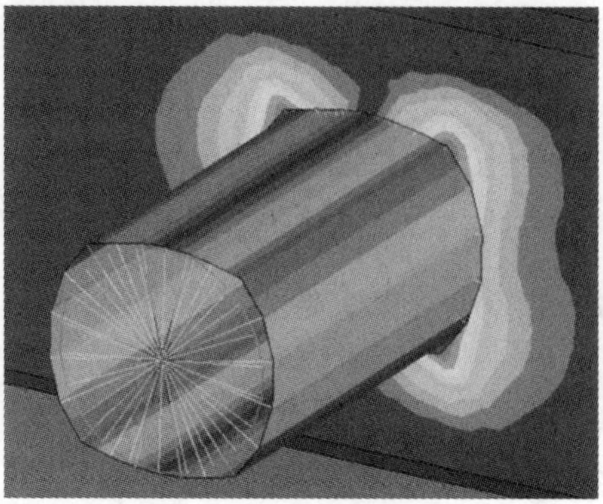

图 10.11　形状优化结果

第十六步：查看最优形状模型的应力云图。

①单击下一页箭头，转换到第二页。

②单击“Contour”工具条按钮，“Pesult type:”设置为“Element Stresses [2D&3D] [t]”，下面设置为“von Mises”。

③在图形用户界面，单击图 10.10 所示的红色圆圈标识区域激活“Load Case and Simulation Selection”对话框。

④“Load case”选择“Design”，在“Simulation”选择最后一个迭代步。单击“apply”显示应力云图。

10.2　尺寸优化

尺寸优化是通过改变零件的结构尺寸，使得零件在满足性能要求的情况下实现质量最小等，见表 10-2。模型如图 10.12 所示。

表 10-2　尺寸优化的目标、约束和设计变量表

目标	最小化体积
约束	载荷作用点处给定的最大位移
设计变量	设计区域单元的厚度值

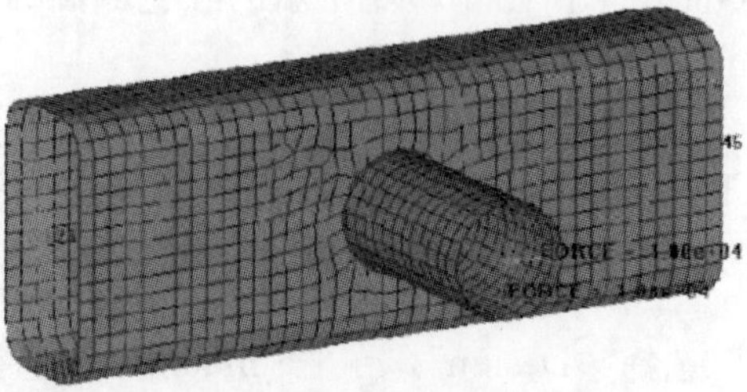

图 10.12　尺寸优化模型

第一步：启动 HyperMesh，设置用户模式并加载文件。

①在开始菜单中启动 HyperMesh，将出现 User Profiles 对话框。

②单击 OptiStruct 前的圆形按钮，选择 OptiStruct 用户模式。

③单击 OK。

④在“Analysis”操作页面，进入“optimization”页面。

⑤单击打开文件按钮 ，选择 joint _ size. hm 文件，地址为＜软件安装路径＞/tutorials/hwsolvers/optistruct/。

⑥单击打开。

第二步：创建尺寸优化设计变量。

①在“Analysis”操作页面，进入“optimization”面板。

②单击“size”。

③左侧选择“desvar”子面板。

④在“desvar＝”处输入“tube”，“initial value＝”输入 1，“lower bound＝”输入 0. 1，“upper bound ＝”输入 5；设置“move limit default”和“no ddval”，单击“create”。

⑤重复操作 4，创建设计变量“rail”。

⑥左侧切换至“generic property”子面板，“dvprel＝”处输入“tube _ th”，其后设置为“prop”，单击“prop”，在列表中选择“tube2”，“prop”下方设置为“Thickness T”，单击“designvars”在列表中选择“tube”，单击“return”并“create”。

⑦重复操作 6 创建“rail _ th”将设计变量“rail”和属性“tube1”联系起来。

⑧单击“return”返回“optimization”面板。

第三步：创建体积和静力位移响应。

①进入“responses”面板。

②在“response＝”处输入“volume”。

③设置“response type:”为“volume”，并确认“regional”设置为“total”。

④单击“create”。

⑤在“response＝”处输入“X _ Disp”，设置“response type:”为“static displacement”。单击“nodes”，在弹出菜单中选择“by ID”，输入 3143，约束自由度“dof1”。

⑥在“response＝”处输入“Z _ Disp”。设置“response type:”为

“static displacement”。单击“nodes”，在弹出菜单中选择“by ID”，输入 3143，约束自由度“dof3”。

⑦单击“create”。单击“return”返回“optimization”页面。

第四步：定义目标函数。

①单击“objective”。

②左侧设置“min”。

③双击“response=”选择“volume”。

④单击“create”。并单击“return”并返回“optimization”面板。

第五步：创建位移响应约束。

①选择“dconstraints”面板。

②在“constraint=”处输入“Disp _ X”。仅选中“upper bound=”复选框，在其后输入 0.9。双击“response=”在列表中选择“X _ Disp”。单击“loadsteps”在列表中选择“FORCE _ X”，单击“select”。单击“create”。

③在“constraint=”处输入“Disp _ Z”。仅选中“upper bound=”复选框，在其后输入 1.6。双击“response=”在列表中选择“Z _ Disp”，单击“loadsteps”在列表中选择“FORCE _ Z”，单击“select”，单击“create”。

④单击“return”返回“optimization”面板。

第六步：优化求解。

①在“Analysis”操作页面，进入“OptiStruct”面板。

②单击“save as…”选择结果文件的保存路径。

③设置“run options”为“optimization”；“memory options:”设置为“memory default”。

④单击“OptiStruct”进行优化分析。DOS 窗口中出现“…Processing completed successfully”表明工作完成，关闭 DOS 窗口。如果程序报错，则在结果文件的保存路径中打开“.out”文件查看错误的详细信息。

第七步：查看尺寸优化结果。

①在“OptiStruct”面板中，单击“HyperView”。

②单击“Close”关闭信息窗口。

③单击“Contour”工具条按钮，“Pesult type:”设置为“Element Thicknesses (s)”，下面设置为“Thickness”。设置“Averaging method”为“None”，单击“apply”显示形状的改变。

④在图形用户界面，单击图 10.10 所示红色圆圈标识区域激活“Load Case and Simulation Selection”对话框。

⑤“Load case”选择“Design”，在“Simulation”选择最后一个迭代步，单击“OK”。你将看到尺寸优化结果。

第八步：查看位移结果。

①单击下一页箭头，转换到第二页。切换动态模式为“Linear Static”。

②单击“Contour”工具条按钮，“Pesult type:”设置为“Displacement [V]”，下面设置为“X”，单击“Apply”。

③在图形用户界面，单击图 10.10 所示红色圆圈标识区域激活“Load Case and Simulation Selection”对话框。

④“Load case”选择“Design”，在“Simulation”选择最后一个迭代步。单击“apply”显示 X 方向位移云图。

⑤切换至第三页，单击“Contour”工具条按钮，“Result type:”设置为“Displacement [V]”，下面设置为“Z”，单击“Apply”。

⑥在图形用户界面，单击图 10.10 所示红色圆圈标识区域激活“Load Case and Simulation Selection”对话框。

⑦“Load case”选择“Design”，在“Simulation”选择最后一个迭代步。单击“apply”显示 Z 方向上位移云图。

第3部分

附　录

附录 A　矩阵基本运算

A.1　矩阵加减

$$\boldsymbol{A}+\boldsymbol{B}=\begin{bmatrix} a_{11} & a_{12} & \cdots & a_{1N} \\ a_{21} & a_{22} & \cdots & a_{2N} \\ \vdots & \vdots & \vdots & \vdots \\ a_{M1} & a_{M2} & \cdots & a_{MN} \end{bmatrix}+\begin{bmatrix} b_{11} & b_{12} & \cdots & b_{1N} \\ b_{21} & b_{22} & \cdots & b_{2N} \\ \vdots & \vdots & \vdots & \vdots \\ b_{M1} & b_{M2} & \cdots & b_{MN} \end{bmatrix}$$

$$=\begin{bmatrix} c_{11} & c_{12} & \cdots & c_{1N} \\ c_{21} & c_{22} & \cdots & c_{2N} \\ \vdots & \vdots & \vdots & \vdots \\ c_{M1} & c_{M2} & \cdots & c_{MN} \end{bmatrix}=\boldsymbol{C} \tag{A.1.1}$$

其中

$$a_{mn}+b_{mn}=c_{mn} \tag{A.1.2}$$

A.2　矩阵相乘

$$\boldsymbol{AB}=\begin{bmatrix} a_{11} & a_{12} & \cdots & a_{1K} \\ a_{21} & a_{22} & \cdots & a_{2K} \\ \vdots & \vdots & \vdots & \vdots \\ a_{M1} & a_{M2} & \cdots & a_{MK} \end{bmatrix}\begin{bmatrix} b_{11} & b_{12} & \cdots & b_{1N} \\ b_{21} & b_{22} & \cdots & b_{2N} \\ \vdots & \vdots & \vdots & \vdots \\ b_{K1} & b_{K2} & \cdots & b_{KN} \end{bmatrix}$$

$$=\begin{bmatrix} c_{11} & c_{12} & \cdots & c_{1N} \\ c_{21} & c_{22} & \cdots & c_{2N} \\ \vdots & \vdots & \vdots & \vdots \\ c_{M1} & c_{M2} & \cdots & c_{MN} \end{bmatrix}=\boldsymbol{C} \tag{A.2.1}$$

其中

$$c_{mn}=\sum_{k=1}^{K} a_{mk}b_{kn} \tag{A.2.2}$$

注意：①矩阵 $\boldsymbol{A}$ 的列数等于矩阵 $\boldsymbol{B}$ 的行数；

②矩阵相乘不满足交换率，即 $\boldsymbol{AB}\neq\boldsymbol{BA}$。

A.3　矩阵行列式的值

$N\times N$ 的方阵 $\boldsymbol{A}=[a_{mn}]$ 的行列式的值为

$$\det(\boldsymbol{A}) = |\boldsymbol{A}| = \sum_{k=0}^{K} a_{kn}(-1)^{k+n}M_{kn} \text{ 或 } = \sum_{k=0}^{K} a_{mk}(-1)^{m+k}M_{mk} \quad \text{(A. 3. 1)}$$

式中，$1 \leqslant n \leqslant K$ 或 $1 \leqslant m \leqslant K$，$M_{kn}$ 是从 **A** 矩阵中去除第 k 行和第 n 列后形成的（$K-1$）×（$K-1$）矩阵的行列式的值，$A_{kn}=(-1)^{k+n}M_{kn}$ 称为 a_{kn} 的代数余子式。

特殊地，

$$\det(\boldsymbol{A}_{2\times 2}) = \begin{vmatrix} a_{11} & a_{12} \\ a_{21} & a_{22} \end{vmatrix} = \sum_{k=1}^{2} a_{kn}(-1)^{k+n}M_{kn} = a_{11}a_{22} - a_{12}a_{21} \quad \text{(A. 3. 2)}$$

$$\det(\boldsymbol{A}_{3\times 3}) = \begin{vmatrix} a_{11} & a_{12} & a_{13} \\ a_{21} & a_{22} & a_{14} \\ a_{31} & a_{32} & a_{33} \end{vmatrix} = a_{11}\begin{vmatrix} a_{22} & a_{23} \\ a_{32} & a_{33} \end{vmatrix} - a_{12}\begin{vmatrix} a_{21} & a_{23} \\ a_{31} & a_{33} \end{vmatrix} + a_{13}\begin{vmatrix} a_{21} & a_{22} \\ a_{31} & a_{32} \end{vmatrix}$$

$$= a_{11}(a_{22}a_{33} - a_{23}a_{32}) - a_{12}(a_{21}a_{33} - a_{23}a_{32}) + a_{13}(a_{21}a_{32} - a_{22}a_{31}) \quad \text{(A. 3. 3)}$$

矩阵行列式具有以下特性：

①如果矩阵的行列式值为零，矩阵是奇异阵；

②矩阵行列式的值等于矩阵特征值的积；

③如果矩阵 **A** 是上（下）三角矩阵，且每一列对角线下（上）面的元素都为零，则行列式的值等于对角线元素的积；

④$\det(\boldsymbol{A}^{\mathrm{T}})=\det(\boldsymbol{A})$；$\det(\boldsymbol{AB})=\det(\boldsymbol{A})\det(\boldsymbol{B})$；$\det(\boldsymbol{A}^{-1})=1/\det(\boldsymbol{A})$。

A.4 矩阵的特征值和特征向量

$N\times N$ 的矩阵 **A** 的特征值及其特征向量的定义为：一个标量 λ 和非零向量 $\boldsymbol{v}$ 的乘积满足

$$A\boldsymbol{v}=\lambda\boldsymbol{v} \Leftrightarrow (A-\lambda\boldsymbol{I})\boldsymbol{v}=\boldsymbol{0}\ (\boldsymbol{v}\neq 0) \quad \text{(A. 4. 1)}$$

式中，λ 称为 A 的特征值，ν 称为 λ 对应的特征向量，$(\lambda \quad \boldsymbol{v})$称为特征对，对于 $N\times N$ 的矩阵 **A**，有 N 个特征对。

矩阵特征值也可由求特征方程的根获得：

$$|\boldsymbol{A}-\lambda I|=0 \quad \text{(A. 4. 2)}$$

与特征值 λ_i 对应的特征向量可将 λ_i 代入上式计算获得。

特征值和特征向量具有以下特性：

①如果矩阵 **A** 是对称阵，所有特征值都是实数；

②如果矩阵 **A** 对称且正定，特征值都是正实数；

③如果 $\boldsymbol{v}$ 是矩阵 **A** 的特征向量，则对于任意非零常数 c，$c\boldsymbol{v}$ 也是矩阵 A 的特征向量。

A.5 矩阵的逆

$K\times K$ 的方阵 $\boldsymbol{A}=[a_{mn}]$ 的逆以 $\boldsymbol{A}^{-1}$ 表示，其定义为对 $\boldsymbol{A}^{-1}$ 先乘或后乘 $\boldsymbol{A}$ 为单位阵，即

$$\boldsymbol{A}\boldsymbol{A}^{-1}=\boldsymbol{A}^{-1}\boldsymbol{A}=\boldsymbol{I} \tag{A.5.1}$$

逆矩阵 $\boldsymbol{A}^{-1}=[\alpha_{mn}]$ 中的元素为

$$\alpha_{mn}=\frac{1}{\det(\boldsymbol{A})}\boldsymbol{A}_{mn}=\frac{1}{|\boldsymbol{A}|}(-1)^{m+n}\boldsymbol{M}_{mn} \tag{A.5.2}$$

式中，方阵 $\boldsymbol{A}$ 可逆或非奇异的等价条件有：

矩阵 $\boldsymbol{A}$ 的特征值不为零。

矩阵 $\boldsymbol{A}$ 的行或列线性无关。

矩阵 $\boldsymbol{A}$ 的行列式的值非零。

A.6 对称阵/埃尔米特矩阵

矩阵 $\boldsymbol{A}$ 是 N 阶方阵，若

$$\boldsymbol{A}^{\mathrm{T}}=\boldsymbol{A} \tag{A.6.1}$$

则称 A 是对称阵；若

$$\boldsymbol{A}^{\mathrm{T}}=-\boldsymbol{A} \tag{A.6.2}$$

则称 $\boldsymbol{A}$ 是反对称矩阵。

若矩阵 $\boldsymbol{A}$ 的元素为复数，若存在

$$\boldsymbol{A}\equiv\boldsymbol{A}^{*\mathrm{T}} \tag{A.6.3}$$

（$*$ 表示求共轭），则称 $\boldsymbol{A}$ 是埃尔米特共轭矩阵。

对称矩阵（埃尔米特矩阵）有如下特征：

①矩阵的所有特征值为实数；

②若矩阵所有的特征值互不相等，那么其对应的特征矩阵为正交（归一）矩阵。

A.7 正交矩阵/酉矩阵

若矩阵 $\boldsymbol{A}$ 为非奇异矩阵（方阵），若存在

$$\boldsymbol{A}^{\mathrm{T}}\boldsymbol{A}=\boldsymbol{I},\ \boldsymbol{A}^{\mathrm{T}}=\boldsymbol{A}^{-1} \tag{A.7.1}$$

那么称 $\boldsymbol{A}$ 为正交矩阵。

若 $\boldsymbol{A}$ 中元素包含复数，若存在

$$\boldsymbol{A}^{*\mathrm{T}}\boldsymbol{A}=\boldsymbol{I}\ (\boldsymbol{A}^{*\mathrm{T}}=\boldsymbol{A}^{-1}) \tag{A.7.2}$$

那么称 $\boldsymbol{A}$ 为酉矩阵。

正交矩阵（酉矩阵）有如下特征：

①矩阵的所有特征值的绝对值为 1；

②两正交矩阵的乘积仍为正交矩阵，即：

$$(\boldsymbol{AB})^{*\mathrm{T}}(\boldsymbol{AB}) = \boldsymbol{B}^{*\mathrm{T}}(\boldsymbol{A}^{*\mathrm{T}}\boldsymbol{A})\boldsymbol{B}=\boldsymbol{I}$$

A.8 置换矩阵

若矩阵 $\boldsymbol{P}$ 由元素 0，1 构成，且每行每列只存在一个非零元素 1，那么称矩阵 $\boldsymbol{P}$ 为置换矩阵。

置换矩阵有如下特征：

①对矩阵 $\boldsymbol{A}$ 左乘一个置换矩阵 $\boldsymbol{P}(\boldsymbol{PA})$，所得到的矩阵为矩阵 $\boldsymbol{A}$ 各行元素置换后得到的矩阵；对矩阵 $\boldsymbol{A}$ 右乘一个置换矩阵 $\boldsymbol{P}(\boldsymbol{AP})$，所得到的矩阵为矩阵 $\boldsymbol{A}$ 各列元素置换后得到的矩阵。

②若矩阵 $\boldsymbol{A}$ 为置换矩阵，那么 $\boldsymbol{A}$ 一定是正交矩阵，即：$\boldsymbol{A}^{\mathrm{T}}\boldsymbol{A}=\boldsymbol{I}$。

A.9 矩阵的秩

$M\times N$ 矩阵 $\boldsymbol{A}$ 的秩是最大的线性无关的行数或列数。如果矩阵 $\boldsymbol{A}$ 的秩等于 $\min(M, N)$，则称矩阵 $\boldsymbol{A}$ 为满秩的，否则称矩阵 $\boldsymbol{A}$ 为降秩的。

A.10 行空间和零空间

设 F 为一个数域，对于矩阵 $\boldsymbol{A}$ 若存在 $A\in F^{m\times n}$，则齐次线性方程组 $\boldsymbol{AX}=\boldsymbol{0}$ 的全部解向量的集合构成 F 上的向量空间，称之为齐次线性方程组 $\boldsymbol{AX}=\boldsymbol{0}$的解空间，也可称为矩阵 $\boldsymbol{A}$ 的零空间，记为 $\boldsymbol{N}(\boldsymbol{A})$。把 $\boldsymbol{A}$ 按列分块 $\boldsymbol{A}=[\boldsymbol{a}_1 \quad \boldsymbol{a}_2 \quad \cdots \quad \boldsymbol{a}_n]$，则 $\boldsymbol{L}(\boldsymbol{a}_1 \quad \boldsymbol{a}_2 \quad \cdots \quad \boldsymbol{a}_n)$ 是 F^m 的子空间，称之为矩阵 $\boldsymbol{A}$ 的列空间，记为 $\boldsymbol{R}(\boldsymbol{A})$。$\boldsymbol{R}(\boldsymbol{A}^{\mathrm{T}})$ 是由 $\boldsymbol{A}$ 的行向量生成的子空间，也称为矩阵 $\boldsymbol{A}$ 的行空间。

A.11 阶梯形矩阵

对于矩阵 $\boldsymbol{A}$ 若满足：

①零行（元素全为 0 的行）在所有非零行（含有非零元的行）的下面；

②随着行标的增大，每个非零行的首非零元（行中列标最小的非零元）的列标严格增大。

那么，称矩阵 $\boldsymbol{A}$ 为阶梯形矩阵。

例如：

$$\begin{bmatrix}1 & 1 & 0 & 1\\0 & 2 & 1 & 1\\0 & 0 & 2 & 1\end{bmatrix} \quad 和 \quad \begin{bmatrix}1 & 1 & 2 & 1\\0 & 0 & 1 & 1\\0 & 0 & 0 & 0\end{bmatrix}$$

A.12 正定矩阵

矩阵 $\boldsymbol{A}$ 为方阵，若存在非零向量 $\boldsymbol{x}$，满足

$$\boldsymbol{x}^{\mathrm{T}}\boldsymbol{A}\boldsymbol{x}>0 \tag{A.12.1}$$

则矩阵 $\boldsymbol{A}$ 正定。

若

$$\boldsymbol{x}^{\mathrm{T}}\boldsymbol{A}\boldsymbol{x}\geqslant 0 \tag{A.12.2}$$

则矩阵 $\boldsymbol{A}$ 半正定。

正定矩阵的特点：

①矩阵 $\boldsymbol{A}$ 非奇异，且所有特征值为正；

②矩阵 $\boldsymbol{A}$ 的逆也是正定的。

矩阵 $\boldsymbol{A}$ 正定的判断方法：

所有对角元素大于零，各阶主子式的值大于零。

矩阵 $\boldsymbol{A}$ 是半正定的判断方法：

所有对角元素非负，各阶主子式的值非负。

矩阵顺序主子阵：

设 $\boldsymbol{A}=[\boldsymbol{a}_{ij}]_{n\times n}$ 为 n 阶方阵，则下列方阵

$$A_k=[\boldsymbol{a}_{ij}]_{n\times n}\quad (k=1,2,\cdots,n) \tag{A.12.3}$$

称为矩阵 $\boldsymbol{A}$ 的顺序主子阵。

A.13 标量积（点积）和向量积（叉积）

对于两个 n 维向量 $\boldsymbol{x}$ 和 $\boldsymbol{y}$，对于其标量积，定义如下：

$$\boldsymbol{x}\cdot\boldsymbol{y}=\sum_{n=1}^{N}x_n y_n=\boldsymbol{x}^{\mathrm{T}}\boldsymbol{y} \tag{A.13.1}$$

将 $\boldsymbol{x}$ 和 $\boldsymbol{y}$ 写成列向量的形式，$\boldsymbol{x}=[x_1\quad x_2\quad x_3]^{\mathrm{T}}$，$\boldsymbol{y}=[y_1\quad y_2\quad y_3]^{\mathrm{T}}$，对于其向量积定义如下：

$$\boldsymbol{x}\times\boldsymbol{y}=\begin{bmatrix}x_2y_3-x_3y_2\\x_3y_1-x_1y_3\\x_1y_2-x_2y_1\end{bmatrix} \tag{A.13.2}$$

A.14 矩阵求逆引理

对于维数相同的满秩矩阵 $\boldsymbol{A}$，$\boldsymbol{C}$ 和 $[\boldsymbol{C}^{-1}+\boldsymbol{D}\boldsymbol{A}^{-1}\boldsymbol{B}]^{-1}\boldsymbol{D}\boldsymbol{A}^{-1}$ 有如下关系：

$$[\boldsymbol{A}+\boldsymbol{B}\boldsymbol{C}\boldsymbol{D}]^{-1}=\boldsymbol{A}^{-1}-\boldsymbol{A}^{-1}\boldsymbol{B}[\boldsymbol{C}^{-1}+\boldsymbol{D}\boldsymbol{A}^{-1}\boldsymbol{B}]^{-1}\boldsymbol{D}\boldsymbol{A}^{-1}$$

证明：

对上式两边同时右乘 $[\boldsymbol{A}+\boldsymbol{B}\boldsymbol{C}\boldsymbol{D}]$，可以得到一个单位阵：

$$=[\boldsymbol{A}^{-1}-\boldsymbol{A}^{-1}\boldsymbol{B}[\boldsymbol{C}^{-1}+\boldsymbol{D}\boldsymbol{A}^{-1}\boldsymbol{B}]^{-1}\boldsymbol{D}\boldsymbol{A}^{-1}][\boldsymbol{A}+\boldsymbol{B}\boldsymbol{C}\boldsymbol{D}]$$

$$=\boldsymbol{I}+\boldsymbol{A}^{-1}\boldsymbol{B}\boldsymbol{C}\boldsymbol{D}-\boldsymbol{A}^{-1}\boldsymbol{B}[\boldsymbol{C}^{-1}+\boldsymbol{D}\boldsymbol{A}^{-1}\boldsymbol{B}]^{-1}\boldsymbol{D}-\boldsymbol{A}^{-1}\boldsymbol{B}[\boldsymbol{C}^{-1}+\boldsymbol{D}\boldsymbol{A}^{-1}\boldsymbol{B}]^{-1}\boldsymbol{D}\boldsymbol{A}^{-1}\boldsymbol{B}\boldsymbol{C}\boldsymbol{D}$$

$$=\boldsymbol{I}+\boldsymbol{A}^{-1}\boldsymbol{B}\boldsymbol{C}\boldsymbol{D}-\boldsymbol{A}^{-1}\boldsymbol{B}[\boldsymbol{C}^{-1}+\boldsymbol{D}\boldsymbol{A}^{-1}\boldsymbol{B}]^{-1}\boldsymbol{C}^{-1}\boldsymbol{C}\boldsymbol{D}-\boldsymbol{A}^{-1}\boldsymbol{B}$$
$$[\boldsymbol{C}^{-1}+\boldsymbol{D}\boldsymbol{A}^{-1}\boldsymbol{B}]^{-1}\boldsymbol{D}\boldsymbol{A}^{-1}\boldsymbol{B}\boldsymbol{C}\boldsymbol{D}$$

$$=\boldsymbol{I}+\boldsymbol{A}^{-1}\boldsymbol{B}\boldsymbol{C}\boldsymbol{D}-\boldsymbol{A}^{-1}\boldsymbol{B}[\boldsymbol{C}^{-1}+\boldsymbol{D}\boldsymbol{A}^{-1}\boldsymbol{B}]^{-1}[\boldsymbol{C}^{-1}+\boldsymbol{D}\boldsymbol{A}^{-1}\boldsymbol{B}]\boldsymbol{C}\boldsymbol{D}$$

$$=\boldsymbol{I}+\boldsymbol{A}^{-1}\boldsymbol{B}\boldsymbol{C}\boldsymbol{D}-\boldsymbol{A}^{-1}\boldsymbol{B}\boldsymbol{C}\boldsymbol{D}\equiv\boldsymbol{I}$$

附录 B　函数的极值条件及搜索方向

一般地，工程优化问题都是约束优化问题，但是经过适当的处理，往往可以用无约束优化方法有效求解。因此，无约束问题的极值点存在条件是优化理论中的一个基本问题。无约束优化问题是使目标函数取得极小值。所谓极值条件，就是函数取得极小值时极值点所应满足的条件。

数值迭代法是求优化问题的一类重要方法，他的基本思想是从一个初始点 $\boldsymbol{x}^{(0)}$ 出发，按照一个可行的搜索方向 $\boldsymbol{d}^{(0)}$ 搜索，确定最佳步长 α_0 使函数值沿 $\boldsymbol{d}^{(0)}$ 方向下降最大，得到 $\boldsymbol{x}^{(1)}$ 点，依此一步一步地重复数值计算，最终达到最优点。优化计算所用的基本迭代公式为

$$\boldsymbol{x}^{(k+1)}=\boldsymbol{x}^{(k)}+\alpha_k\boldsymbol{d}^{(k)}\ (k=0,\ 1,\ 2,\ \cdots) \tag{B.1}$$

搜索方向、初始点和步长是数值迭代法中的三个要素，其中搜索方向是区分各类数值迭代法的主要依据。本附录从函数的极值条件和数值迭代中的搜索方向两个方面进行说明，主要是给学生补充优化模型求解中的一些基本知识。

B.1　函数的极值条件

B.1.1　一元函数的极值条件

一个可微的一元函数 $f(x)$，在给定区间内某点 $x=x^*$ 处取得极值，必要条件是

$$f'(x)=0 \tag{B.2}$$

即函数的极值必须在驻点处取得。此条件是必要的，但不充分，也就是说驻点不一定是极值点。检验驻点是否为极值点，一般用二阶导数的符号判断。若 $f''(x)>0$，则 x^* 为极小点；若 $f''(x)<0$，则 x^* 为极大点；若 $f''(x)=0$，则 x^* 是否为极值点，还需检验其更高阶导数的符号。开始不为零的导数阶数为偶次，则 x^* 为极值点；若为奇次，则 x^* 为拐点，不是极值点。

B.1.2　二元函数的极值条件

一个二元函数 $f(x_1,\ x_2)$，若在点 $\boldsymbol{x}^{(0)}\ (x_1^{(0)},\ x_2^{(0)})$ 处取得极值，必要条件是

$$\left.\frac{\partial f}{\partial x_1}\right|_{x^{(0)}}=\left.\frac{\partial f}{\partial x_2}\right|_{x^{(0)}}=0 \tag{B.3}$$

即

$$\nabla f(\boldsymbol{x}^{(0)})=\mathbf{0}$$

为了判断上述必要条件求的 $\boldsymbol{x}^{(0)}$ 是否为极值点，需要建立极值的充分条件。

根据二元函数 $f(x_1, x_2)$ 在 $\boldsymbol{x}^{(0)}$ 点处的泰勒展开式，并考虑上述极值的必要条件，有

$$f(x_1, x_2)=$$

$$f(x_1^{(0)}, x_2^{(0)})+\frac{1}{2}\left(\frac{\partial^2 f}{\partial x_1^2}\bigg|_{x^{(0)}}\Delta x_1^2+2\frac{\partial^2 f}{\partial x_1 \partial x_2}\bigg|_{x^{(0)}}\Delta x_1\Delta x_2+\frac{\partial^2 f}{\partial x_2^2}\bigg|_{x^{(0)}}\Delta x_2^2\right)+\cdots \tag{B. 4}$$

设

$$A=\frac{\partial^2 f}{\partial x_1^2}\bigg|_{x^{(0)}}, \ B=\frac{\partial^2 f}{\partial x_1 \partial x_2}\bigg|_{x^{(0)}}, \ C=\frac{\partial^2 f}{\partial x_2^2}\bigg|_{x^{(0)}}$$

则 $f(x_1, x_2)=f(x_1^{(0)}, x_2^{(0)})+\frac{1}{2}(A\Delta x_1^2+2B\Delta x_1\Delta x_2+C\Delta x_2^2)+\cdots$

$$=f(x_1^{(0)}, x_2^{(0)})+\frac{1}{2A}((A\Delta x_1+B\Delta x_2)^2+(AC-B^2)\Delta x_2^2)+\cdots$$

若 $f(x_1, x_2)$ 在 $\boldsymbol{x}^{(0)}$ 点处取得极小值，则要求在 $\boldsymbol{x}^{(0)}$ 点附近的一切 $\boldsymbol{x}$ 均满足：

$$f(x_1, x_2)-f(x_1^{(0)}, x_2^{(0)})>0$$

即要求

$$\frac{1}{2A}((A\Delta x_1+B\Delta x_2)^2+(AC-B^2)\Delta x_2^2)>0$$

或要求

$$A>0, \ AC-B^2>0$$

即

$$\frac{\partial^2 f}{\partial x_1^2}\bigg|_{x^{(0)}}>0$$

$$\left[\frac{\partial^2 f}{\partial x_1^2}\frac{\partial^2 f}{\partial x_2^2}-\left(\frac{\partial^2 f}{\partial x_1 \partial x_2}\right)^2\right]_{x^{(0)}}>0$$

此条件反映 $f(x_1, x_2)$ 在 $\boldsymbol{x}^{(0)}$ 点处的黑塞矩阵 $G(\boldsymbol{x}^{(0)})$ 的各阶主子式大于零。

所以，二元函数在某点处取得极值的充分条件是该点的黑塞矩阵正定。

B. 1. 3　多元函数的极值条件

对于多元函数 $f(x_1, x_2, \cdots, x_n)$，若在 $\boldsymbol{x}^*$ 点处取得极值，则极值的必

要条件为

$$\nabla f(\boldsymbol{x}^*)=\begin{bmatrix}\dfrac{\partial f}{\partial x_1} & \dfrac{\partial f}{\partial x_2} & \cdots & \dfrac{\partial f}{\partial x_n}\end{bmatrix}=\boldsymbol{0} \tag{B.5}$$

极值的充分条件是

$$G(\boldsymbol{x}^*)=\begin{bmatrix}\dfrac{\partial^2 f}{\partial x_1^2} & \dfrac{\partial^2 f}{\partial x_1\partial x_2} & \cdots & \dfrac{\partial^2 f}{\partial x_1\partial x_n}\\ \dfrac{\partial^2 f}{\partial x_2\partial x_1} & \dfrac{\partial^2 f}{\partial x_2^2} & \cdots & \dfrac{\partial^2 f}{\partial x_2\partial x_n}\\ \vdots & \vdots & & \vdots\\ \dfrac{\partial^2 f}{\partial x_n\partial x_1} & \dfrac{\partial^2 f}{\partial x_n\partial x_2} & \cdots & \dfrac{\partial^2 f}{\partial x_n^2}\end{bmatrix}\text{正定}$$

B.2　搜索方向

首先以 n 维无约束优化问题 $\min\limits_{x\in\mathbf{R}^n} f(\boldsymbol{x})$ 为例，简述用 $\boldsymbol{x}^{(k+1)}=\boldsymbol{x}^{(k)}+\alpha^{(k)}\boldsymbol{d}^{(k)}$ 进行迭代运算的基本过程：

首先，选定初始设计点 $\boldsymbol{x}^{(0)}$，从 $\boldsymbol{x}^{(0)}$ 点出发，沿某一规定的方向 $\boldsymbol{d}^{(0)}$ 求函数 $f(\boldsymbol{x})$ 的极值点（或较好的点），设此点为 $\boldsymbol{x}^{(1)}$；然后，再从 $\boldsymbol{x}^{(1)}$ 出发，沿某一规定的方向 $\boldsymbol{d}^{(1)}$ 求函数 $f(\boldsymbol{x})$ 的极值点（或较好的点），设此点为 $\boldsymbol{x}^{(2)}$；如此继续。一般地说，从点 $\boldsymbol{x}^{(0)}$ 出发，沿某一规定的方向 $\boldsymbol{d}^{(k)}$ 求函数 $f(\boldsymbol{x})$ 的极值点（或较好的点）$\boldsymbol{x}^{(k)}$（$k=1$，2，…，n），这样的搜索过程就组成求 n 维函数 $f(\boldsymbol{x})$ 极值（优化值）的基本过程。它实际上是通过一系列（n 个）搜索过程来完成的，最后得到满足某种收敛准则或终止准则要求的近似最优点 $\boldsymbol{x}^*$。这种寻找最优点的反复过程称为数值迭代方法。数值迭代法的核心是建立搜索方向 $\boldsymbol{d}^{(k)}$ 和确定合适的搜索步长 $\alpha^{(k)}$。搜索过程是逐步逼近最优点而获得近似解的过程，所以要考虑优化解的收敛性及迭代过程的终止条件。

（1）点距准则

相邻两设计点的移动距离已达到充分小。若用向量模计算它们的长度，则为

$$\boldsymbol{x}^{(k+1)}-\boldsymbol{x}^{(k)}\leqslant\varepsilon_1$$

或用 $\boldsymbol{x}^{(k+1)}$ 与 $\boldsymbol{x}^{(k)}$ 的坐标轴分量之差表示：

$$\left|\boldsymbol{x}^{(k+1)}-\boldsymbol{x}^{(k)}\right|\leqslant\varepsilon_2$$

（2）函数值下降准则

相邻两个搜索点的函数值下降量充分小，即

$$\left|f(\boldsymbol{x}^{(k+1)})-f(\boldsymbol{x}^{(k)})\right|\leqslant\varepsilon_3$$

或者

$$\left|\frac{f(\boldsymbol{x}^{(k+1)})-f(\boldsymbol{x}^{(k)})}{f(\boldsymbol{x}^{(k)})}\right|\leqslant\varepsilon_4$$

（3）梯度准则

某个搜索点的目标函数梯度充分小，即

$$\nabla f(\boldsymbol{x}^{(k)})\leqslant\varepsilon_5$$

若以上三种形式的终止准则中的任何一种得到满足，则认为目标函数值已收敛于该函数的最小值，就可求得近似最优解：$\boldsymbol{x}^*=\boldsymbol{x}^{(k+1)}$，$f(\boldsymbol{x}^*)=f(\boldsymbol{x}^{(k+1)})$，迭代终止，输出最优解。

B.2.1　梯度方向

（1）函数的方向导数

定义 1　设函数 $f(x_1, x_2)$ 在点 $\boldsymbol{x}^{(0)}(x_1^{(0)}, x_2^{(0)})$ 的某邻域内有定义，$\boldsymbol{d}$ 是以 $\boldsymbol{x}^{(0)}$ 点为起点的一个向量，$\boldsymbol{x}^{(1)}(x_1^{(0)}+\Delta x_1, x_2^{(0)}+\Delta x_2)$ 为 $\boldsymbol{d}$ 上的另一点，如图 B.1 所示。如果 $\boldsymbol{x}^{(1)}$ 沿着 $\boldsymbol{d}$ 趋向于 $\boldsymbol{x}^{(0)}$ 时，函数的增量 $f(x_1^{(0)}+\Delta x_1, x_2^{(0)}+\Delta x_2)-f(x_1^{(0)}, x_2^{(0)})$ 与有向线段 $\boldsymbol{x}^{(0)}\boldsymbol{x}^{(1)}$ 的长度 $\Delta d=|\boldsymbol{x}^{(0)}\boldsymbol{x}^{(1)}|=\sqrt{(\Delta x_1)^2+(\Delta x_2)^2}$ 之比的极限存在，则称此极限值为函数 $f(x_1, x_2)$ 在点 $\boldsymbol{x}^{(0)}$ 处沿着方向 $\boldsymbol{d}$ 的方向导数，记作 $\left.\frac{\partial f}{\partial \boldsymbol{d}}\right|_{x^{(0)}}$，即

$$\left.\frac{\partial f}{\partial \boldsymbol{d}}\right|_{x^{(0)}}=\lim_{\Delta d\to 0}\frac{f(x_1^{(0)}+\Delta x_1, x_2^{(0)}+\Delta x_2)-f(x_1^{(0)}, x_2^{(0)})}{\Delta d} \tag{B.6}$$

由图 B.1 可知，二元函数 $f(x_1, x_2)$ 在点 $\boldsymbol{x}^{(0)}(x_1^{(0)}, x_2^{(0)})$ 处沿 $\boldsymbol{d}$ 方向的导数，可认为是由分别沿 x_1 和 x_2 坐标轴方向的方向导数构成，即：

$$\begin{aligned}\left.\frac{\partial f}{\partial \boldsymbol{d}}\right|_{x^{(0)}}&=\lim_{\Delta d\to 0}\frac{f(x_1^{(0)}+\Delta x_1, x_2^{(0)}+\Delta x_2)-f(x_1^{(0)}, x_2^{(0)})}{\Delta d}\\&=\lim_{\Delta d\to 0}\frac{f(x_1^{(0)}+\Delta x_1, x_2^{(0)})-f(x_1^{(0)}, x_2^{(0)})}{\Delta x_1}\frac{\Delta x_1}{\Delta d}+\end{aligned}$$

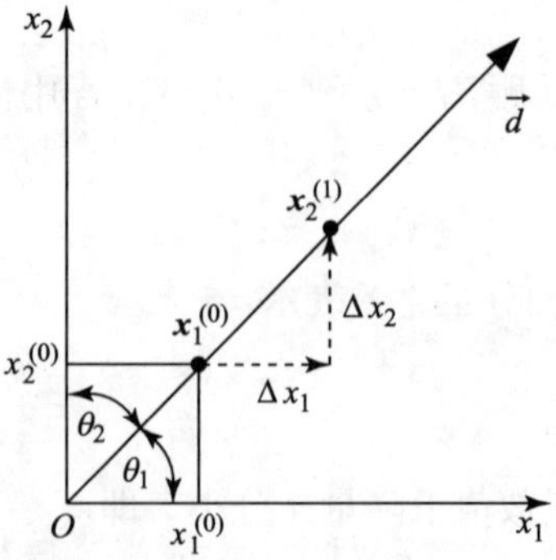

图 B.1　二维空间中的方向

$$\lim_{\Delta d \to 0} \frac{f(x_1^{(0)}+\Delta x_1,\ x_2^{(0)}+\Delta x_2)-f(x_1^{(0)}+\Delta x_1,\ x_2^{(0)})}{\Delta x_2}\frac{\Delta x_2}{\Delta d}$$

$$=\left.\frac{\partial f}{\partial x_1}\right|_{\boldsymbol{x}^{(0)}}\cos\theta_1+\left.\frac{\partial f}{\partial x_2}\right|_{\boldsymbol{x}^{(0)}}\cos\theta_2 \tag{B.7}$$

其中，偏导数$\left.\frac{\partial f}{\partial x_1}\right|_{\boldsymbol{x}^{(0)}}$和$\left.\frac{\partial f}{\partial x_2}\right|_{\boldsymbol{x}^{(0)}}$分别是函数 $f(x_1,\ x_2)$ 在 $\boldsymbol{x}^{(0)}$点处沿坐标轴 x_1 和 x_2 的方向变化率，θ_1 和 θ_2 分别为 $\boldsymbol{d}$ 方向和坐标轴 x_1 和 x_2 的夹角。

同理，对于 n 元函数 $f(x_1,\ x_2,\ \cdots,\ x_n)$ 在 $\boldsymbol{x}^{(0)}$点处沿 $\boldsymbol{d}$ 方向的方向导数为：

$$\left.\frac{\partial f}{\partial \boldsymbol{d}}\right|_{\boldsymbol{x}^{(0)}}=\left.\frac{\partial f}{\partial x_1}\right|_{\boldsymbol{x}^{(0)}}\cos\theta_1+\left.\frac{\partial f}{\partial x_2}\right|_{\boldsymbol{x}^{(0)}}\cos\theta_2+\cdots+\left.\frac{\partial f}{\partial x_n}\right|_{\boldsymbol{x}^{(0)}}\cos\theta_n$$

$$=\sum_{i=1}^{n}\left.\frac{\partial f}{\partial x_i}\right|_{\boldsymbol{x}^{(0)}}\cos\theta_i \tag{B.8}$$

（2）函数的梯度

方向导数描述了函数在给定点 $\boldsymbol{x}^{(0)}$处沿某一方向的变化率，但在优化过程中，往往还需要寻找沿着哪个方向可使方向导数取得最大值。为此，首先分析方向导数的公式：

$$\left.\frac{\partial f}{\partial \boldsymbol{d}}\right|_{\boldsymbol{x}^{(0)}}=\left.\frac{\partial f}{\partial x_1}\right|_{\boldsymbol{x}^{(0)}}\cos\theta_1+\left.\frac{\partial f}{\partial x_2}\right|_{\boldsymbol{x}^{(0)}}\cos\theta_2=\begin{bmatrix}\frac{\partial f}{\partial x_1} & \frac{\partial f}{\partial x_2}\end{bmatrix}_{\boldsymbol{x}^{(0)}}\begin{bmatrix}\cos\theta_1\\ \cos\theta_2\end{bmatrix} \tag{B.9}$$

令$\nabla f(\boldsymbol{x}^{(0)})=\begin{bmatrix}\frac{\partial f}{\partial x_1}\\ \frac{\partial f}{\partial x_2}\end{bmatrix}=\begin{bmatrix}\frac{\partial f}{\partial x_1} & \frac{\partial f}{\partial x_2}\end{bmatrix}_{\boldsymbol{x}^{(0)}}^{\mathrm{T}}$，$\boldsymbol{d}\equiv\begin{bmatrix}\cos\theta_1\\ \cos\theta_2\end{bmatrix}$为 $\boldsymbol{d}$ 方向的单位向量，则有

$$\left.\frac{\partial f}{\partial \boldsymbol{d}}\right|_{x^{(0)}}=\nabla f(x^{(0)})^{\mathrm{T}}\boldsymbol{d} \tag{B.10}$$

即函数 $f(x_1,\ x_2)$ 在 $\boldsymbol{x}^{(0)}$处沿 $\boldsymbol{d}$ 方向的方向导数$\left.\frac{\partial f}{\partial \boldsymbol{d}}\right|_{\boldsymbol{x}^{(0)}}$等于函数在该点处的梯度$\nabla f(\boldsymbol{x}^{(0)})$与 $\boldsymbol{d}$ 方向单位向量的内积，写成向量之间的投影形式，为

$$\left.\frac{\partial f}{\partial \boldsymbol{d}}\right|_{\boldsymbol{x}^{(0)}}=\nabla f(\boldsymbol{x}^{(0)})^{\mathrm{T}}\boldsymbol{d}=\|\nabla f(\boldsymbol{x}^{(0)})\|\cos(\nabla f,\ \boldsymbol{d}) \tag{B.11}$$

其中，$\|\nabla f(\boldsymbol{x}^{(0)})\|$为梯度向量$\nabla f(\boldsymbol{x}^{(0)})$的模，$\cos(\nabla f,\ \boldsymbol{d})$为梯度方向$\nabla f$与方向 $\boldsymbol{d}$ 之间的夹角余弦。

因此，函数在 $\boldsymbol{x}^{(0)}$点处沿不同的方向有不同的方向导数，如图 B.2 所示，它随 $\cos(\nabla f,\ \boldsymbol{d})$ 的变化而变化。当 $\cos(\nabla f,\ \boldsymbol{d})$ 为 1 时，即梯度方向和 $\boldsymbol{d}$ 方向重合时取值最大。也就是说，梯度方向是函数值变化最快的方向，而梯

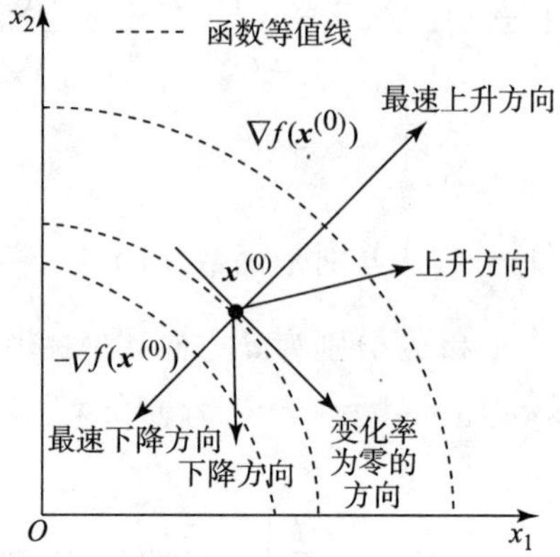

图 B.2　函数等值线图中梯度方向∇f与方向$\boldsymbol{d}$的关系

度的模就是函数变化率的最大值。

由图 B.2 可以得到：

(1) 梯度方向为等值线的法线方向；

(2) 梯度方向为函数值增加最快的方向，即最速上升方向；

(3) 负梯度方向为函数值减小最快的方向，即最速下降方向；

(4) 与梯度成锐角的方向为函数值上升方向，与负梯度成锐角的方向为函数值下降方向。

例 B－1　求二元函数 $f(x_1, x_2)=x_1^2+x_2^2-4x_2-8x_1+20$ 在 $\boldsymbol{x}^{(0)}=[0, 0]^{\mathrm{T}}$ 处函数变化率最大的方向和数值。

解： 函数变化率最大的方向是梯度方向（用单位向量 $\boldsymbol{d}$ 表示），函数变化率最大的数值是梯度的模 $\|\nabla f(\boldsymbol{x}^{(0)})\|$，则 $f(x_1, x_2)$ 在 $\boldsymbol{x}^{(0)}$ 点处的梯度方向和数值如下：

$$\nabla f(\boldsymbol{x}^{(0)})=\begin{bmatrix}\dfrac{\partial f}{\partial x_1}\\ \dfrac{\partial f}{\partial x_2}\end{bmatrix}=\begin{bmatrix}2x_1-8\\2x_2-4\end{bmatrix}_{\boldsymbol{x}^{(0)}}=\begin{bmatrix}-8\\-4\end{bmatrix}$$

$$\|\nabla f(\boldsymbol{x}^{(0)})\|=\sqrt{\left(\frac{\partial f}{\partial x_1}\right)^2+\left(\frac{\partial f}{\partial x_2}\right)^2}=\sqrt{(-8)^2+(-4)^2}=4\sqrt{5}$$

$$\boldsymbol{d}=\frac{\nabla f(\boldsymbol{x}^{(0)})}{\|\nabla f(\boldsymbol{x}^{(0)})\|}=\begin{bmatrix}-\dfrac{2}{\sqrt{5}}\\ -\dfrac{1}{\sqrt{5}}\end{bmatrix}$$

将二元函数的梯度推广到 n 元函数，则函数 $f(x_1, x_2, \cdots, x_n)$ 在 $\boldsymbol{x}^{(0)}$ $(x_1^{(0)}, x_2^{(0)}, \cdots, x_n^{(0)})$ 处的梯度$\nabla f(\boldsymbol{x}^{(0)})$可定义为：

$$\nabla f(\boldsymbol{x}^{(0)})=\begin{bmatrix}\dfrac{\partial f}{\partial x_1}\\ \dfrac{\partial f}{\partial x_2}\\ \vdots\\ \dfrac{\partial f}{\partial x_n}\end{bmatrix}_{\boldsymbol{x}^{(0)}}=\begin{bmatrix}\dfrac{\partial f}{\partial x_1} & \dfrac{\partial f}{\partial x_2}\cdots\dfrac{\partial f}{\partial x_n}\end{bmatrix}^{\mathrm{T}}_{\boldsymbol{x}^{(0)}} \tag{B.12}$$

沿方向 $\boldsymbol{d}$ 的导数为：

$$\left.\frac{\partial f}{\partial \boldsymbol{d}}\right|_{\boldsymbol{x}^{(0)}}=\sum_{i=1}^{n}\left.\frac{\partial f}{\partial x_i}\right|_{\boldsymbol{x}^{(0)}}\cos\theta_i=\nabla f(\boldsymbol{x}^{(0)})^{\mathrm{T}}\boldsymbol{d}=\|\nabla f(\boldsymbol{x}^{(0)})\|\cos(\nabla f,\boldsymbol{d}) \tag{B.13}$$

B.2.2　共轭方向

(1) 共轭方向的定义

设想在搜索过程中，如图 B.3 所示，从初始值 $\boldsymbol{x}^{(0)}$ 沿 $\boldsymbol{d}^{(0)}$ 方向找到 $\boldsymbol{x}^{(1)}$ 点后，而改从 $\boldsymbol{d}^{(1)}$ 方向进行搜索，一定能更快地到达极小点，即有

$$\boldsymbol{x}^{*}=\boldsymbol{x}^{(1)}+\alpha^{(1)}\boldsymbol{d}^{(1)} \tag{B.14}$$

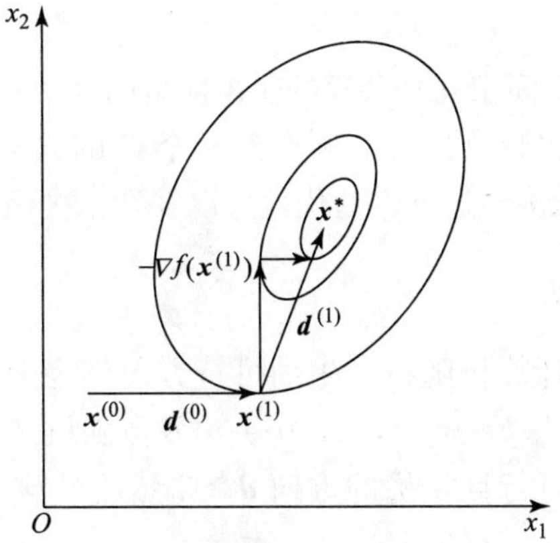

图 B.3　负梯度方向及共轭方向

此时，$\boldsymbol{d}^{(1)}$ 方向应满足什么条件呢？由函数的泰勒展开式可知，任意形式的目标函数在极值点附近都近似于一个二次函数

$$f(\boldsymbol{x})=\frac{1}{2}\boldsymbol{x}^{\mathrm{T}}\boldsymbol{G}\boldsymbol{x}+\boldsymbol{B}^{\mathrm{T}}\boldsymbol{x}+\boldsymbol{C}$$

在 $\boldsymbol{x}^{(1)}$ 点的梯度为

$$\nabla f(\boldsymbol{x}^{(1)})=\boldsymbol{G}\boldsymbol{x}^{(1)}+\boldsymbol{B} \tag{B.15}$$

因为 $\boldsymbol{x}^{*}$ 为极小点，应满足极值存在的必要条件，故

$$\nabla f(\boldsymbol{x}^*)=\boldsymbol{G}\boldsymbol{x}^*+\boldsymbol{B}=\boldsymbol{0}$$

由式（B.14）及式（B.15）可得

$$\nabla f(\boldsymbol{x}^*)=\boldsymbol{G}(\boldsymbol{x}^{(1)}+\alpha_1\boldsymbol{d}^{(1)})+\boldsymbol{B}=\nabla f(\boldsymbol{x}^1)+\alpha_1\boldsymbol{G}\boldsymbol{d}^{(1)}=\boldsymbol{0}$$

将等式两边同时左乘$[\boldsymbol{d}^{(0)}]^{\mathrm{T}}$。因为$\nabla f(\boldsymbol{x}^{(1)})$与$\boldsymbol{d}^{(0)}$正交，$[\boldsymbol{d}^{(0)}]^{\mathrm{T}}\nabla f(\boldsymbol{x}^1)=0$，则有

$$[\boldsymbol{d}^{(0)}]^{\mathrm{T}}\boldsymbol{G}\boldsymbol{d}^{(1)}=\boldsymbol{0}$$

这就是使$\boldsymbol{d}^{(1)}$指向极小点$\boldsymbol{x}^*$所必须满足的条件。因为$\boldsymbol{G}=\nabla^2 f(\boldsymbol{x})$，故这一条件又可写为

$$[\boldsymbol{d}^{(0)}]^{\mathrm{T}}\nabla^2 f(\boldsymbol{x})\boldsymbol{d}^{(1)}=0$$

两向量$\boldsymbol{d}^{(0)}$和$\boldsymbol{d}^{(1)}$称为$\boldsymbol{G}$的共轭向量，或称$\boldsymbol{d}^{(0)}$和$\boldsymbol{d}^{(1)}$对$\boldsymbol{G}$是共轭方向。

共轭方向的定义：

设$\boldsymbol{G}$为$n\times n$阶的正定矩阵，若有两个n维向量$\boldsymbol{d}^{(1)}$和$\boldsymbol{d}^{(2)}$满足

$$[\boldsymbol{d}^{(1)}]^{\mathrm{T}}\boldsymbol{G}\boldsymbol{d}^{(2)}=\boldsymbol{0} \tag{B.16}$$

则两个向量$\boldsymbol{d}^{(1)}$和$\boldsymbol{d}^{(2)}$称为矩阵$\boldsymbol{G}$的共轭向量，$\boldsymbol{d}^{(1)}$和$\boldsymbol{d}^{(2)}$对矩阵$\boldsymbol{G}$是共轭方向。

（2）共轭方向的性质

性质1 若非零向量系$\boldsymbol{d}^{(1)}$，$\boldsymbol{d}^{(2)}$，…，$\boldsymbol{d}^{(n)}$是对$\boldsymbol{G}$共轭的，则这n个向量是线性无关的。

性质2 在n维空间中互相共轭的非零向量的个数不超过n。

性质3 从任意初始点出发，顺次沿n个$\boldsymbol{G}$的共轭方向$\boldsymbol{d}^{(1)}$，$\boldsymbol{d}^{(2)}$，…，$\boldsymbol{d}^{(n)}$进行一维搜索，最多经过n次迭代就可以找到二次函数$f(\boldsymbol{x})$的极小点。

B.2.3 随机方向

随机方向是利用计算机随机产生的可行方向作为搜索方向。每次迭代都是从某一个迭代点$\boldsymbol{x}^{(k)}$（$k=0$，1，2，…）出发，随机产生足够多的p个搜索方向，从中选择一个可行且最优的方向$\boldsymbol{d}^{(k)}$，然后沿该方向调整步长进行搜索，即

$$\boldsymbol{x}^{(k+1)}=\boldsymbol{x}^{(k)}+\alpha^{(k)}\boldsymbol{d}^{(k)} \tag{B.17}$$

若得到的新点$\boldsymbol{x}^{(k+1)}$满足如下条件：

①可行条件，$\boldsymbol{x}^{(k+1)}$在设计域内，即$g_j(\boldsymbol{x}^{(k+1)})\leqslant 0(j=1, 2, \cdots, m)$；

②下降条件，即$f(\boldsymbol{x}^{(k+1)})<f(\boldsymbol{x}^{(k)})$，

则表明该方向是可行的搜索方向。

随机方向中需要用到大量的［0，1］区间内均匀分布的随机数。产生随机数的方法很多，一般采用数学模型产生随机数，即$r=rand$（），再将r变换到一般区间上的随机数。

如果 r 是以直角坐标表示的［−1，1］区间内均匀分布的随机数，则其随机单位向量为

$$\boldsymbol{e}^{(j)}=\frac{\begin{bmatrix} r_1^{(j)} \\ r_2^{(j)} \end{bmatrix}}{\sqrt{(r_1^{(j)})^2+(r_2^{(j)})^2}}(j=1,\ 2,\ \cdots,\ p) \tag{B.18}$$

式中，p 为随机向量的个数。

对于二维问题，单位向量 $\boldsymbol{e}^{(j)}$ 的端点分布于单位圆周上。对于三维问题，随机单位向量分布在一个球面上；对于 n 维问题，随机单位向量分布在一个超球面上。在 n 维情况下，单位向量 $\boldsymbol{e}^{(j)}$ 的任一分量为

$$\boldsymbol{e}^{(j)}=\frac{r_i^{(j)}}{\sqrt{(r_1^{(j)})^2+(r_2^{(j)})^2+\cdots+(r_n^{(j)})^2}}(j=1,\ 2,\ \cdots,\ p) \tag{B.19}$$

式中，$r_1^{(j)}$，$r_2^{(j)}$，…，$r_n^{(j)}$ 分别为第 j 个设计在［−1，1］区间内的 n 个伪随机数。

取得 p 个随机向量后，以 $\boldsymbol{x}^{(0)}$ 为出发点，产生 p 个随机试验点，即

$$\boldsymbol{x}^{(j)}=\boldsymbol{x}^{(0)}+\alpha^{(0)}\boldsymbol{e}^{(j)} \tag{B.20}$$

式中，$\alpha^{(0)}$ 为实验步长因子，一般可取范围为 0.001～0.1。

然后检查各个试验点是否为可行试验点，计算各试验点的函数值，比较它们的大小，取出目标函数值最小的点 $\boldsymbol{x}_L$，即

$$f(\boldsymbol{x}_L)=\min\{f(\boldsymbol{x}^{(j)})\,|\,j=1,\ 2,\ \cdots,\ p\} \tag{B.21}$$

若 $f(\boldsymbol{x}_L)<f(\boldsymbol{x}^{(0)})$，则取搜索方向为

$$\boldsymbol{d}=\boldsymbol{x}_L-\boldsymbol{x}^{(0)} \tag{B.22}$$

若 $f(\boldsymbol{x}_L)\geqslant f(\boldsymbol{x}^{(0)})$，则缩小实验步长 $\alpha^{(0)}$，重新选择搜索方向，直到 $f(\boldsymbol{x}_L)<f(\boldsymbol{x}^{(0)})$。如果 $\alpha^{(0)}$ 已经缩小到很小，仍然找不到一个 $\boldsymbol{x}_L$，使 $f(\boldsymbol{x}_L)<f(\boldsymbol{x}^{(0)})$ 成立，则说明 $\boldsymbol{x}^{(0)}$ 是一个局部极小点，这时需重新选择初始点。

附录 C　弹性力学问题有限元方法简介

有限单元法（简称有限元法）是当今工程分析（固体、流体、热、流固耦合、非线性等）中获得广泛应用的数值计算方法，具有通用性和有效性等特点，在工程技术界获得高度重视，并已成为计算机辅助设计和计算机辅助制造的重要组成部分。

在工程问题的数学模型（基本变量、基本方程、求解域和边界条件等）确定后，有限元求解要点为：

（1）将一个表示结构或连续体的求解域离散为若干个子域（单元），并通过他们边界上的结点相互联结成组合体。

（2）用每个单元内所假设的近似函数来分片地表示全求解域内待求的未知场变量。每个单元内的近似函数由未知场函数来表达（一般表示成矩阵形式）。由于在联结相邻单元的结点上，场函数应具有相同的数值，因而将它们作为数值求解的基本未知量。这样一来，求解原来待求场函数的无穷多自由度问题转换为求解场函数结点值的有限自由度问题。

（3）通过和原问题数学模型（基本方程、边界条件）等效的变分原理或加权余量法，建立求解基本未知量（场函数的结点值）的代数方程组或常微分方程组。此方程称为有限元求解方程，并表示成规范的矩阵形式，然后用数值方法求解此方程，从而得到问题的解。

C.1　有限元法特点

（1）复杂几何构形的适应性。单元在空间可以是一维、二维或三维，且每一种单元可以有不同的形状，各种单元之间可以采用不同的联结方式，因此工程实际中非常复杂的结构或构造都可能离散为由单元组合体表示的有限元模型。

（2）各种物理问题的可应用性。单元内近似函数分片表示求解域的未知场函数，并未限制场函数所满足的方程形式，也未限制各个单元所对应的方程必须是相同的形式。尽管有限元法是对线弹性的应力分析问题提出的，很快就发展到弹塑性问题、黏弹塑性问题、动力问题、屈曲问题、流体力学、热传导等，并且可以对不同物理现象相互耦合的问题进行有限的分析。

（3）建立于严格理论基础上的可靠性。用于建立有限元方程的变分原理或加权余量法在数学上已证明是微分方程和边界条件的等效积分形式。只要原问题的数学模型是正确的，同时用来求解有限元方程的算法是稳定、可靠的，则随着单元数目的增加或单元自由度数的增加及插值函数阶次的提高，有限元解的近似程度将不断提高。如果单元满足收敛准则，则近似解最后收敛于原数学模型的精确解。

（4）适合计算机实现的高效性。有限元分析的各个步骤可表达成规范化的矩阵形式，最后导致求解方程可以统一为标准的矩阵代数问题，特别适合计算机的编程和执行。

C.2　弹性力学的基本方程和虚功原理

C.2.1　弹性力学基本方程的矩阵形式

弹性体在载荷作用下，体内任意一点的应力状态可由 6 个应力分量 σ_x，σ_y，σ_z，τ_{xy}，τ_{yz} 和 τ_{zx} 表示。其中 σ_x，σ_y，σ_z 为正应力；τ_{xy}，τ_{yz}，τ_{zx} 为剪应力。应力分量的正负号：如果一个面的外法线方向和坐标轴的正方向一致，这个面上的应力分量就以沿坐标轴正方向为正，与坐标轴反向为负；相反，如果一个面的外法线方向和坐标轴的负方向一致，这个面上的应力分量就以沿坐标轴负方向为正，与坐标轴同向为负。应力分量及其正方向如图 C.1 所示。

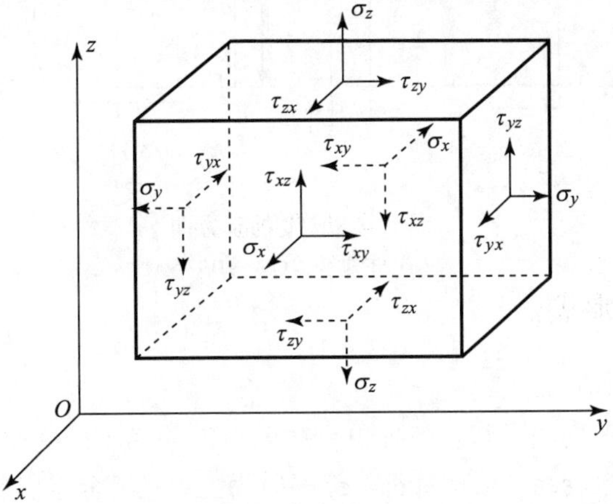

图 C.1　应力分量

应力分量的矩阵表示称为应力列阵或应力向量，即

$$\boldsymbol{\sigma}=\begin{bmatrix}\sigma_x\\ \sigma_y\\ \sigma_z\\ \tau_{xy}\\ \tau_{yz}\\ \tau_{zx}\end{bmatrix}=\begin{bmatrix}\sigma_x & \sigma_y & \sigma_z & \tau_{xy} & \tau_{yz} & \tau_{zx}\end{bmatrix}^{\mathrm{T}} \tag{C.1}$$

弹性体在载荷作用下，还将产生位移和变形，即弹性体位置的移动和形状的改变。

弹性体内任一点的位移可由沿坐标轴方向的 3 个位移分量 u，v，w 来表示，矩阵形式为：

$$\boldsymbol{u}=\begin{bmatrix} u \\ v \\ w \end{bmatrix}=[u \quad v \quad w]^{\mathrm{T}} \tag{C.2}$$

称为位移列阵或位移向量。

弹性体内任意一点的应变，可由 6 个应变分量 ε_x，ε_y，ε_z，γ_{xy}，γ_{yz}，γ_{zx} 表示。其中 ε_x，ε_y，ε_z 为正应变，γ_{xy}，γ_{yz}，γ_{zx} 为剪应变。应变的正负号与应力的正负号相对应，即应变以伸长为正，缩短为负；剪应变是以沿两个坐标轴正方向的线段组成的直角变小为正，反之为负。图 C.2 的（a）、（b）分别为正的 ε_x 和 γ_{xy} 应变状态。

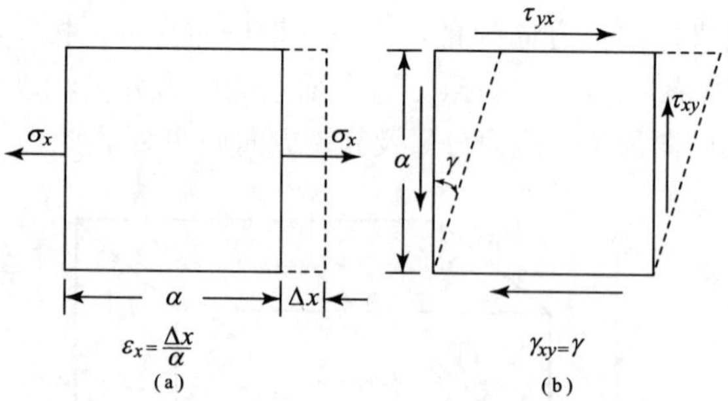

图 C.2　应变的正方向

（a）正应变；（b）剪应变

应变的矩阵形式：

$$\boldsymbol{\varepsilon}=\begin{bmatrix} \varepsilon_x \\ \varepsilon_y \\ \varepsilon_z \\ \gamma_{xy} \\ \gamma_{yz} \\ \gamma_{zx} \end{bmatrix}=[\varepsilon_x \quad \varepsilon_y \quad \varepsilon_z \quad \gamma_{xy} \quad \gamma_{yz} \quad \gamma_{zx}]^{\mathrm{T}} \tag{C.3}$$

称为应变列阵或应变向量。

对于三维问题，弹性力学的基本方程可写成如下形式：

（1）平衡方程

弹性体 V 内任一点沿坐标轴 x，y，z 方向的平衡方程为

$$\frac{\partial \sigma_x}{\partial x}+\frac{\partial \tau_{yx}}{\partial y}+\frac{\partial \tau_{zx}}{\partial z}+\bar{f}_x=0$$

$$\frac{\partial \tau_{xy}}{\partial x}+\frac{\partial \sigma_y}{\partial y}+\frac{\partial \tau_{zy}}{\partial z}+\bar{f}_y=0 \tag{C.4}$$

$$\frac{\partial \tau_{xz}}{\partial x}+\frac{\partial \tau_{yz}}{\partial y}+\frac{\partial \sigma_z}{\partial z}+\bar{f}_z=0$$

其中，$\bar{f}_x$，$\bar{f}_y$，$\bar{f}_z$ 为单位体积的体积力在 x，y，z 方向的分量。

平衡方程的矩阵形式为

$$\boldsymbol{A\sigma}+\bar{\boldsymbol{f}}=\boldsymbol{0}\ (\text{在}\ V\ \text{内}) \tag{C.5}$$

其中，$\boldsymbol{A}$ 是微分算子，即

$$\boldsymbol{A}=\begin{bmatrix} \frac{\partial}{\partial x} & 0 & 0 & \frac{\partial}{\partial y} & 0 & \frac{\partial}{\partial z} \\ 0 & \frac{\partial}{\partial y} & 0 & \frac{\partial}{\partial x} & \frac{\partial}{\partial z} & 0 \\ 0 & 0 & \frac{\partial}{\partial z} & 0 & \frac{\partial}{\partial y} & \frac{\partial}{\partial x} \end{bmatrix} \tag{C.6}$$

$\bar{\boldsymbol{f}}$ 是体积力向量，$\bar{\boldsymbol{f}}=[\bar{f}_x \quad \bar{f}_y \quad \bar{f}_z]^{\mathrm{T}}$。

(2) 几何方程：应变—位移关系

在微小位移和微小变形的情况下，略去位移导数的高次幂，则应变向量和位移向量的几何关系为：

$$\varepsilon_x=\frac{\partial u}{\partial x},\ \varepsilon_y=\frac{\partial v}{\partial y},\ \varepsilon_z=\frac{\partial w}{\partial z},\ \gamma_{xy}=\frac{\partial u}{\partial y}+\frac{\partial v}{\partial x}=\gamma_{yx}$$

$$\gamma_{yz}=\frac{\partial v}{\partial z}+\frac{\partial w}{\partial y}=\gamma_{zy},\ \gamma_{zx}=\frac{\partial u}{\partial z}+\frac{\partial w}{\partial x}=\gamma_{xz} \tag{C.7}$$

几何方程的矩阵形式为

$$\boldsymbol{\varepsilon}=\boldsymbol{Lu}\ (\text{在}\ V\ \text{内}) \tag{C.8}$$

其中，$\boldsymbol{L}$ 为微分算子，即

$$\boldsymbol{L}=\begin{bmatrix} \frac{\partial}{\partial x} & 0 & 0 \\ 0 & \frac{\partial}{\partial y} & 0 \\ 0 & 0 & \frac{\partial}{\partial z} \\ \frac{\partial}{\partial y} & \frac{\partial}{\partial x} & 0 \\ 0 & \frac{\partial}{\partial z} & \frac{\partial}{\partial y} \\ \frac{\partial}{\partial z} & 0 & \frac{\partial}{\partial x} \end{bmatrix}=\boldsymbol{A}^{\mathrm{T}} \tag{C.9}$$

(3) 物理方程：应力-应变关系

弹性力学中应力-应变之间的转换关系也称弹性关系。对于各向同性的线弹性材料，应力通过应变的表达可用矩阵表示为

$$\boldsymbol{\sigma}=\boldsymbol{D}\boldsymbol{\varepsilon} \tag{C.10}$$

其中

$$\boldsymbol{D}=\frac{E(1-\upsilon)}{(1+\upsilon)(1-2\upsilon)}\begin{bmatrix} 1 & \frac{\upsilon}{1-\upsilon} & \frac{\upsilon}{1-\upsilon} & 0 & 0 & 0 \\ & 1 & \frac{\upsilon}{1-\upsilon} & 0 & 0 & 0 \\ & & 1 & 0 & 0 & 0 \\ & \text{对} & & \frac{1-2\upsilon}{2(1-\upsilon)} & 0 & 0 \\ & & \text{称} & & \frac{1-2\upsilon}{2(1-\upsilon)} & 0 \\ & & & & & \frac{1-2\upsilon}{2(1-\upsilon)} \end{bmatrix} \tag{C.11}$$

$\boldsymbol{D}$ 称为弹性矩阵。它完全取决于弹性体材料的弹性模量 E 和泊松比 υ。

弹性体 V 的全部边界为 S。一部分边界上已知外力 $\overline{T}_x$，$\overline{T}_y$，$\overline{T}_z$ 称为力的边界条件，这部分边界用 S_σ 表示；另一部分边界上已知位移 $\overline{u}$，$\overline{v}$，$\overline{w}$，称为几何边界条件，或位移边界条件，这部分边界用 S_u 表示。这两部分边界构成弹性体的全部边界，即

$$S_\sigma+S_u=S \tag{C.12}$$

(4) 力的边界条件

弹性体在边界上单位面积的内力为 T_x，T_y，T_z，在边界 S_σ 上已知弹性体单位面积上的作用力 $\overline{T}_x$，$\overline{T}_y$，$\overline{T}_z$，根据平衡应有

$$T_x=\overline{T}_x,\ T_y=\overline{T}_y,\ T_z=\overline{T}_z \tag{C.13}$$

设边界外法线的方向余弦为 n_x，n_y，n_z，则边界上弹性体的内力可由下式确定

$$\begin{aligned} T_x&=n_x\sigma_x+n_y\tau_{yx}+n_z\tau_{zx} \\ T_y&=n_x\tau_{xy}+n_y\sigma_y+n_z\tau_{zy} \\ T_z&=n_x\tau_{xz}+n_y\tau_{yz}+n_z\sigma_z \end{aligned} \tag{C.14}$$

式 (C.14) 的矩阵形式为

$$\boldsymbol{T}=\overline{\boldsymbol{T}}\ (\text{在}\ S_\sigma\ \text{上}) \tag{C.15}$$

其中，

$$\boldsymbol{T}=\boldsymbol{n}\boldsymbol{\sigma} \tag{C.16}$$

$$\boldsymbol{n}=\begin{bmatrix} n_x & 0 & 0 & n_y & 0 & n_z \\ 0 & n_y & 0 & n_x & n_z & 0 \\ 0 & 0 & n_z & 0 & n_y & n_x \end{bmatrix} \tag{C.17}$$

（5）几何边界条件

已知弹性体在 S_u 上的位移 $\bar{u}$，$\bar{v}$，$\bar{w}$，即有

$$u=\bar{u}，v=\bar{v}，w=\bar{w} \tag{C.18}$$

矩阵形式为

$$u=\bar{u}\ （在\ S_u\ 上） \tag{C.19}$$

（6）弹性体的应变能

单位体积的应变能（应变能密度）为

$$U(\boldsymbol{\varepsilon})=\frac{1}{2}\boldsymbol{\varepsilon}^{\mathrm{T}}\boldsymbol{D}\boldsymbol{\varepsilon} \tag{C.20}$$

应变能是一个正定函数，只有当弹性体内所有的点都没有应变时（$\boldsymbol{\varepsilon}\equiv 0$），应变能才为零。

单位体积的余能（余能密度）为

$$V(\boldsymbol{\varepsilon})=\frac{1}{2}\boldsymbol{\sigma}^{\mathrm{T}}\boldsymbol{C}\boldsymbol{\sigma} \tag{C.21}$$

余能也是个正定函数。在线弹性力学中弹性体的应变能等于余能。

C.2.2 虚功原理（Principle of Virtual Work）

对于一般的弹性问题，设有满足位移边界条件的位移场 $\boldsymbol{u}=[u \quad v \quad w]^{\mathrm{T}}$，则它的虚位移 $\delta\boldsymbol{u}=[\delta u \quad \delta v \quad \delta w]^{\mathrm{T}}$，虚应变 $\delta\varepsilon=[\delta\varepsilon_x \quad \delta\varepsilon_y \quad \delta\varepsilon_z \quad \delta\gamma_{xy} \quad \delta\gamma_{yz} \quad \delta\gamma_{zx}]^{\mathrm{T}}$。

相应的虚应变能为

$$\begin{aligned}\delta U &= \int_{\Omega}(\sigma_x\delta\varepsilon_x+\sigma_y\delta\varepsilon_y+\sigma_z\delta\varepsilon_z+\tau_{xy}\delta\gamma_{xy}+\tau_{yz}\delta\gamma_{yz}+\tau_{zx}\delta\gamma_{zx})\mathrm{d}\Omega \\ &= \int_{\Omega}\boldsymbol{\sigma}^{T}\delta\boldsymbol{\varepsilon}\,\mathrm{d}\Omega \end{aligned} \tag{C.22}$$

而外力虚功为

$$\begin{aligned}\delta W &= \int_{\Omega}(\bar{f}_x\cdot\delta u+\bar{f}_y\cdot\delta v+\bar{f}_z\cdot\delta w)\mathrm{d}\Omega+ \\ &\quad \int_{S}(T_x\cdot\delta u+T_y\cdot\delta v+T_z\cdot\delta w)\mathrm{d}A \\ &= \int_{\Omega}\bar{\boldsymbol{f}}_b\cdot\delta\boldsymbol{u}\,\mathrm{d}\Omega+\int_{S}\boldsymbol{T}_s\cdot\delta\boldsymbol{u}\,\mathrm{d}A \end{aligned} \tag{C.23}$$

则虚功原理可表示为：

$$\int_{\Omega} \boldsymbol{\sigma}^{\mathrm{T}} \cdot \delta \boldsymbol{\varepsilon} \mathrm{d}\Omega = \int_{\Omega} \bar{\boldsymbol{f}}_b \cdot \delta u \mathrm{d}\Omega + \int_{S} \boldsymbol{T}_s \cdot \delta \boldsymbol{u} \mathrm{d}A \tag{C.24}$$

C.3 杆件结构力学有限元分析

结构单元是杆-梁单元和板壳单元的总称。杆件和板壳在工程上有广泛的应用，它们的力学分析属于结构力学范畴。杆件和板壳分别具有两个方向和一个方向的尺度比其他方向小得多的特点，因此在分析中可以在其变形和应力方面引入一定的假设，使杆件和板壳分别简化为一维问题和二维问题，从而方便问题的求解。

C.3.1 杆单元

杆单元是最基本、最简单的单元，如图 C.3 所示。它有两个端结点，在沿单元轴线的局部坐标系中，仅有两个结点位移，即 2 个自由度（一般将描述物体位置状态的每个独立变量称为自由度），将这 2 个结点位移作为基本变量，并写成位移（向量）列阵 $\boldsymbol{q}^e$，有

$$\boldsymbol{q}^e = [u_1 \quad u_2]^{\mathrm{T}} \tag{C.25}$$

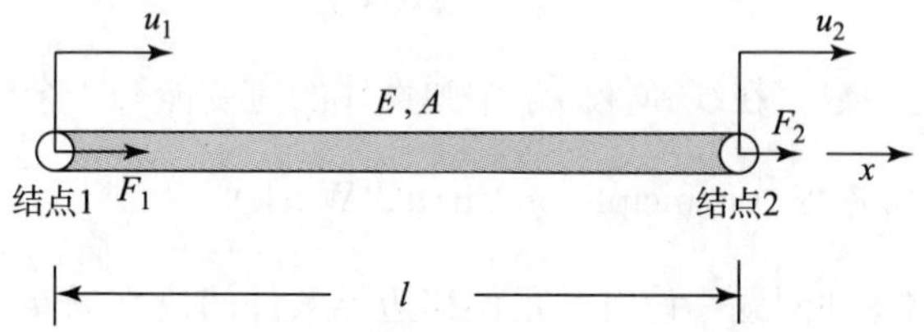

图 C.3 局部坐标系中的杆单元

同样，将结点上的力也写成向量列阵，有

$$\boldsymbol{F}^e = [F_1 \quad F_2]^{\mathrm{T}} \tag{C.26}$$

若该单元受有沿轴向的分布载荷，可将其等效到结点上，并表示成上式所示的结点力形式。

设杆单元的位移场为 $u(x)$，若将它展开成泰勒级数，有

$$u(x) = a_0 + a_1 x + a_2 x^2 + \cdots \tag{C.27}$$

式中，a_0，a_1，…为待定系数。对于如图 C.3 所示的杆单元，位移函数将由两个端结点的位移 u_1 和 u_2 插值确定。取前两项作为该单元的位移插值模式，即

$$u(x) = a_0 + a_1 x \tag{C.28}$$

该单元的边界条件为

$$\begin{cases} u\big|_{x=0} = u_1 \\ u\big|_{x=l} = u_2 \end{cases} \tag{C.29}$$

将其代入式（C. 28），可得 a_0 和 a_1 为

$$\begin{cases} a_0=u_1 \\ a_1=\dfrac{u_2-u_1}{l} \end{cases} \tag{C. 30}$$

则式（C. 28）可写为

$$\begin{aligned} u(x)&=u_1+\left(\frac{u_2-u_1}{l}\right)x=\left(1-\frac{x}{l}\right)u_1+\left(\frac{x}{l}\right)u_2 \\ &=N_1(x)u_1+N_2(x)u_2=\boldsymbol{N}(x)\boldsymbol{q}^e \end{aligned} \tag{C. 31}$$

式中，$\boldsymbol{N}(x)$ 称为形状函数矩阵，表示为

$$\boldsymbol{N}(x)=[N_1(x) \quad N_2(x)]=\left[\left(1-\frac{x}{l}\right) \quad \left(\frac{x}{l}\right)\right] \tag{C. 32}$$

由弹性力学的几何方程，计算杆单元的应变为：

$$\boldsymbol{\varepsilon}(x)=\frac{\mathrm{d}u(x)}{\mathrm{d}x}=\begin{bmatrix}-\dfrac{1}{l} & \dfrac{1}{l}\end{bmatrix}\begin{bmatrix}u_1 \\ u_2\end{bmatrix}=\boldsymbol{B}(x)\boldsymbol{q}^e \tag{C. 33}$$

式中

$$\boldsymbol{B}(x)=\frac{\mathrm{d}\boldsymbol{N}(x)}{\mathrm{d}x}=\begin{bmatrix}-\dfrac{1}{l} & \dfrac{1}{l}\end{bmatrix} \tag{C. 34}$$

称为应变-位移关系矩阵。

由弹性力学的物理方程，即胡克定律，杆单元的应力为

$$\boldsymbol{\sigma}(x)=E\boldsymbol{\varepsilon}(x)=E\boldsymbol{B}(x)\boldsymbol{q}^e=\boldsymbol{S}(x)\boldsymbol{q}^e \tag{C. 35}$$

式中

$$\boldsymbol{S}(x)=E\boldsymbol{B}(x)=\begin{bmatrix}-\dfrac{E}{l} & \dfrac{E}{l}\end{bmatrix} \tag{C. 36}$$

称为应力-位移关系矩阵。

C. 3. 2　杆单元的坐标变换

在一个众多杆件组成的桁架结构中，会有许多斜方向杆件，即杆单元可能处于整体坐标系中的任意一个位置，如图 C. 4 所示。此时，需要将原来在局部坐标系中所得到的单元变换到整体坐标系中，这就是单元的坐标变换。

对于平面单元，设整体坐标系为 $\bar{x}O\bar{y}$，杆单元的局部坐标系为 Ox。将局部坐标系中的杆单元结点位移表示为沿坐标轴的分量，即

$$\boldsymbol{q}^e=[u_1 \quad u_2]^{\mathrm{T}} \tag{C. 37}$$

将整体坐标系的同样一个杆单元结点位移表示为

$$\bar{\boldsymbol{q}}^e=[\bar{u}_1 \quad \bar{v}_1 \quad \bar{u}_2 \quad \bar{v}_2]^{\mathrm{T}} \tag{C. 38}$$

两者等价变换关系为

$$u_1=\bar{u}_1\cos\alpha+\bar{v}_1\sin\alpha$$

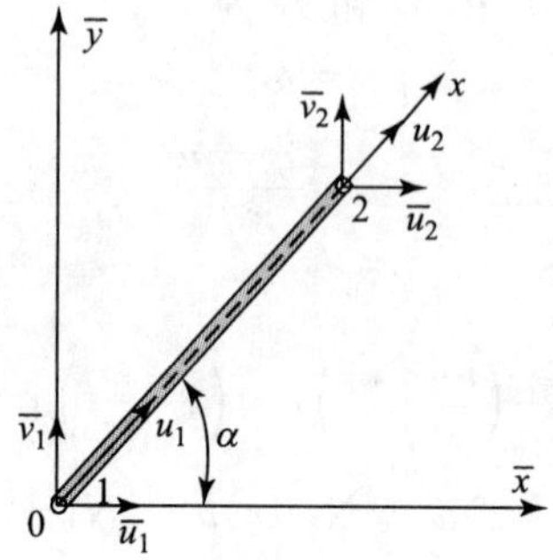

图 C.4　平面问题中杆单元及其坐标变换

$$u_2=\bar{u}_2\cos\alpha+\bar{v}_2\sin\alpha \tag{C.39}$$

用矩阵表示为

$$\boldsymbol{q}^e=\begin{bmatrix} u_1 \\ u_2 \end{bmatrix}=\begin{bmatrix} \cos\alpha & \sin\alpha & 0 & 0 \\ 0 & 0 & \cos\alpha & \sin\alpha \end{bmatrix}\begin{bmatrix} \bar{u}_1 \\ \bar{v}_1 \\ \bar{u}_2 \\ \bar{v}_2 \end{bmatrix}=\boldsymbol{T}^e\bar{\boldsymbol{q}}^e \tag{C.40}$$

式中，$\boldsymbol{T}^e$ 为坐标变换矩阵，即

$$\boldsymbol{T}^e=\begin{bmatrix} \cos\alpha & \sin\alpha & 0 & 0 \\ 0 & 0 & \cos\alpha & \sin\alpha \end{bmatrix} \tag{C.41}$$

将其代入原来基于局部坐标系的平衡方程 $\boldsymbol{K}^e\boldsymbol{q}^e=\boldsymbol{F}^e$，得

$$\boldsymbol{K}^e(\boldsymbol{T}^e\bar{\boldsymbol{q}}^e)=\boldsymbol{F}^e \tag{C.42}$$

两边同乘$[\boldsymbol{T}^e]^{\mathrm{T}}$，有

$$[\boldsymbol{T}^e]^{\mathrm{T}}\boldsymbol{K}^e(\boldsymbol{T}^e\bar{\boldsymbol{q}}^e)=[\boldsymbol{T}^e]^{\mathrm{T}}\boldsymbol{F}^e \tag{C.43}$$

写成

$$\bar{\boldsymbol{K}}^e\bar{\boldsymbol{q}}^e=\bar{\boldsymbol{F}}^e \tag{C.44}$$

代入单元刚度矩阵 $\boldsymbol{K}^e=\dfrac{EA}{l}\begin{bmatrix} 1 & -1 \\ -1 & 1 \end{bmatrix}$，得杆单元在整体坐标系下的刚度矩阵为

$$\bar{\boldsymbol{K}}^e=\frac{EA}{l}\begin{bmatrix} c^2 & sc & -c^2 & -sc \\ sc & s^2 & -sc & -s^2 \\ -c^2 & -sc & c^2 & sc \\ -sc & -s^2 & sc & s^2 \end{bmatrix} \tag{C.45}$$

式中，$c=\cos\alpha$，$s=\sin\alpha$

C.4　平面问题的有限元求解

二维平面问题如图 C.5 所示，设计域 $\Omega\in\mathbb{R}^2$，厚度为 h。三维设计域$\Omega\times$

[0, h] 材料为线弹性材料，在包含 Ω 的平面作用着载荷，因此具有一定的变形。Ω 的边界分成两部分，Γ_t 和 Γ_u。Ω 内的任一点 $\boldsymbol{x}$ 表示为$\boldsymbol{x}=(x,\ y)$，作用在 Ω 上的外力为单位面积力 $b(x)\in\mathbb{R}^2$ 和单位长度的力 $t(x)\in\mathbb{R}^2$。设计域 Ω、边界和载荷如图 C.5 所示。三结点三角形单元（图 C.5）、四结点矩形单元是进行平面问题有限元分析的最基本单元。这里仅介绍三结点三角形单元，四结点矩形单元可参考其他文献。

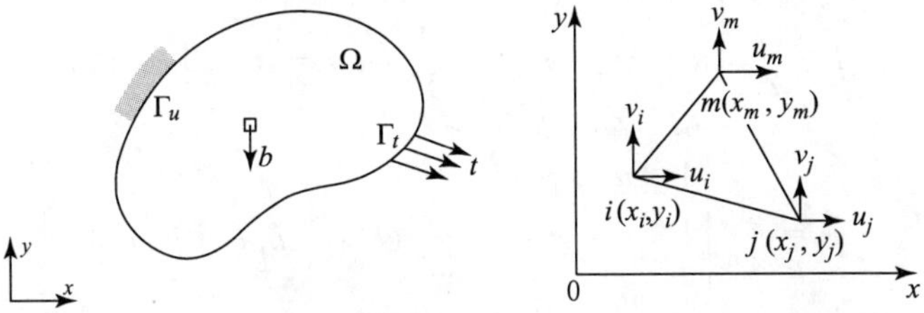

图 C.5　二维平面弹性问题及三结点三角形单元

如图 C.5 所示，该单元共有 6 个结点位移自由度，将所有结点上的位移组成一个列阵，记作 $\boldsymbol{q}^e$；同样，将所有结点上的各个力也组成一个列阵，记作 $\boldsymbol{F}^e$。

$$\boldsymbol{q}^e=\begin{bmatrix}\boldsymbol{q}_i\\ \boldsymbol{q}_j\\ \boldsymbol{q}_m\end{bmatrix}=[u_i\quad v_i\quad u_j\quad v_j\quad u_m\quad v_m]^{\mathrm{T}} \tag{C.46}$$

$$\boldsymbol{F}^e=[F_{xi}\quad F_{yi}\quad F_{xj}\quad F_{yj}\quad F_{xm}\quad F_{ym}]^{\mathrm{T}} \tag{C.47}$$

若单元承受分布力，可将其等效到结点上，即表示成如上式的结点力。

1. 单元的位移模式和广义坐标

从单元的结点位移可以看出，x 方向的位移场 $u(x,\ y)$ 将由该方向上的 3 个结点位移 u_1，u_2，u_3 来确定，y 方向的位移场 $v(x,\ y)$ 由该方向的 3 个结点位移 v_1，v_2，v_3 来确定。因此，分别设定单元中各个方向的位移模式为：

$$\begin{cases}u(x,\ y)=\beta_1+\beta_2x+\beta_3y\\ v(x,\ y)=\beta_4+\beta_5x+\beta_6y\end{cases} \tag{C.48}$$

式中，β_1，β_2，β_3 和 β_4，β_5，β_6 为待定系数。它的矩阵表示是

$$\boldsymbol{u}=\boldsymbol{\phi\beta} \tag{C.49}$$

其中

$$\boldsymbol{u}=\begin{bmatrix}u\\ v\end{bmatrix},\quad \boldsymbol{\phi}=\begin{bmatrix}\boldsymbol{\varphi} & 0\\ 0 & \boldsymbol{\varphi}\end{bmatrix}$$

$$\boldsymbol{\varphi}=[1\quad x\quad y],\quad \boldsymbol{\beta}=[\beta_1\quad \beta_2\quad \cdots\quad \beta_6]^{\mathrm{T}}$$

$\boldsymbol{\phi}$ 表示位移模式，它表示位移作为坐标的函数中所包含的项次。单元内的位

移是坐标 x，y 的线性函数；$\beta_1\sim\beta_6$ 是待定系数，称之为广义坐标。6 个广义坐标可由单元的 6 个结点位移来表示。

该单元的结点位移条件为

$$\begin{cases}u(x_i,\ y_i)=u_i\\ v(x_i,\ y_i)=v_i\end{cases},\ i=1,\ 2,\ 3 \tag{C.50}$$

将位移模式代入结点条件中，可求解出待定系数为

$$\beta_1=\frac{1}{2A}\begin{vmatrix}u_i & x_i & y_i\\ u_j & x_j & y_j\\ u_m & x_m & y_m\end{vmatrix}=\frac{1}{2A}(a_iu_i+a_ju_j+a_mu_m) \tag{C.51}$$

$$\beta_2=\frac{1}{2A}\begin{vmatrix}1 & u_i & y_i\\ 1 & u_j & y_j\\ 1 & u_m & y_m\end{vmatrix}=\frac{1}{2A}(b_iu_i+b_ju_j+b_mu_m) \tag{C.52}$$

$$\beta_3=\frac{1}{2A}\begin{vmatrix}1 & x_i & u_i\\ 1 & x_j & u_j\\ 1 & x_m & u_m\end{vmatrix}=\frac{1}{2A}(c_iu_i+c_ju_j+c_mu_m) \tag{C.53}$$

$$\beta_4=\frac{1}{2A}(a_iv_i+a_jv_j+a_mv_m) \tag{C.54}$$

$$\beta_5=\frac{1}{2A}(b_iv_i+b_jv_j+b_mv_m) \tag{C.55}$$

$$\beta_6=\frac{1}{2A}(c_iv_i+c_jv_j+c_mv_m) \tag{C.56}$$

式中，$A=\frac{1}{2}\begin{vmatrix}1 & x_i & y_i\\ 1 & x_j & y_j\\ 1 & x_m & y_m\end{vmatrix}$ 为单元面积。

$$\begin{aligned}a_i&=\begin{vmatrix}x_j & y_j\\ x_m & y_m\end{vmatrix}=x_jy_m-x_my_j\\ b_i&=-\begin{vmatrix}1 & y_j\\ 1 & y_m\end{vmatrix}=y_j-y_m\quad i\rightarrow j\rightarrow m\\ c_i&=\begin{vmatrix}1 & x_j\\ 1 & x_m\end{vmatrix}=-x_j+x_m\end{aligned} \tag{C.57}$$

式中（$i\rightarrow j\rightarrow m$）表示坐标轮换，如 $i\rightarrow j$，$j\rightarrow m$，$m\rightarrow i$。以此下同。

2. 位移插值函数

将求得的广义坐标 $\beta_1\sim\beta_6$ 代入式（C.48），可将位移函数表示成结点位移的函数，即

$$\begin{aligned}u&=N_iu_i+N_ju_j+N_mu_m\\ v&=N_iv_i+N_jv_j+N_mv_m\end{aligned} \tag{C.58}$$

其中

$$N_i=\frac{1}{2A}(a_i+b_ix+c_iy) \quad (i,\ j,\ m) \tag{C.59}$$

N_i，N_j，N_m 称为单元的插值函数或形函数，对于三角形三结点单元，它是坐标 x，y 的一次函数。其中的 a_i，b_i，c_i，…，c_m 是常数，取决于单元中 3 个结点的坐标。

式（C.58）的矩阵形式是

$$\boldsymbol{u}=\begin{bmatrix}u\\v\end{bmatrix}=\begin{bmatrix}N_i & 0 & N_j & 0 & N_j & 0\\0 & N_i & 0 & N_j & 0 & N_m\end{bmatrix}\begin{bmatrix}u_i\\v_i\\u_j\\v_j\\u_m\\v_m\end{bmatrix}$$

$$=[IN_i \quad IN_j \quad IN_m]\begin{bmatrix}q_i\\q_j\\q_m\end{bmatrix}=[\boldsymbol{N}_i \quad \boldsymbol{N}_j \quad \boldsymbol{N}_m]\boldsymbol{q}^e=\boldsymbol{N}\boldsymbol{q}^e \tag{C.60}$$

$\boldsymbol{N}$ 称为插值函数矩阵或形函数矩阵。

3. 应变矩阵和应力矩阵

单元位移确定后，可方便地应用几何方程和物理方程求单元的应变和应力。

$$\boldsymbol{\varepsilon}=\begin{bmatrix}\varepsilon_x\\\varepsilon_y\\\gamma_{xy}\end{bmatrix}=\begin{bmatrix}\dfrac{\partial u}{\partial x}\\\dfrac{\partial v}{\partial y}\\\dfrac{\partial u}{\partial y}+\dfrac{\partial v}{\partial x}\end{bmatrix}=\begin{bmatrix}\dfrac{\partial}{\partial x} & 0\\0 & \dfrac{\partial}{\partial y}\\\dfrac{\partial}{\partial y} & \dfrac{\partial}{\partial x}\end{bmatrix}\begin{bmatrix}u\\v\end{bmatrix}=\boldsymbol{L}\boldsymbol{N}\boldsymbol{q}^e=[\boldsymbol{B}_i \quad \boldsymbol{B}_j \quad \boldsymbol{B}_m]\boldsymbol{q}^e=\boldsymbol{B}\boldsymbol{q}^e \tag{C.61}$$

其中，$\boldsymbol{B}$ 称为应变矩阵，$\boldsymbol{L}$ 是平面问题的微分算子。

应变矩阵 $\boldsymbol{B}$ 的分块子矩阵是

$$\boldsymbol{B}_i=\boldsymbol{L}\boldsymbol{N}_i=\begin{bmatrix}\dfrac{\partial}{\partial x} & 0\\0 & \dfrac{\partial}{\partial y}\\\dfrac{\partial}{\partial y} & \dfrac{\partial}{\partial x}\end{bmatrix}\begin{bmatrix}N_i & 0\\0 & N_i\end{bmatrix} \quad (i,\ j,\ m) \tag{C.62}$$

对式（C.59）求导，得

$$\frac{\partial N_i}{\partial x}=\frac{1}{2A}b_i \qquad \frac{\partial N_i}{\partial y}=\frac{1}{2A}c_i \tag{C. 63}$$

代入得

$$\boldsymbol{B}=[\boldsymbol{B}_i \quad \boldsymbol{B}_i \quad \boldsymbol{B}_i]=\frac{1}{2A}\begin{bmatrix} b_i & 0 & b_j & 0 & b_m & 0 \\ 0 & c_i & 0 & c_j & 0 & c_m \\ c_i & b_i & c_j & b_j & c_m & b_m \end{bmatrix} \tag{C. 64}$$

式中 b_i，b_j，b_m，c_i，c_j，c_m 是单元形状的参数。当单元的结点坐标确定后，这些参数都是常量，因此 $\boldsymbol{B}$ 是常量阵。当单元结点位移 $\boldsymbol{q}^e$ 确定后，由 $\boldsymbol{B}$ 转换求得的单元应变都是常量，也就是说在载荷作用下单元中各点具有同样的 ε_x，ε_y 和 γ_{xy}。因此三结点三角形单元称为常应变单元。

单元应力可以根据物理方程求得。

$$\boldsymbol{\sigma}=\begin{bmatrix} \sigma_x \\ \sigma_y \\ \tau_{xy} \end{bmatrix}=\boldsymbol{D\varepsilon}=\boldsymbol{DBq}^e=\boldsymbol{Sq}^e \tag{C. 65}$$

其中

$$\boldsymbol{S}=\boldsymbol{DB}=\boldsymbol{D}[\boldsymbol{B}_i \quad \boldsymbol{B}_j \quad \boldsymbol{B}_m]=[\boldsymbol{S}_i \quad \boldsymbol{S}_j \quad \boldsymbol{S}_m] \tag{C. 66}$$

$\boldsymbol{S}$ 称为应力矩阵。将平面应力或平面应变的弹性矩阵代入，可以得到计算平面应力或平面应变问题的单元应力矩阵。

与应变矩阵相同，应力矩阵也是常量阵，即三结点单元中各点的应力是相同的。

C. 5 利用最小位能原理建立有限元方程

以平面问题为例，最小位能原理的泛函总位能 Π_p 的表达式为：

$$\Pi_p=\int_\Omega \frac{1}{2}\varepsilon^{\mathrm{T}}\boldsymbol{D\varepsilon} t\,\mathrm{d}x\mathrm{d}y-\int_\Omega \boldsymbol{u}^{\mathrm{T}}\boldsymbol{f}t\,\mathrm{d}x\mathrm{d}y-\int_S \boldsymbol{u}^{\mathrm{T}}\boldsymbol{T}t\,\mathrm{d}S \tag{C. 67}$$

其中，$\boldsymbol{t}$ 是二维体厚度；$\boldsymbol{f}$ 是作用在二维体内的体积力；$\boldsymbol{T}$ 是作用在二维体边界上的面积力。

对于离散模型，系统位能是各单元位能的和，离散模型的总位能为

$$\begin{aligned}\Pi_p=\sum_e \Pi_p^e=&\sum_e\left(\boldsymbol{q}^{e\mathrm{T}}\int_{\Omega_e}\frac{1}{2}\boldsymbol{B}^{\mathrm{T}}\boldsymbol{DB}\boldsymbol{t}\,\mathrm{d}x\mathrm{d}y\boldsymbol{q}^e\right)-\\&\sum_e\left(\boldsymbol{q}^{e\mathrm{T}}\int_{\Omega_e}\boldsymbol{N}^{\mathrm{T}}\boldsymbol{f}t\,\mathrm{d}x\mathrm{d}y\right)-\sum_e\left(\boldsymbol{q}^{e\mathrm{T}}\int_{S^e}\boldsymbol{N}^{\mathrm{T}}\boldsymbol{T}t\,\mathrm{d}S\right)\end{aligned} \tag{C. 68}$$

令

$$\begin{aligned}&\boldsymbol{K}^e=\int_{\Omega_e}\boldsymbol{B}^{\mathrm{T}}\boldsymbol{DB}t\,\mathrm{d}x\mathrm{d}y,\quad \boldsymbol{p}_f^e=\int_{\Omega_e}\boldsymbol{N}^{\mathrm{T}}\boldsymbol{f}t\,\mathrm{d}x\mathrm{d}y,\\&\boldsymbol{p}_S^e=\int_{S^e}\boldsymbol{N}^{\mathrm{T}}\boldsymbol{T}t\,\mathrm{d}x\mathrm{d}y,\quad \boldsymbol{p}^e=\boldsymbol{p}_f^e+\boldsymbol{p}_S^e\end{aligned} \tag{C. 69}$$

$\boldsymbol{K}^e$ 和 $\boldsymbol{p}^e$ 分别称为单元刚度矩阵和单元等效结点载荷列阵。系统的势能为

$$\Pi_p = \frac{1}{2}\boldsymbol{q}^{e\mathrm{T}}\sum_e \boldsymbol{K}^e \boldsymbol{q}^e - \boldsymbol{q}^{e\mathrm{T}}\sum_e \boldsymbol{p}^e \tag{C.70}$$

求系统势能极小值，得

$$\boldsymbol{Kq} = \boldsymbol{P} \tag{C.71}$$

该式即为有限元求解的平衡方程。

附录 D　优化方法的 MATLAB 程序

优化实质上是在某种约束 $x \in S$ 下，求目标函数 $f(x)$ 的极小或极大。如果不存在约束或约束范围无限大，则称为无约束优化，否则称为约束优化。附录将介绍几种无约束优化方法，如黄金分割法、二次近似法、最速下降法、牛顿法等。对于约束优化问题，主要介绍 MATLAB 内置优化函数。

D.1　无约束优化方法

D.1.1　黄金分割法（Golden Search Method）

黄金分割法用以寻找无约束目标函数 $f(x)$ 在单峰区间 $[a, b]$ 中的最小值。

黄金分割法的基本步骤如下：

第一步：在区间 $[a, b]$ 中找到两个点 $c=a+(1-r)h$ 和 $d=a+rh$（其中：$r=(\sqrt{5}-1)/2$，$h=b-a$）

第二步：如果目标函数 $f(x)$ 在两点的值近似相等（即：$f(a)\approx f(b)$）并且区间的宽度足够小（$h\approx 0$），则停止迭代过程，退出循环。此时，若 $f(c)<f(d)$，则令 $x_0=c$，否则令 $x_0=d$。

第三步：如果 $f(c)<f(d)$，那么将 d 作为新的右边界（即：$b=d$）；否则，将 c 作为新的左边界（即：$a=c$），然后以组成的新区间重新代入第一步开始新的迭代过程。

黄金分割法 Matlab 参考程序（使用了递归方法）：

```
function[xo,fo]=opt_gs(f,a,b,r,TolX,TolFun,k)
h=b-a;rh=r*h;c=b-rh;d=a+rh;
fc=feval(f,c);fd=feval(f,d);
if k<=0|(abs(h)<TolX & abs(fc-fd)<TolFun)
   if fc<=fd,xo=c;fo=fc;
    else xo=d;fo=fd;
   end
   if k==0,fprintf('Just the best in given#of iterations'),
      end
else
```

```
  if fc<fd,[xo,fo]= opt_gs(f,a,d,r,TolX,TolFun,k-1);
   else[xo,fo]=opt_gs(f,c,b,r,TolX,TolFun,k-1);
  end
end
```

使用范例：

以 $f(x)=(x^2-4)^2/8-1$ 为目标函数在区间 [0，3] 中进行搜索。

```
fd11=inline('(x.* x-4).^2/8-1','x');
a =0; b = 3; r = (sqrt (5) - 1)/2; TolX = 1e - 4; TolFun = 1e - 4;
 MaxIter=100;
[xo,fo]=opt_gs(f711,a,b,r,TolX,TolFun,MaxIter)
```

图 D. 1 显示参考程序的搜索过程，其中需要注意以下问题：

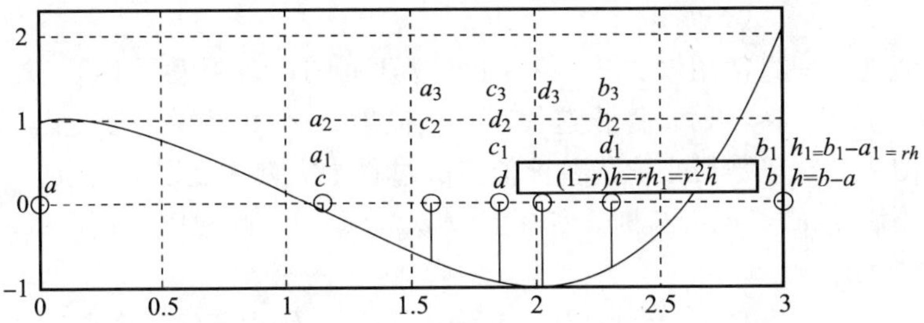

图 D. 1 参考程序的搜索过程

①每次迭代过程中，新的区间宽度为：

$$b-c=b-(a+(1-r)(b-a))=rh \text{ 或 } d-a=a+rh-a=rh$$

即新的区间宽度为上次迭代区间宽度的 r 倍。

②本例中的 r 为黄金分割数，程序需要借助它来生成新的左（右）边界构成新的区间 $[c, b]$ 即：$c_1=b_1-rh_1=b-r^2h$，$d=a+rh=b-(1-r)h$

其中 $r=\dfrac{-1+\sqrt{1+4}}{2}=\dfrac{-1+\sqrt{5}}{2}(r^2+r-1=0)$

注释：

单峰区间：在区间 $[a, b]$ 中，目标函数 $f(x)$ 的一阶导数 $f'(x)$ 值的符号在 x_0 周围必须发生且只能发生一次变化。这表明目标函数 $f(x)$ 在区间 $[a, x_0]$ 满足单调递减，在区间 $[x_0, b]$ 中单调递增。

D. 1. 2 二次近似法（Quadratic Approximation Method）

二次近似法的核心思想是利用目标函数 $f(x)$ 上任意三个点构造二次函数 $p_2(x)$ 来近似目标函数 $f(x)$，并在这一过程中不断使用 $p_2(x)$ 的最小值替代三个点中的一个点。

例如，有三个点：$\{(x_0, f_0), (x_1, f_1), (x_2, f_2)\}$，其中 $x_0<x_1<x_2$。

根据二次插值函数的构造原理，可以得到插值函数 $p_2(x)$。通过求满足 $p_2'(x)=0$ 的 x_3，得到：

$$x=x_3=\frac{f_0(x_1^2-x_2^2)+f_1(x_2^2-x_0^2)+f_2(x_0^2-x_1^2)}{2\{f_0(x_1-x_2)+f_1(x_2-x_0)+f_2(x_0-x_1)\}}$$

特别地，当之前选择的三个点等距的时候，即：$x_2-x_1=x_1-x_0=h$ 时，上式可化简为：

$$x=x_3=\left.\frac{f_0(x_1^2-x_2^2)+f_1(x_2^2-x_0^2)+f_2(x_0^2-x_1^2)}{2\{f_0(x_1-x_2)+f_1(x_2-x_0)+f_2(x_0-x_1)\}}\right|_{\substack{x1=x0+h\\ x2=x1+h=x0+2h}}$$

$$=x_0+h\frac{3f_0-4f_1+f_2}{2(-f_0+2f_1-f_2)}$$

类似地，一直使用该方法不断缩小搜索范围，直到满足 $|x_2-x_0|\approx 0$ 或 $|f(x_2)-f(x_1)|\approx 0$ 时，停止迭代，并且输出 x_3 作为近似的极值点。

在使用二次函数最小值代替极值点的过程中需要注意以下两点：

①当满足 $x_0<x_3<x_1$ 时，如果 $f(x_3)<f(x_1)$，则使用 $\{x_0, x_3, x_1\}$ 作为新的三个点；

如果 $f(x_3)\geqslant f(x_1)$，则使用 $\{x_3, x_1, x_2\}$ 作为新的三个点。

②当满足 $x_1<x_3<x_2$ 时，如果 $f(x_3)\leqslant f(x_1)$，则使用 $\{x_1, x_3, x_2\}$ 作为新的三个点；

如果 $f(x_3)>f(x_1)$，则使用 $\{x_0, x_1, x_3\}$ 作为新的三个点。

二次近似法参考的 Matlab 程序：

Matlab 5.0 以上版本提供了自带的单变量优化函数“fminbnd ( )”，代替了之前版的“fmin ( )”。

详细使用方法请使用 help fminbnd，参阅官方说明，下面提供了另一种实现二次近似法的程序范例。

函数 1：(根据输入数据情况，进行计算前的预处理)

```
function[xo,fo]=opt_quad(f,x0,TolX,TolFun,MaxIter)
if length(x0)>2,x012=x0(1:3);
 else
   if length(x0)==2,a=x0(1);b=x0(2);
    else a=x0-10;b=x0+10;
   end
   x012=[a(a+b)/2 b];
end
```

```
f012=f(x012);
[xo,fo]=opt_quad0(f,x012,f012,TolX,TolFun,MaxIter);
```

函数2：(使用递归方法实现二次近似搜索)

```
function[xo,fo]=opt_quad0(f,x012,f012,TolX,TolFun,k)
x0=x012(1);x1=x012(2);x2=x012(3);
f0=f012(1);f1=f012(2);f2=f012(3);
nd=[f0-f2 f1-f0 f2-f1]*[x1*x1 x2*x2 x0*x0;x1 x2 x0]';
x3=nd(1)/2/nd(2);f3=feval(f,x3);% Eq.(7.1.4)
if k<=0|abs(x3-x1)<TolX|abs(f3-f1)<TolFun
  xo=x3;fo=f3;
  if k==0,fprintf('Just the best in given# of iterations'),
   end
 else
   if x3<x1
     if f3<f1,x012=[x0 x3 x1];f012=[f0 f3 f1];
      else x012=[x3 x1 x2];f012=[f3 f1 f2];
     end
   else
    if f3<=f1,x012=[x1 x3 x2];f012=[f1 f3 f2];
     else x012=[x0 x1 x3];f012=[f0 f1 f3];
    end
   end
   [xo,fo]=opt_quad0(f,x012,f012,TolX,TolFun,k-1);
End
```

使用范例：

以 $f(x)=(x^2-4)^2/8-1$ 为目标函数在区间［0，3］中进行搜索。

```
clear,clf
fd12=inline('(x.*x-4).^2/8-1','x');
a=0;b=3;TolX=1e-5;TolFun=1e-8;MaxIter=100;
[xoq,foq]=opt_quad(f711,[a b],TolX,TolFun,MaxIter)
[xob,fob]=fminbnd(f711,a,b)%MATLAB 内置函数作为比较
```

详细搜索过程见图D.2。

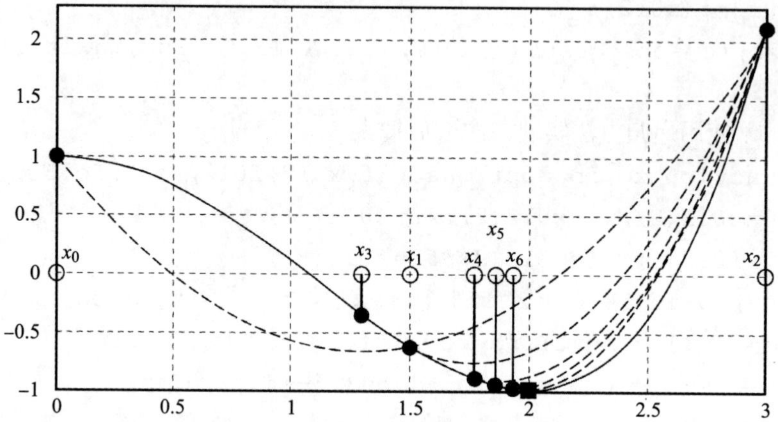

图 D. 2　二次近似法搜索过程

D. 1. 3　单纯形法（Nelder-Mead Method）

对于黄金分割法和二次近似法无法解决的多变量目标函数优化问题，可以使用单纯形法求解。

基本步骤如下：

第一步：在平面中选出不在同一条直线上的三个点，并且使之满足条件 $f(a)<f(b)<f(c)$。

第二步：如果三个点的函数值彼此非常相近，那么终止迭代过程，并且输出 a 作为极小值点。

第三步：否则，我们预测，要寻找的极小值点或许在三个点中最差点 c 关于其他两点连线$\overline{ab}$的对称位置（参考图 D. 3）。

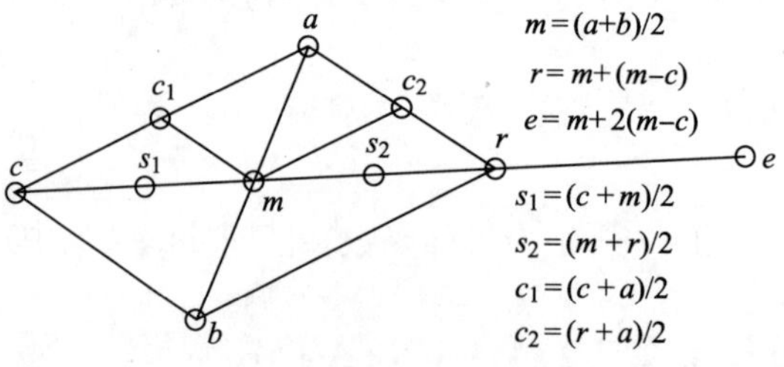

图 D. 3　单纯形法求解示意图

首先，我们计算：$e=m+2(m-c)$，其中 $m=(a+b)/2$。

如果满足 $f(e)<f(b)$，让 e 代替最差点 c；否则计算：$r=(m+e)/2=2m-c$，并执行以下步骤：

如果满足 $f(r)<f(c)$，让 r 代替最差点 c；

如果满足 $f(r) \geqslant f(b)$，计算：$s=(m+c)/2$，并执行以下步骤：

如果 $f(s) < f(c)$，让 s 代替最差点 c；

否则，放弃 b，c 两点，用 m 和 $c_1=(a+c)/2$ 作为新的 b，c，并且我们预计极小值很可能就在 a 点附近。

第四步：回到第一步，重复迭代过程。

单纯形法 Matlab 程序参考：

对于 $N(N>2)$ 维空间中的最优化问题，搜索过程需要在每一个子平面中执行，以便使得算法在 N 维空间中生效。Matlab 5.0 以上版本提供了内置函数 "fimsearch()"替代了原先的"fims()"函数，此函数基于单纯形法。

函数 1：实现在一个单一平面内的搜索过程。

```
function[xo,fo]=Nelder0(f,abc,fabc,TolX,TolFun,k)
[fabc,I]=sort(fabc);a=abc(I(1),:);b=abc(I(2),:);c=abc(I
 (3),:);
fa=fabc(1);fb=fabc(2);fc=fabc(3);fba=fb-fa;fcb=fc-
  fb;
if k<=0|abs(fba)+abs(fcb)<TolFun|abs(b-a)+abs(c-b)
  <TolX
  xo=a;fo=fa;
  if k==0,fprintf('Just best in given#of iterations'),end
 else
  m=(a+b)/2;e=3*m-2*c;fe=feval(f,e);
  if fe<fb,c=e;fc=fe;
   else
      r=(m+e)/2;fr=feval(f,r);
      if fr<fc,c=r;fc=fr;end
      if fr>=fb
        s=(c+m)/2;fs=feval(f,s);
        if fs<fc,c=s;fc=fs;
         else b=m;c=(a+c)/2;fb=feval(f,b);fc=feval(f,c);
        end
      end
   end
   [xo,fo]=Nelder0(f,[a;b;c],[fa fb fc],TolX,TolFun,k-1);
end
```

函数 2：对输入的数据类型进行预处理。

```
function[xo,fo]=opt_Nelder(f,x0,TolX,TolFun,MaxIter)
N=length(x0);
if N==1%当维数小于 2 时使用上例中的二次近似法搜索
  [xo,fo]=opt_quad(f,x0,TolX,TolFun);return
end
S=eye(N);
for i=1:N%在多维情况下,保证每个子平面都被处理到
   i1=i+1;if i1>N,i1=1;end
   abc=[x0;x0+S(i,:);x0+S(i1,:)];%每个方向的子平面
   fabc=[feval(f,abc(1,:));feval(f,abc(2,:));feval(f,
    abc(3,:))];
   [x0,fo]=Nelder0(f,abc,fabc,TolX,TolFun,MaxIter);
   if N<3,break;end%对于二维空间无须遍历过程
end
xo=x0;
```

使用范例：

以 $f(x_1,\ x_2)=x_1^2-x_1x_2-4x_1+x_2^2-x_2$ 为例，如果使用分析法求解，我们有：

$$\left.\begin{aligned}\frac{\partial}{\partial x_1}f(x_1,\ x_2)=2x_1-x_2-4=0\\ \frac{\partial}{\partial x_2}f(x_1,\ x_2)=2x_2-x_1-1=0\end{aligned}\right\}x_o=(x_{1o},\ x_{2o})=(3,\ 2)$$

若使用上述函数，调用方法如下：

```
Fd13=inline('x(1)*(x(1)-4-x(2))+x(2)*(x(2)-1)','x');
       x0=[0 0], TolX=1e-4; TolFun=1e-9; MaxIter=100;
         [xon, fon] = opt _Nelder (f713, x0, TolX, TolFun,
           MaxIter)
      [xos,fos]=fminsearch(f713,x0)%使用 MATLAB 内置函数作
        比较
```

详细搜索过程见图 D. 4。

D. 1. 4 最速下降法（Steepest Descent Method）

最速下降法使用负梯度方向 $\Big(-g(\boldsymbol{x})=-\nabla f(\boldsymbol{x})=-\Big[\frac{\partial f(\boldsymbol{x})}{\partial x_1}\quad\frac{\partial f(\boldsymbol{x})}{\partial x_2}$

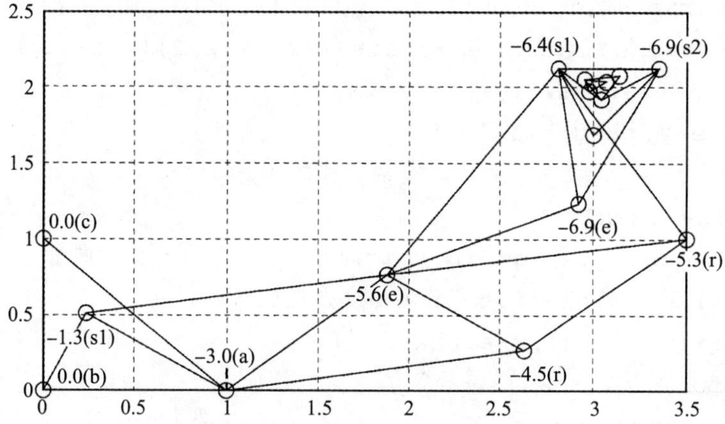

图 D.4 单纯形法搜索过程

$\cdots \quad \frac{\partial f(\boldsymbol{x})}{\partial x_N}\Big]^{\mathrm{T}}$）作为搜索方向对 N 维目标函数进行搜索。对第 k 步的步长 α_k 进行调节，以便于搜索结果沿着某一负梯度方向减小（这一过程与二次近似法类似）。

其基本步骤如下：

第一步：$k=0$ 时（初始步骤），针对选定的初始搜索点，计算其函数值 $f_0=f(\boldsymbol{x}_0)$。

第二步：k 的大小增加 1，搜索沿负梯度方向（$-\boldsymbol{g}(\boldsymbol{x})_{k-1}$）的下降步长 α_{k-1}，具体过程与二次近似法类似。

$\alpha_{k-1}=\mathrm{argmin}_{\alpha} f(x_{k-1}-\alpha g_{k-1}/\|g_{k-1}\|)$（Argmin 表示取泛函最小值）。

第三步：沿步长负梯度方向 $-g(x)_{k-1}$ 通过 α_{k-1} 逼近该方向上的最小值，并获取新的搜索点 $\boldsymbol{x}_k=\boldsymbol{x}_{k-1}-\alpha_{k-1}g_{k-1}/\|g_{k-1}\|$。

第四步：如果 $\boldsymbol{x}_k\approx\boldsymbol{x}_{k-1}$ 且 $f(\boldsymbol{x}_k)\approx f(\boldsymbol{x}_{k-1})$，输出 $\boldsymbol{x}_k$ 作为极小值点，终止循环过程；否则，返回第二步，继续迭代过程。

最速下降法 Matlab 程序参考：

```
function[xo, fo]= opt_steep (f, x0, TolX, TolFun, alpha0,
 MaxIter)
%input:  f=ftn to be given as a string 'f'
%        x0=the initial guess of the solution
%output: x0=the minimum point reached
%        f0=f(x(0))
if nargin<6,MaxIter=100;end%设置最大迭代次数
if nargin<5,alpha0=10;end%初始化最初步长
```

```
if nargin<4,TolFun=1e-8;end%|f(x)|<TolFun wanted
if nargin<3,TolX=1e-6;end%|x(k)-x(k-1)|<TolX wanted
x=x0;fx0=feval(f,x0);fx=fx0;
alpha=alpha0;kmax1=25;
warning=0;%设定重新尝试搜索的次数(+1)
for k=1:MaxIter
   g=grad(f,x);g=g/norm(g);%梯度保存为一个行向量
   alpha=alpha*2;%沿着负梯度方向试探
   fx1=feval(f,x-alpha*2*g);
   for k1=1:kmax1%寻找沿该方向的最佳步长
      fx2=fx1;fx1=feval(f,x-alpha*g);
      if fx0>fx1+TolFun&fx1<fx2-TolFun%fx0>fx1<fx2
        den=4*fx1-2*fx0-2*fx2;num=den-fx0+fx2;%Eq.(7.1.5)
        alpha=alpha*num/den;
        x=x-alpha*g;fx=feval(f,x);%Eq.(7.1.9)
        break;
       else alpha=alpha/2;
      end
   end
   if k1>=kmax1,warning=warning+1;%寻找失败
    else warning=0;
   end
    if warning>=2|(norm(x-x0)<TolX&abs(fx-fx0)<
    TolFun),break;end
   x0=x;fx0=fx;
end
xo=x;fo=fx;
if k==MaxIter, fprintf('Just best in%d iterations',
 MaxIter),end
```

使用范例：

以 $f(x_1, x_2)=x_1^2-x_1x_2-4x_1+x_2^2-x_2$ 为例，使用最速下降法进行搜索：

```
f713=inline('x(1)*(x(1)-4-x(2))+x(2)*(x(2)-1)','x');
x0=[0 0],TolX=1e-4;TolFun=1e-9;alpha0=1;MaxIter=100;
[xo,fo]=opt_steep(f713,x0,TolX,TolFun,alpha0,MaxIter)
```

D.1.5 牛顿法（Newton Method）

与最速下降法相似，牛顿法仍然是利用梯度作为搜索方向寻找目标函数的最优结果。这类基于梯度的搜索方法的最终目标是找到一个梯度趋近于0的点。在本附录中，目标函数 $f(\boldsymbol{x})$ 的优化结果相当于寻找目标函数中梯度 $g(x)$ 为0的地方，而梯度 $g(\boldsymbol{x})$ 一般来说是自变量为 x 的一个向量值函数。因此，如果我们知道目标函数 $f(x)$ 的梯度函数 $g(x)$，就可以使用牛顿法解非线性方程组 $g(x)=0$，从而得到目标函数 $f(x)$ 的最优解。

与最速下降法一致，我们通过泰勒级数分析其原理：

对于二变量目标函数：$f(x_1, x_2)$

$$f(x_1, x_2)\cong f(x_{1k}, x_{2k})+\begin{bmatrix}\dfrac{\partial f}{\partial x_1} & \dfrac{\partial f}{\partial x_2}\end{bmatrix}_{(x_{1k},x_{2k})}\begin{bmatrix}x_1-x_{1k}\\ x_2-x_{2k}\end{bmatrix}$$

$$+\frac{1}{2}\begin{bmatrix}x_1-x_{1k} & x_2-x_{2k}\end{bmatrix}\begin{bmatrix}\dfrac{\partial^2 f}{\partial x_1^2} & \dfrac{\partial^2 f}{\partial x_1\partial x_2}\\ \dfrac{\partial^2 f}{\partial x_1\partial x_2} & \dfrac{\partial^2 f}{\partial x_2^2}\end{bmatrix}_{(x_{1k},x_{2k})}\begin{bmatrix}x_1-x_{1k}\\ x_2-x_{2k}\end{bmatrix}$$

$$f(\boldsymbol{x})\cong f(\boldsymbol{x}_k)+\nabla f(\boldsymbol{x})^{\mathrm{T}}\big|_{\boldsymbol{x}_k}[\boldsymbol{x}-\boldsymbol{x}_k]+\frac{1}{2}[\boldsymbol{x}-\boldsymbol{x}_k]^{\mathrm{T}}\nabla^2 f(\boldsymbol{x})\big|_{\boldsymbol{x}_k}[\boldsymbol{x}-\boldsymbol{x}_k]$$

$$f(\boldsymbol{x})\cong f(\boldsymbol{x}_k)+g_k^{\mathrm{T}}[\boldsymbol{x}-\boldsymbol{x}_k]+\frac{1}{2}[\boldsymbol{x}-\boldsymbol{x}_k]^{\mathrm{T}}H_k[\boldsymbol{x}-\boldsymbol{x}_k]$$

其中，梯度向量 $\boldsymbol{g}_k=\nabla f(\boldsymbol{x})\big|_{\boldsymbol{x}_k}$，黑塞（Hessian）矩阵 $H_k=\nabla^2 f(\boldsymbol{x})\big|_{\boldsymbol{x}_k}$。我们不难看出目标函数在点 X_{k+1}（沿最快下降法则搜索获得，即：$\boldsymbol{x}_{k+1}=\boldsymbol{x}_k-\alpha_k g_k/\|g_k\|$）处的函数值与上式省略第三项后的结果十分相近：

$$f(\boldsymbol{x}_{k+1})\cong f(\boldsymbol{x}_k)+g_k^{\mathrm{T}}[\boldsymbol{x}_{k+1}-\boldsymbol{x}_k]=f(\boldsymbol{x}_k)-\alpha_k g_k/\|g_k\|$$

$$f(\boldsymbol{x}_{k+1})-f(\boldsymbol{x}_k)\cong-\alpha_k g_k/\|g_k\|\leqslant 0\Rightarrow f(\boldsymbol{x}_{k+1})\leqslant f(\boldsymbol{x}_k)$$

牛顿法与最速下降法的细微不同在于牛顿法尝试在近似的目标函数上直接寻找梯度为0的点（$g_k+H_k[\boldsymbol{x}-\boldsymbol{x}_k]=0$，$\boldsymbol{x}=\boldsymbol{x}_k-H_k^{-1}g_k$），其确定新点的规则为：$\boldsymbol{x}_{k+1}=\boldsymbol{x}_k-H_k^{-1}g_k$。

这种方法的实质在于寻找使得梯度函数满足 $g(\boldsymbol{x})=0$ 的点。因此，可以使用任何一个非线性向量方程求解器求解。我们所需要做的是定义梯度函数 $g(\boldsymbol{x})$，并把函数名作为输入变量利用 Matlab 函数“fsolve（ ）”或“newtons（ ）”求解。

Matlab 程序范例：

```
clear,clf
fd15=inline('x(1).^2-4*x(1)-x(1).*x(2)+x(2).^2-x(2)',
 'x');
```

```
gd15=inline('[2*x(1)-x(2)-4 2*x(2)-x(1)-1]','x');
x0=[0 0],TolX=1e-4;TolFun=1e-6;MaxIter=50;
[xo,go,xx]=newtons(gd15,x0,TolX,MaxIter);
xo,fd15(xo)
```

其搜索结果过程如图 D.5 所示。

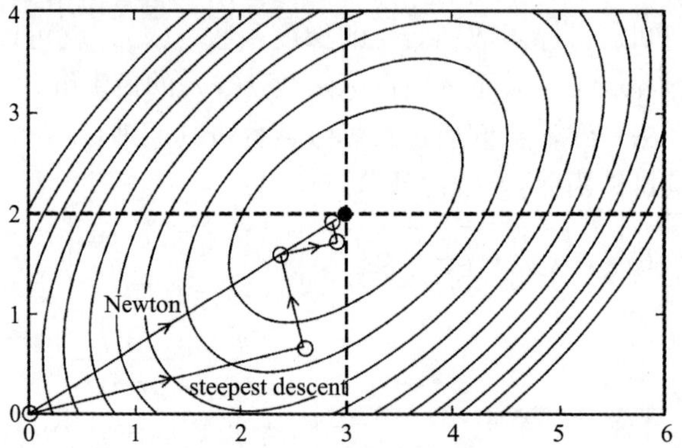

图 D.5 牛顿法搜索过程

牛顿法的缺点：

牛顿法通常比最速下降法更有效率，但是存在找不到最优解的风险。其根本性的缺点在于该算法可能会找到一个局域的极值或是鞍点，而不是全局的最优结果。

D.1.6 共轭梯度法（Conjugate Gradient Method）

与最速下降法和牛顿法类似，共轭梯度法还是利用梯度，并使用不同的方法搜索目标函数的最小点。共轭梯度法有两个版本，PR 法和 FR 法，其不同之处在于搜索过程中使用的方向向量的差别。这种方法使用了最速下降法的搜索框架，附加了一些搜索方向向量 $s(n)$ 的计算过程。

对于一个二次的目标函数 $f(\boldsymbol{x})=\dfrac{1}{2}\boldsymbol{x}^{\mathrm{T}}H\boldsymbol{x}+\boldsymbol{b}^{\mathrm{T}}\boldsymbol{x}+\boldsymbol{c}$，若其黑塞矩阵正定，则最多通过 N 次迭代，可以获得它的最优解。

基于这一特点，我们可以把寻找二次目标函数的最优解的过程等价于求解线性方程：

$$g(\boldsymbol{x})=\nabla f(\boldsymbol{x})=H\boldsymbol{x}+\boldsymbol{b}=\boldsymbol{0}$$

Matlab 有很多内置函数，比如“cgs ( )”，“pcg ( )”和“bicg ( )”，都是使用共轭梯度法来求解线性方程的。

共轭梯度法具体步骤如下：

第一步：$k=0$ 时（初始步骤），针对选定的初始搜索点，计算其函数值 $f_0=f(x_0)$。

第二步：初始化参与循环过程的各个参数，$n=0$，$\boldsymbol{x}(n)=x_k$，$\boldsymbol{s}(n)=-\boldsymbol{g}_k=-\boldsymbol{g}(\boldsymbol{x}_k)$，（$\boldsymbol{g}(\boldsymbol{x})$ 为目标函数 $f(\boldsymbol{x})$ 的梯度函数）

第三步：在 $n=0$ 到 $n=N-1$ 的计数区间内，重复以下操作：

搜索最佳步长：

$$\alpha_n=Arg\min_\alpha f(\boldsymbol{x}(n)+\alpha\boldsymbol{s}(n))$$

更新搜索点：

$$\boldsymbol{x}(n+1)=\boldsymbol{x}(n)+\alpha_n\boldsymbol{s}(n)$$

搜索新的方向向量：

$$\boldsymbol{s}(n+1)=-\boldsymbol{g}_{n+1}+\beta_n\boldsymbol{s}(n)$$

其中：

$$\beta_n=\frac{[\boldsymbol{g}_{n+1}-\boldsymbol{g}_n]^{\mathrm{T}}\boldsymbol{g}_{n+1}}{\boldsymbol{g}_n^{\mathrm{T}}\boldsymbol{g}_n}\ (FR\text{法})\qquad \frac{\boldsymbol{g}_{n+1}^{\mathrm{T}}\boldsymbol{g}_{n+1}}{\boldsymbol{g}_n^{\mathrm{T}}\boldsymbol{g}_n}\ (PR\text{法})$$

第四步：最后更新近似解，使得：$\boldsymbol{x}_{k+1}=\boldsymbol{x}(N)$

第五步：如果满足 $\boldsymbol{x}_k\approx\boldsymbol{x}_{k-1}$ 且 $f(\boldsymbol{x}_k)\approx f(\boldsymbol{x}_{k-1})$，终止循环，输出 $\boldsymbol{x}_k$ 作为最优点；否则令 $k=k+1$，重新执行第二步。

共轭梯度法 Matlab 程序范例：

本程序通过控制 KC 所使用的算法版本，KC=1 时，使用 PR 法；KC=2 时，使用 FR 法。Matlab 提供了基于拟牛顿法的搜索函数“fminunc ( )”，此法与共轭梯度法类似。

```
function[xo, fo]= opt_conjg (f, x0, TolX, TolFun, alpha0,
 MaxIter,KC)
if nargin<7,KC=0;end
if nargin<6,MaxIter=100;end
if nargin<5,alpha0=10;end
if nargin<4,TolFun=1e-8;end
if nargin<3,TolX=1e-6;end
N=length(x0);nmax1=20;warning=0;h=1e-4;%定义变量数量
x=x0;fx=feval(f,x0);fx0=fx;
for k=1:MaxIter
   xk0=x;fk0=fx;alpha=alpha0;
   g=grad(f,x,h);s=-g;
   for n=1:N
```

```
    alpha=alpha0;
    fx1=feval(f,x+alpha*2*s);%沿着搜索方向试探步长
    for n1=1:nmax1%获取沿该方向的最佳步长
      fx2=fx1;fx1=feval(f,x+alpha*s);
      if fx0>fx1+TolFun&fx1<fx2-TolFun% fx0>fx1<fx2
        den=4*fx1-2*fx0-2*fx2;num=den-fx0+fx2;
        alpha=alpha*num/den;
        x=x+alpha*s;fx=feval(f,x);
        break;
      elseif n1==nmax1/2
        alpha=-alpha0;fx1=feval(f,x+alpha*2*s);
      else
        alpha=alpha/2;
      end
    end
    x0=x;fx0=fx;
    if n<N
      g1=grad(f,x,h);
      if KC<=1,s=-g1+(g1-g)*g1'/(g*g'+1e-5)*s;
      else s=-g1+g1*g1'/(g*g'+1e-5)*s;
      end
      g=g1;
    end
    if n1>=nmax1,warning=warning+1;%无法找到最优步长
      else warning=0;
    end
  end
  if warning>=2|(norm(x-xk0)<TolX&abs(fx-fk0)<
   TolFun),break;end
end
xo=x;fo=fx;
if k==MaxIter, fprintf('Just best in%d iterations',
 MaxIter),end
```

使用范例：

```
fd16=inline('x(1).^2-4*x(1)-x(1).*x(2)+x(2).^2-x(2)','x');
```

```
x0=[0 0],TolX=1e-4;TolFun=1e-4;alpha0=10;MaxIter=100;
[xo,fo]=opt_conjg(fd16,x0,TolX,TolFun,alpha0,MaxIter,1)
[xo,fo]=opt_conjg(fd16,x0,TolX,TolFun,alpha0,MaxIter,2)
```

具体搜索过程见图 D. 6。

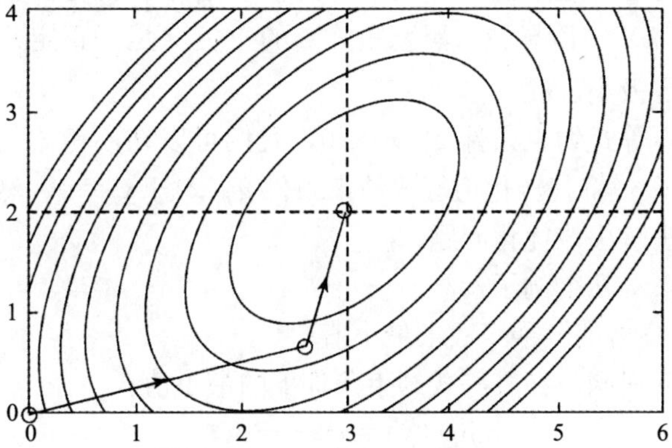

图 D. 6 共轭梯度法搜索过程

D. 2 约束优化算法

这一部分针对约束优化算法进行介绍，有关于 Matlab 的相关程序问题将在下一节中进行介绍。

D. 2. 1 拉格朗日乘子法（Lagrange Multiplier Method）

含有等式约束条件的优化问题通过拉格朗日乘子法可以得到妥善解决。对于一个 M 个等式约束条件的优化问题：

$$\begin{cases} \min f(\boldsymbol{x}) \\ \text{s. t.}\ \ h(\boldsymbol{x}) = \begin{bmatrix} h_1(\boldsymbol{x}) \\ h_2(\boldsymbol{x}) \\ \vdots \\ h_M(\boldsymbol{x}) \end{bmatrix} = 0 \end{cases}$$

根据拉格朗日乘子法，这个问题可以转化为如下无约束优化问题进行求解：

$$\min \mathcal{L}(\boldsymbol{x}, \boldsymbol{\lambda}) = f(\boldsymbol{x}) + \boldsymbol{\lambda}^{\mathrm{T}} h(\boldsymbol{x}) = f(\boldsymbol{x}) + \sum_{m=1}^{M} \lambda_m h_m(\boldsymbol{x})$$

如果这个问题的解存在，我们可以通过对目标函数$\mathcal{L}(\boldsymbol{x}, \boldsymbol{\lambda})$ 的两个自变量 $\boldsymbol{x}$ 和 $\boldsymbol{\lambda}$ 分别求偏导数，然后令该导数为 0 进行求解：

$$\frac{\partial}{\partial \boldsymbol{x}}\mathcal{L}(\boldsymbol{x},\boldsymbol{\lambda})=\frac{\partial}{\partial \boldsymbol{x}}f(\boldsymbol{x})+\boldsymbol{\lambda}^{\mathrm{T}}\frac{\partial}{\partial \boldsymbol{x}}h(\boldsymbol{x})=\nabla f(\boldsymbol{x})+\sum_{m=1}^{M}\lambda_m\nabla h_m(\boldsymbol{x})=0$$

$$\frac{\partial}{\partial \lambda}\mathcal{L}(\boldsymbol{x},\boldsymbol{\lambda})=h(\boldsymbol{x})=0$$

需要注意的是，通过这个方法求得的仅仅是原有目标函数的极值。我们需要通过$\mathcal{L}(\boldsymbol{x},\boldsymbol{\lambda})$二阶导数（黑塞矩阵）的正负（是否正定）情况来判断该极值是极大还是极小。

如果出现不等式约束条件 $g_j(\boldsymbol{x})\leqslant 0$，我们可以在不等式约束条件中引入非负的松弛因子 y_j^2 将其转化为等式约束条件 $g_j(\boldsymbol{x})+y_j^2=0$。然后我们再使用拉格朗日乘子法解决该优化问题。

下面我们来看几个例子：

例 D-1 拉格朗日乘子法求最小值

请尝试求下列函数在其等式约束条件下的最小值：

$$\begin{cases}\min f(\boldsymbol{x})=x_1^2+x_2^2\\ \text{s. t. } h(\boldsymbol{x})=x_1+x_2-2=0\end{cases}$$

我们可以将等式约束条件变形为 $x_2=-x_1+2$，然后代入目标函数 $f(\boldsymbol{x})$，将其转化为无约束优化问题进行求解。

$$\min f(x_1)=x_1^2+(2-x_1)^2=2x_1^2-4x_1+4$$

然后我们可以通过令其一阶导数为 0 的方法求解其最优解：

$$\frac{\partial}{\partial x_1}f(x_1)=4x_1-4=0,\ x_1=1,\ x_2=2-x_1=1$$

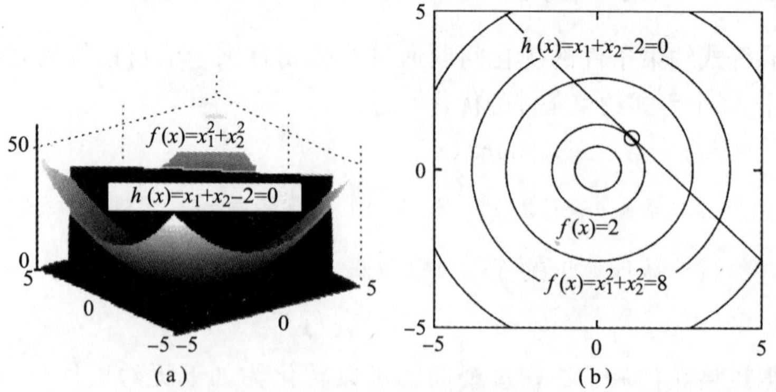

图 D.7 例 D-1 带约束的目标函数图

(a) 网格图；(b) 等高图

如果我们使用拉格朗日乘子法求解，具体步骤如下：

$$\min \mathcal{L}(X,\lambda)=x_1^2+x_2^2+\lambda(x_1+x_2-2)$$

$$\frac{\partial}{\partial x_1}\mathcal{L}(\boldsymbol{x},\ \lambda)=2x_1+\lambda=0,\ x_1=-\lambda/2$$

$$\frac{\partial}{\partial x_2}\mathcal{L}(\boldsymbol{x},\ \lambda)=2x_2+\lambda=0,\ x_2=-\lambda/2$$

$$\frac{\partial}{\partial \lambda}\mathcal{L}(\boldsymbol{x},\ \lambda)=x_1+x_2-2=0,\ x_1+x_2=2$$

联立上面三个方程求解可得

$$-\lambda/2-\lambda/2=-\lambda=2,\ \lambda=-2$$

$$x_1=x_2=-\lambda/2=1\ (\text{图 D. 7})$$

在该例中，将约束条件直接代入目标函数求解比使用拉格朗日乘子法更为简便。但是，这仅仅是个特例，下面我们来看其他的例子。

例 D-2　拉格朗日乘子法求最小值

请尝试求下列函数在其等式约束条件下的最小值：

$$\begin{cases}\min f(\boldsymbol{x})=x_1+x_2\\ \text{s. t.}\ \ h(\boldsymbol{x})=x_1^2+x_2^2-2=0\end{cases}$$

本例中，将等式约束条件代入目标函数的做法是不合适的，我们将使用拉格朗日乘子法求解该问题：

$$\min \mathcal{L}(\boldsymbol{x},\ \lambda)=x_1+x_2+\lambda(x_1^2+x_2^2-2)$$

$$\frac{\partial}{\partial x_1}\mathcal{L}(\boldsymbol{x},\ \lambda)=1+2\lambda x_1=0,\ x_1=-1/2\lambda$$

$$\frac{\partial}{\partial x_2}\mathcal{L}(\boldsymbol{x},\ \lambda)=1+2\lambda x_2=0,\ x_2=-1/2\lambda$$

$$\frac{\partial}{\partial \lambda}\mathcal{L}(\boldsymbol{x},\ \lambda)=x_1^2+x_2^2-2=0,\ x_1^2+x_2^2=2$$

联立上面三个方程求解可得

$$(-1/2\lambda)^2+(-1/2\lambda)^2=2,\ \lambda=\pm\frac{1}{2},\ x_1=x_2=-1/2\lambda=\mp 1。$$

现在为了确认计算出的极值到底是最大值还是最小值，我们需要确定无约束优化问题目标函数$\mathcal{L}(\boldsymbol{x},\ \lambda)$ 的二次导数（黑塞矩阵）的正负（正定与否）。

$$H=\frac{\partial^2}{\partial X^2}\mathcal{L}(\boldsymbol{x},\ \lambda)=\begin{bmatrix}\dfrac{\partial^2 \mathcal{L}}{\partial x_1^2} & \dfrac{\partial^2 \mathcal{L}}{\partial x_1 \partial x_2}\\ \dfrac{\partial^2 \mathcal{L}}{\partial x_1 \partial x_2} & \dfrac{\partial^2 \mathcal{L}}{\partial x_2^2}\end{bmatrix}=\begin{bmatrix}2\lambda & 0\\ 0 & 2\lambda\end{bmatrix}$$

该矩阵的正定与否取决于 λ 的符号。因此，当 $\lambda=1/2$ 时，$(x_1,\ x_2)=(-1,\ -1)$对应的是我们希望得到的该区域的（局部）极小值。$\lambda=-1/2$ 即

$(x_1, x_2)=(1, 1)$ 时对应的是该区域的（局部）极大值（图 D.8）。

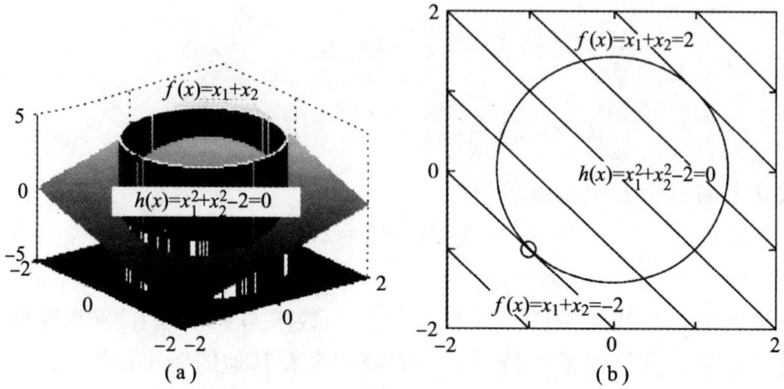

图 D.8　例 D-2 带约束的目标函数图

(a) 网格图；(b) 等高图

D.2.2　罚函数法（Penalty Function Method）

罚函数法非常擅长处理一般的等式（不等式）约束优化问题，尤其擅长处理附带有不严格约束的优化问题。请思考如何解决下面一个问题：

$$
\begin{cases}
\min f(\boldsymbol{x}) \\
\text{s.t.}\begin{cases}
h(\boldsymbol{x})=\begin{bmatrix} h_1(\boldsymbol{x}) \\ h_2(\boldsymbol{x}) \\ \vdots \\ h_M(\boldsymbol{x}) \end{bmatrix}=\mathbf{0} \\
g(\boldsymbol{x})=\begin{bmatrix} g_1(\boldsymbol{x}) \\ g_2(\boldsymbol{x}) \\ \vdots \\ g_L(\boldsymbol{x}) \end{bmatrix}\leqslant\mathbf{0}
\end{cases}
\end{cases}
$$

罚函数法一般由两个步骤组成。

第一步是建立一个新的目标函数：

$$
\min \mathcal{L}(\boldsymbol{x}) = f(\boldsymbol{x}) + \sum_{m=1}^{M} w_m h_m^2(\boldsymbol{x}) + \sum_{m=1}^{L} v_m \psi(g_m(\boldsymbol{x}))
$$

通过这种方式为目标函数引入约束条件的目的在于，任何违反约束条件的搜索结果都会被约束条件的大数惩罚，而满足约束条件的搜索结果将不会受到影响。

第二步是使用无约束优化方法对新的目标函数进行求解，必须使用不基于梯度的搜索方法（比如单纯形法）。

为什么不能使用基于梯度的优化方法呢？这是因为附加在新目标函数上的不等式约束部分 $v_m\psi(g_m(\boldsymbol{x}))$ 往往在搜索点满足其约束要求（$g_m(\boldsymbol{x})\leqslant 0$）时趋近于 0，而当搜索点违反其约束要求时，目标函数值会大幅增加。这时，对新构造的目标函数使用基于梯度的搜索方法往往不能有效获取使得函数值发生下降的方向。

从实用角度考虑，这或许是罚函数法的一个优点。因为，我们可以通过改变每个约束条件罚因子的大小来反映约束条件在该问题中的作用程度。让我们来看下面这个例子。

例 D-3　罚函数法求最小值

请尝试求下列函数在不等式约束条件下的最小值：

$$\begin{cases}\min f(\boldsymbol{x})=\{(x_1+1.5)^2+5(x_2-1.7)^2\}\{(x_1-1.4)^2+0.6(x_2-0.5)^2\} \\ \text{s. t.}\ \ g(\boldsymbol{x})=\begin{bmatrix}-x_1\\-x_2\\3x_1-x_1x_2+4x_2-7\\2x_1+x_2-3\\3x_1-4x_2^2-4x_2\end{bmatrix}\leqslant\begin{bmatrix}0\\0\\0\\0\\0\end{bmatrix}\end{cases}$$

根据罚函数法，我们构造新的目标函数：

$$\min f(\boldsymbol{x})=\{(x_1+1.5)^2+5(x_2-1.7)^2\}\{(x_1-1.4)^2+0.6(x_2-0.5)^2\}+\sum_{m=1}^{5}v_m\psi_m(g_m(\boldsymbol{x}))$$

其中

$$v_m=1,\ \psi_m(g_m(\boldsymbol{x}))=\begin{cases}0 & \text{如果 } g_m(x)\leqslant 0\text{（满足约束）}\\ \exp(e_m g_m(\boldsymbol{x})) & \text{如果 } g_m(x)>0\text{（约束不满足）}\end{cases}$$

$$e_m=1,\ \forall m=1,\ \cdots,\ 5$$

请注意，罚函数的罚因子的大小根据不同的问题，用户可以自行决定。然后，使用不基于梯度的无约束优化方法（单纯形法）求解问题。为了显示为何基于梯度的搜索方法不能解决罚函数创建的目标函数的优化问题，我们通过下面这个程序进行探究。

程序中使用了 D. 1. 3 中的单纯形法函数“opt _ Nelder ()”和同样基于单纯形法的 Matlab 内置函数“fminsearch ()”做交叉检查。然后使用 D. 1. 4 中的最速下降法函数“opt _ steep ()”和同样基于梯度搜索的 Matlab 内置函数“fminunc ()”做对比实验。

主程序：

```
clear,clf
f='fd22p';
x0=[0.4 0.5]
TolX=1e-4;TolFun=1e-9;alpha0=1;
[xo_Nelder,fo_Nelder]=opt_Nelder(f,x0)%单纯形法
[fc_Nelder,fo_Nelder,co_Nelder]=fd22p(xo_Nelder)%输出
  结果
[xo _ s, fo _ s] = fminsearch (f, x0)% MATLAB built - in
  fminsearch()
[fc_s,fo_s,co_s]=fd22p(xo_s)%输出结果
  %加入惩罚作用
xo_steep=opt_steep(f,x0,TolX,TolFun,alpha0)%steepest
  descent method
[fc_steep,fo_steep,co_steep]=fd22p(xo_steep)%输出结果
[xo_u,fo_u]=fminunc(f,x0);%MATLAB built-in fminunc()
[fc_u,fo_u,co_u]=fd22p(xo_u)%输出结果
```

函数：

```
function[fc,f,c]=fd22p(x)
f=((x(1)+1.5)^2+5*(x(2)-1.7)^2)*((x(1)-1.4)^2+.6*(x(2)-.5)
  ^2);
c=[-x (1);-x(2);3*x(1)-x(1)*x(2)+4*x(2)-7;
      2*x(1)+x(2)-3;3*x(1)-4*x(2)^2-4*x(2)];%约束向量
v=[1 1 1 1 1];e=[1 1 1 1 1]';%罚因子向量
fc=f+v*((c>0).*exp(e.*c));%新构建的目标函数
```

运行结果如下：

```
fo_Nelder=0.5322%最小值
co_Nelder=-1.2118
            -0.5765
            -1.7573%大裕度
            -0.0000%无裕度
            -0.0000%无裕度
xo_s=1.2118 0.5765
```

```
fo_s=0.5322%最小值
xo_steep=1.2768 0.5989
fo_steep=0.2899%不是最小值
co_steep=-1.2768
         -0.5989
         -1.5386
         0.1525%惩罚
         -0.0001
Maximum#of function evaluations exceeded;
xo_u=1.2843 0.6015
fo_u=0.2696%不是最小值
```

程序运行结果正如我们所预料的那样，对基于罚函数法创建的新目标函数采用基于梯度的搜索方法并不像单纯形法那样有效地搜索到满足约束条件的最小值。其具体情况见图 D.9。

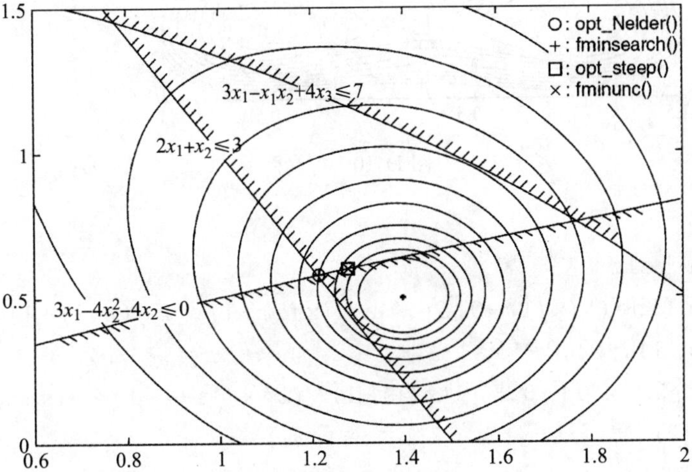

图 D.9 罚函数法搜索结果

D.3 Matlab 内置优化算法

本节中，我们将会使用一些包括“fminsearch ()”，“fminunc ()”在内的 Matlab 自带的无约束优化函数处理相同的问题并作对比，以便读者能够发现这些函数的不同。除此之外，我们还会介绍线性规划函数“linprog ()”和一个常用来处理复杂约束优化问题的函数“fmincon ()”。

D. 3. 1 无约束优化（Unconstrained Optimization）

为了帮助读者弄清前文中提到的一些函数的具体工作过程，我们通过下面这个 Matlab 程序求解无约束最优化问题：

$$\min f(\boldsymbol{x})=(x_1-0.5)^2(x_1+1)^2+(x_2+1)^2(x_2-1)^2$$

其等高图及极值分布情况如图 D. 10 所示。

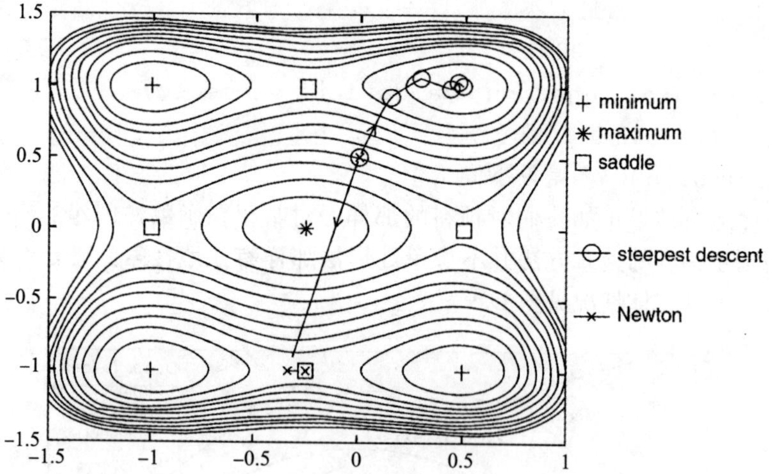

图 D. 10 等高图

程序如下：

```
clear,clf
f=inline('(x(1)-0.5).^2.*(x(1)+1).^2+(x(2)+1).^2.*(x
  (2)-1).^2','x');
g 0='[2*(x(1)-0.5)*(x(1)+1)*(2*x(1)+0.5)4*(x(2)^2-1).
  *x(2)]';
g=inline(g0,'x');
x0=[0 0.5]%定义起始点
[xon,fon]=opt_Nelder(f,x0)%最小值所在点,通过函数 opt_
  Nelder 搜索
[xos, fos] = fminsearch (f, x0)% 最小值所在点, 通过函数
  fminsearch 搜索
[xost,fost]=opt_steep(f,x0)%最小值所在点,通过函数 opt_
  steep 搜索
TolX=1e-4;MaxIter=100;
xont=Newtons(g,x0,TolX,MaxIter);
```

```
xont,f(xont)%最小值所在点,通过牛顿法搜索
[xocg,focg]=opt_conjg(f,x0)%min point,its ftn value by
  opt_conjg()
[xou,fou]= fminunc(f,x0)%最小值所在点,通过函数minunc搜索
```

需要注意的是，每个方法能否成功搜索到最小值所在点很大程度上取决于选取的初始点 X_0 的位置。我们把这些函数的运行结果总结在表 D-1 中，不难发现基于梯度的求解函数（“opt _ steep ()”“Newtons ()”“opt _ conj ()”）和函数“fminunc ()”有时候输出的最终结果是鞍点，甚至是最大值点，而且它们的搜索结果并不总是离初始点最近的那个极值点。针对这个特殊的优化问题，Matlab 内置的函数“fminsearch ()”有时候甚至会搜索失败，而本书中提到的单纯形法程序却能很好地解决这个问题。但是，我们不能因此评价这几个程序的优劣等级，因为 Matlab 的内置函数在有些情况中处理得很好，而有些问题却找不到答案。对于此现象，我们唯一能够说得就是我们的工作并不是完美的，还存在很多缺陷。

表 D-1　不同初值无约束优化问题求解结果

x_0	opt-Nelder	fminsearch	opt-steep	Newtons	pt-conjg	fminunc
[0, 0]	[−1, 1] (minimum)	[0.5, 1] (minimum)	[0.5, 0] (saddle)	[−0.25, 0] (maximum)	[0.5, 0] (saddle)	[0.5, 0] (saddle)
[0, 0.5]	[0.5, 1] (minimum)	[0.02, 1] (lost)	[0.5, 1] (minimum)	[−0.25, −1] (saddle)	[0.5, 1] (minimum)	[0.5, 1] (minimum)
[0.4, 0.5]	[0.5, 1] (minimum)	[0.5, 1] (minimum)	[0.5, 1] (minimum)	[0.5, −1] (minimum)	[0.5, 1] (minimum)	[0.5, 1] (minimum)
[−0.5, 0.5]	[0.5, 1] (minimum)	[−1, 1] (minimum)	[−1, 1] (minimum)	[−0.25, −1] (saddle)	[−1, 1] (minimum)	[−1, 1] (minimum)
[−0.8, 0.5]	[−1, 1] (minimum)	[−1, 1] (minimum)	[−1, 1] (minimum)	[−1, −1] (minimum)	[−1, 1] (minimum)	[−1, 1] (minimum)

现在，我们使用一个基于 NLLS（非线性最小二乘法拟合）的 Matlab 内置函数“lsqnonline（f，x0，l，u，options，p1,..）”解决如下优化问题：

$$\min\sum_{n=1}^{N} f_n^2(\boldsymbol{x})$$

这个函数需要一个向量或矩阵函数 $f(\boldsymbol{x})$、一个初始搜索点 X_0 作为其第一、二个输入变量。其中 $f(\boldsymbol{x})=[f_1(\boldsymbol{x})\cdots f_N(\boldsymbol{x})]^{\mathrm{T}}$，该矩阵中每一个元素都是关于 $\boldsymbol{x}$ 的最小平方和。为了了解该函数的具体使用方法，我们用下面的程序搜索一个二次多项式逼近如下函数：

$$y=f(x)=\frac{1}{1+8x^2}$$

为了确认函数“lsqnonlin ()”的结果，我们使用函数“polyfits ()”的结果作对比。

程序如下：

```
clear,clf
N=3;a0=zeros(1,N);%初始二次项系数
ao_lsq=lsqnonlin('fd31',a0)%函数 lsqnonlin()得出的结果
xx=-2+[0:400]/50;fx=1./(1+8*xx.*xx);
ao_fit=polyfits(xx,fx,N-1)%函数 polyfits()得出的结果
```

附带函数：

```
function F=fd31(a)
xx=-2+[0:200]/50;F=polyval(a,xx)-1./(1+8*xx.*xx);
```

其运行结果如下：

```
ao_lsq=[-0.1631-0.0000 0.4653], ao_fit=[-0.1631 -0.0000
0.4653]
```

D. 3. 2　约束优化（Constrained Optimization）

一般的，带有约束条件的优化问题是非常复杂和难以处理的。所以我们不会在这里涉及更多细节，本节将会给大家介绍一个强大的 Matlab 内置函数“fmincon ()”，该函数针对一些不同的约束条件做了优化设计，用于处理令人头痛的约束优化问题：

$$\begin{cases}\min f(\boldsymbol{x})\\ \text{s. t. } A\boldsymbol{x}\leqslant b,\ A_{eq}\boldsymbol{x}=b_{eq},\ c(\boldsymbol{x})\leqslant 0,\ c_{eq}=0,\ \text{且 } 1\leqslant\boldsymbol{x}\leqslant u\end{cases}$$

该函数的详细使用说明请读者使用“help fmincon”指令自行在 Matlab 中查询。

下面是使用“fmincon”函数对例 D. 2. 2 进行求解的程序：

```
clear,clf
ftn='((x(1)+1.5)^2+5*(x(2)-1.7)^2)*((x(1)-1.4)^2+.6*
(x(2)-.5)^2)';
fd32o=inline(ftn,'x');
x0=[0 0.5]%定义初始搜索点
A=[];B=[];Aeq=[];Beq=[];%没有线性约束条件
```

```
l =-inf*ones(size(x0));u=inf*ones(size(x0));%没有上下
  边界
options=optimset('LargeScale','off');%此语句可以省略.
[xo _con, fo _con]= fmincon(fd32o, x0, A, B, Aeq, Beq, l, u, '
  fd32',options)
[co,ceqo]=fd32(xo_con)%查看约束条件
```

附加函数:(用于编写约束条件)

```
function[c,ceq]=fd32(x)
c=[-x(1);-x(2);3*x(1)-x(1)*x(2)+4*x(2)-7;
2*x(1)+x(2)-3;3*x(1)-4*x(2)^2-4*x(2)];%不等式约束条件
ceq=[];%等式约束条件
```

本节还要介绍两个Matlab内置的函数，一个是：

"fminimax('ftn',x0,A,b,Aeq,beq,l,u,'nlcon',options,p1,..)"

该函数主要用于求解最大值的最小化问题：

$$\begin{cases}\min\limits_{x}\{\max\limits_{n}\{f_n(\boldsymbol{x})\}\}\\ \text{s. t. } A\boldsymbol{x}\leqslant b,\ A_{eq}\boldsymbol{x}=b_{eq},\ c(\boldsymbol{x})\leqslant 0,\ c_{eq}=0,\ 且\ 1\leqslant\boldsymbol{x}\leqslant u\end{cases}$$

“fminimax ()”函数的具体使用方法与“fmincon ()”类似。

另一个函数是LLS（约束线性最小二乘）函数：

"lsqlin(C,d,A,b,Aeq,beq,l,u,x0,options,p1,..)"

主要用于解决如下问题：

$$\begin{cases}\min\limits_{x}\|C\boldsymbol{x}-d\|^2\\ \text{s. t. } A\boldsymbol{x}\leqslant b,\ A_{eq}\boldsymbol{x}=b_{eq},\ 且\ 1\leqslant\boldsymbol{x}\leqslant u\end{cases}$$

为了便于让读者了解上面几个函数的使用方法，在下面的例子里，我们使用函数“fminimax ()”，“lsqlin ()”搜索二次多项式来拟合函数 $y=f(x)=\frac{1}{1+8x^2}$，并且和函数“lsqnonlin ()”得出的结果作比较。

参考程序：

```
clear,clf
f=inline('1./(1+8*x.*x)','x');
fd3221=inline('abs(polyval(a,x)-fx)','a','x','fx');
fd3222=inline('polyval(a,x)-fx','a','x','fx');
N=2;%用于拟合的二项式次数
a0=zeros(1,N+1);%初始的多项式系数
```

```
xx=-2+[0:200]'/50;%中间点
fx=feval(f,xx);%对应的函数值
ao_m=fminimax(fd3221,a0,[],[],[],[],[],[],[],[],xx,fx)%
  fminimax求解
for n=1:N+1,C(:,n)=xx.^(N+1-n);end
ao_ll=lsqlin(C,fx)%无约束线性LS
ao_ln=lsqnonlin(fd3222,a0,[],[],[],xx,fx)%非线性LS
c2=cheby(f,N,-2,2)
plot (xx,fx,':',xx,polyval(ao_m,xx),'m',xx,polyval(ao_
  ll,xx),'r')
hold on,plot(xx,polyval(ao_ln,xx),'b',xx,polyval(c2,
 xx),'--')
axis([-2 2 -0.4 1.1])
```

程序运行结果（图 D. 11）：

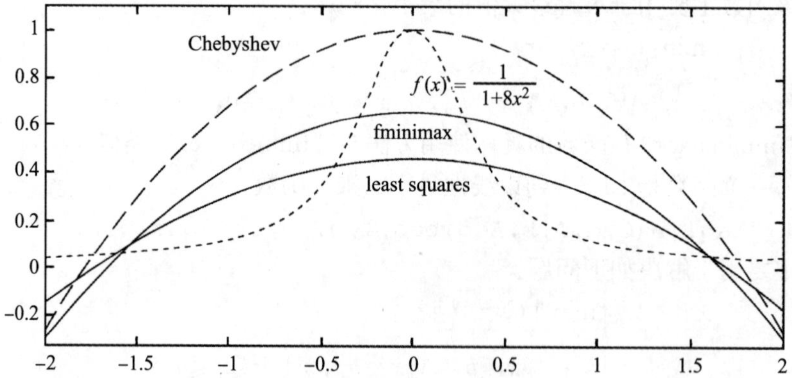

图 D. 11 二次多项式函数近似曲线

关于图 D. 11，需要注意以下几点：

①当未给“fminimax ()”函数添加约束时，其结果是目标函数 $f(x)$ 的最近似拟合；

②当未给“lsqlin ()”函数添加约束时，其结果与目标函数 $f(x)$ 之差的平方和最小，函数“lsqnonlin ()”得到的结果与之相同。

D. 3. 3 线性规划（Linear Programming）

线性规划问题一般可以通过 Matlab 软件的内置函数“[xo，fo] =linprog (f，A，b，Aeq，Beq，l，u，x0，options)”进行处理。“linprog ()”函数

处理的问题的一般结构如下：

$$\begin{cases}\min f(X)=f^{\mathrm{T}}X \\ \text{s. t.} \begin{cases}Ax\leqslant b,\ A_{eq}x=b_{eq} \\ 1\leqslant x\leqslant u\end{cases}\end{cases}$$

该函数输出一个解向量 X_o 和一个目标函数的最小值 $f(X_o)$。“linprog ()”函数处理线性规划问题的效率比函数“fmincon ()”（常用于处理一般约束最优化问题）要高很多。下面是使用该函数处理线性规划问题的范例。

求解问题：

$$\begin{cases}\min\ f(X)=f^{\mathrm{T}}X=[-3][x_1]^{\mathrm{T}} \\ \text{s. t.} \begin{cases}Ax=\begin{bmatrix}-3 & 2 \\ 3 & 4 \\ 2 & 1\end{bmatrix}\begin{bmatrix}x_1 \\ x_2\end{bmatrix}\begin{matrix}= \\ \leqslant \\ \leqslant\end{matrix}\begin{bmatrix}2 \\ 7 \\ 3\end{bmatrix}=b \\ \mathrm{I}=\begin{bmatrix}0 \\ 0\end{bmatrix}\leqslant X=\begin{bmatrix}x_1 \\ x_2\end{bmatrix}\leqslant\begin{bmatrix}10 \\ 10\end{bmatrix}=U\end{cases}\end{cases}$$

程序范例：

```
x0=[0 0];%起始点
f=[-3 -2];%目标函数的系数向量
A=[3 4;2 1];b=[7;3];%不等式约束条件
Aeq=[-3 2];beq=2;%等式约束条件
l=[0 0];u=[10 10];%边界
[xo_lp,fo_lp]=linprog(f,A,b,Aeq,beq,l,u)
cons_satisfied=[A;Aeq]*xo_lp-[b;beq]%满足约束
fd33o=inline('-3*x(1)-2*x(2)','x');
[xo_con,fo_con]=fmincon(fd33o,x0,A,b,Aeq,beq,l,u)
```

以上程序也使用了函数“fmincon ()”进行求解，同“linprog ()”计算结果一致：

```
xo_lp=[0.3333 1.5000],fo_lp=-4.0000
cons_satisfied=-0.0000%<=0(inequality)
               -0.8333%<=0(inequality)
               -0.0000%=0(equality)
xo_con=[0.3333 1.5000],fo_con=-4.0000
```

满足的约束条件见图 D. 12。

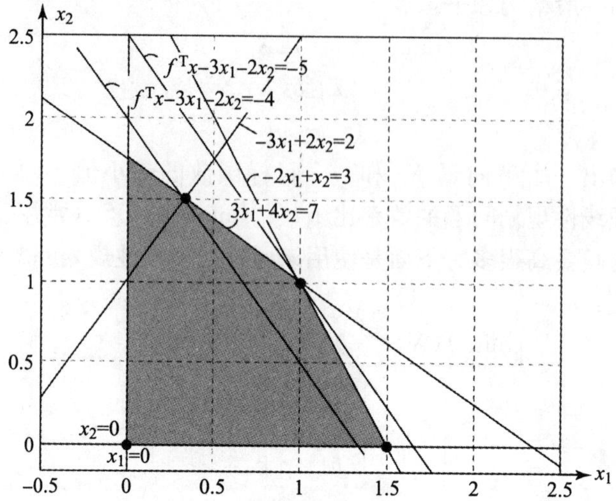

图 D.12　线性规划问题的目标函数、约束和解

表 D-2 中罗列了 MATLAB 5. x 版本和 MATLAB 6. x 版本最优化求解函数的名称对照。

表 D-2　MATLAB 内嵌的极小化函数

	无约束优化			约束优化				
优化方法	Bracketing	Non-Gradient-Based	Gradient Based	Linear	Nonlinear	Linear LS	Nonlinear LS	Minimax
MATLAB 5. x	fmin	fmins	fminu	lp	constr	leastsq	conls	minimax
MATLAB 6. x	fminbnd	fminsearch	fminunc	linprog	fmincon	lsqnonlin	lsqlinc	fminimax

附录 E　拓扑优化 99 行程序

```
%%%% A 99 LINE TOPOLOGY OPTIMIZATION CODE BY OLE SIGMUND, JANUARY 2000, CODE MODIFIED FOR INCREASED SPEED,September 2002,BY OLE SIGMUND %%%
function top(nelx,nely,volfrac,penal,rmin);
%INITIALIZE
x(1:nely,1:nelx)=volfrac;
loop=0;
change=1.;
%START ITERATION
while change>0.01
loop=loop+1;
xold=x;
%FE-ANALYSIS
[U]=FE(nelx,nely,x,penal);
%OBJECTIVE FUNCTION AND SENSITIVITY ANALYSIS
  [KE]=lk;
  c=0.;
forely=1:nely
forelx=1:nelx
      n1=(nely+1)*(elx-1)+ely;
      n2=(nely+1)*elx    +ely;
Ue =U([2*n1-1;2*n1;2*n2-1;2*n2;2*n2+1;2*n2+2;2*n1+1;2*n1+2],1);
    c=c+x(ely,elx)^penal*Ue'*KE*Ue;
dc(ely,elx)=-penal*x(ely,elx)^(penal-1)*Ue'*KE*Ue;
end
end
%FILTERING OF SENSITIVITIES
[dc]  =check(nelx,nely,rmin,x,dc);
%DESIGN UPDATE BY THE OPTIMALITY CRITERIA METHOD
[x]   =OC(nelx,nely,x,volfrac,dc);
```

```
29  %PRINT RESULTS
30  change=max(max(abs(x-xold)));
31  disp(['It.:'sprintf('%4i',loop)'Obj.:'sprintf('%
        10.4f',c)...
32  'Vol.:'sprintf('%6.3f',sum(sum(x))/(nelx*nely))...
33        'ch.:'sprintf('%6.3f',change)])
34  %PLOT DENSITIES
35  colormap(gray);imagesc(-x);axis equal;axis tight;
        axis off;pause(1e-6);
36  end
37  %%%%%% OPTIMALITYCRITERIA UPDATE%%%%%%%%%%%%%%%%%%
38  function[xnew]=OC(nelx,nely,x,volfrac,dc)
39  l1=0;l2=100000;move=0.2;
40  while(l2-l1>1e-4)
41  lmid=0.5*(l2+l1);
42  xnew=max(0.001,max(x-move,min(1.,min(x+m43  ove,x.
        *sqrt(-dc./lmid)))));
44  if sum(sum(xnew))-volfrac*nelx*nely>0;
44      l1=lmid;
45  else
46      l2=lmid;
47  end
48  end
49  %%%%%%%%%%MESH-INDEPENDENCY FILTER%%%%%%%%%%%%%%
50  function[dcn]=check(nelx,nely,rmin,x,dc)
51  dcn=zeros(nely,nelx);
52  fori=1:nelx
53  for j=1:nely
54  sum=0.0;
55  for k=max(i-floor(rmin),1):min(i+floor(rmin),nelx)
56  for l=max(j-floor(rmin),1):min(j+floor(rmin),nely)
57  fac=rmin-sqrt((i-k)^2+(j-1)^2);
58  sum=sum+max(0,fac);
59  dcn(j,i)=dcn(j,i)+max(0,fac)*x(l,k)*dc(l,k);
60  end
61  end
```

```
dcn(j,i)=dcn(j,i)/(x(j,i)*sum);
end
end
%%%%%%%%%%FE-ANALYSIS %%%%%%%%%%%%%%%%%%%%%%%
function[U]=FE(nelx,nely,x,penal)
[KE]=lk;
K=sparse(2*(nelx+1)*(nely+1),2*(nelx+1)*(nely+1));
F =sparse(2*(nely+1)*(nelx+1),1);U=zeros(2*(nely+
  1)*(nelx+1),1);
forelx=1:nelx
forely=1:nely
    n1=(nely+1)*(elx-1)+ely;
    n2=(nely+1)*elx  +ely;
edof=[2*n1-1;2*n1;2*n2-1;2*n2;2*n2+1;2*n2+2;2*n1+
  1;2*n1+2];
K(edof,edof)=K(edof,edof)+x(ely,elx)^penal*KE;
end
end
%DEFINE LOADS AND SUPPORTS (HALF MBB- BEAM)
F(2,1)=-1;
fixeddofs  =union([1:2:2*(nely+1)],[2*(nelx+1)*
  (nely+1)]);
alldofs    =[1:2*(nely+1)*(nelx+1)];
freedofs   =setdiff(alldofs,fixeddofs);
%SOLVING
U(freedofs,:)=K(freedofs,freedofs)\F(freedofs,:);

U(fixeddofs,:)=0;
%%%%%%%%%%ELEMENT STIFFNESS MATRIX %%%%%%%%%%%%
function[KE]=lk
E=1.;
nu=0.3;
k=[1/2-nu/6  1/8+nu/8-1/4-nu/12-1/8+3*nu/8...
  -1/4+nu/12-1/8-nu/8  nu/6      1/8-3*nu/8];
KE=E/(1-nu^2)*[k(1) k(2) k(3) k(4) k(5) k(6) k(7) k(8)
              k(2) k(1) k(8) k(7) k(6) k(5) k(4) k(3)
```

```
                    k(3) k(8) k(1) k(6) k(7) k(4) k(5) k(2)
                    k(4) k(7) k(6) k(1) k(8) k(3) k(2) k(5)
                    k(5) k(6) k(7) k(8) k(1) k(2) k(3) k(4)
                    k(6) k(5) k(4) k(3) k(2) k(1) k(8) k(7)
                    k(7) k(4) k(5) k(2) k(3) k(8) k(1) k(6)
                    k(8) k(3) k(2) k(5) k(4) k(7) k(6) k(1)];
%%%%%%%%%%%%%%%%%%%%%%%%%%%%%%%%%%%%%%%%%%%%%%%%%%%%
%This Matlab code was written by Ole Sigmund, Department
  of Solid % Mechanics,Technical University of Denmark,
  DK-2800 Lyngby,Denmark.                              %
%Please sent your comments to the author:sigmund@ fam.
  dtu.dk                                               %
%                                                      %
% The code is intended for educational purposes and
  theoretical details% are discussed in the paper      %
%"A 99 line topology optimization code written in Matlab"
                                                       %
%by Ole Sigmund (2001), Structural and Multidisciplinary
  Optimization,%Vol 21,pp.120--127.                    %
%                                                      %
%The code as well as a postscript version of the paper can
  be %downloaded from the web- site: http://www.topopt.
  dtu.dk                                               %
%                                                      %
%Disclaimer:
  %%The author reserves all rights but does not guaranty
  that the code is free from errors.Furthermore,he shall not
  be liable in any event caused by the use of the program. %
    %%%%%%%%%%%%%%%%%%%%%%%%%%%%%%%%%%%%%%%%%%%%%%%%%%%%
```

习　　题

第一部分习题

第 2 章

1. 如图习-1 所示，在结点 2 承受轴向力 P 的两杆构件，使结点 2 位移最小，即构件刚度最大。两杆的弹性模量均为 E。构件的体积不能大于 V_0。构件总长为 h，杆 1 的长度为 $\alpha h(\alpha_{\min} \leqslant \alpha \leqslant \alpha_{\max})$，杆 1 的截面积 $A_1 = A$，杆 2 的截面积 $A_2 = \beta A(\beta \geqslant 0)$。设计变量取 α 和 β。由于 α 决定桁架的形状，β 决定杆 2 的横截面积，因此该问题是尺寸优化和形状优化的集成优化问题。

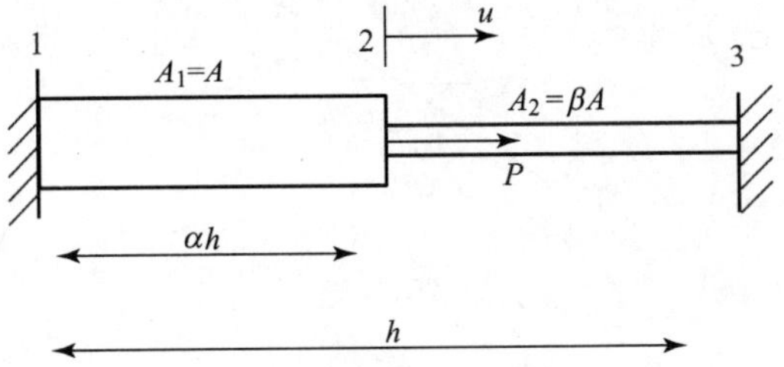

图习-1

(1) 建立优化模型；

(2) 设 $V_0/(Ah) = 1.2$，分别针对 $\alpha_{\min} = 0.2$，$\alpha_{\max} = 0.6$，求该问题的极值。

第 3 章

1. 如图习-2 所示三杆桁架，所受力为 $P > 0$。若优化目标为刚度最大，即柔度 Pu_y 最小，其中 u_y 为力 P 作用下结点在 y 方向的位移。桁架的体积不能超过 V_0。设计变量是各杆的横截面积 A_1、A_2 和 A_3。求：

(1) 用数学规划法建立优化模型；

(2) 用 KKT 条件求解优化模型；

(3) 用拉格朗日对偶法求解优化模型。

2. 如图习-3 所示的两杆桁架，受到的力为 $P > 0$。要求：柔度 $-Pu_y$ 最小，u_y 是自由结点在 y 方向上的位移。桁架的体积不允许大于 V_0。各杆应力（包括压应力和拉应力）的大小不能超过 $\dfrac{5\alpha Pl}{6V_0}$，式中 $\alpha > 0$，是一个给定的量纲

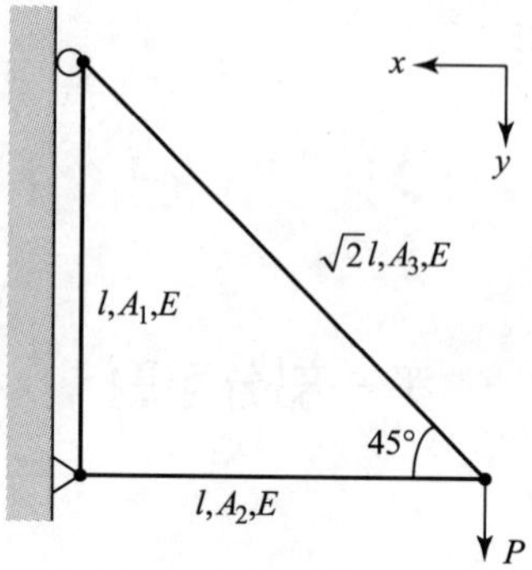

图习-2

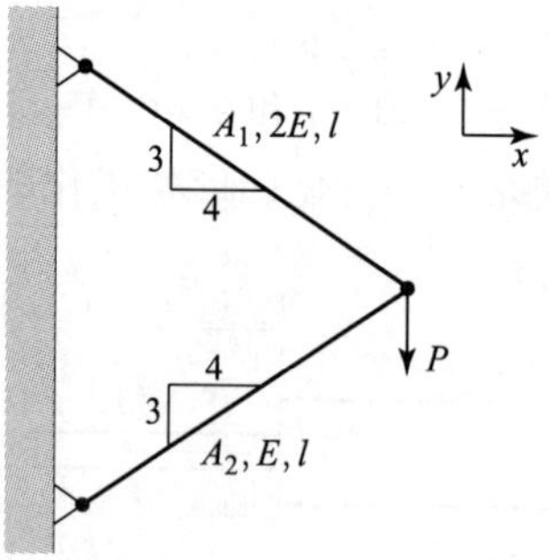

图习-3

为 1 的常数。设计变量为杆的横截面积：A_1 和 A_2。

（1）建立优化模型；

（2）用拉格朗日对偶法求解优化模型，所有 α 大于零。

3. 若最小化如图习-4 所示的两杆桁架质量最小。杆的长度分别是 $5l$ 和 $3l$。杆所用的材料的杨氏模量为 E，密度为 ρ。在自由结点受力 $P>0$。设计变量为杆的横截面积 A_1，A_2。桁架的刚度或柔度定义为 $-Pu_x-Pu_y$，且必须小于 C_0，即 $-Pu_x-Pu_y<C_0$。式中，(u_x，u_y)分别为自由结点的位移，C_0 ($C_0>0$)为给定数值。

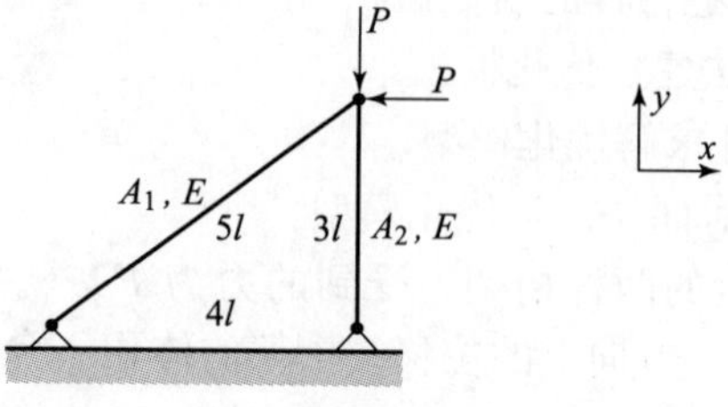

图习-4

(1) 建立图示的优化模型；

(2) 将变量量纲为 1 化处理，即 $x_i = P/(EAi)$，并用 KKT 条件求解优化问题；

(3) 同 (2)，采用拉格朗日对偶法求解。

第 4 章

1. 若通过位移向量积 $\boldsymbol{u}^{\mathrm{T}}\boldsymbol{u}$ 最小（$\boldsymbol{u}$ 是载荷 P 作用下结点位移向量），最大化习－2 图所示桁架的刚度，定义 $x_i = lA_i/V_0$，$i=1, 2, 3$，得到以下优化模型：

$$\begin{cases} \min \dfrac{1}{x_1^2}+\dfrac{1}{x_2^2}+\dfrac{4}{x_3^2}+\dfrac{1}{x_1x_2}+\dfrac{2\sqrt{2}}{x_1x_3}+\dfrac{2\sqrt{2}}{x_2x_3} \\ \text{s. t. } \ x_1+x_2+\sqrt{2}x_3-1\leqslant 0 \\ x_1,\ x_2,\ x_3\geqslant 0 \end{cases}$$

(1) 证明该问题是凸问题。注意在节 2.2.5 中，证明 $\boldsymbol{u}^{\mathrm{T}}\boldsymbol{u}$ 已是设计变量的非凸函数。

(2) 在 $x_i=1$，$i=1, 2, 3$，采用 CONLIN 方法建立优化子问题，并求解该优化子问题。

2. 如图习－5 所示的四杆桁架，在自由结点受 P 力，确定各杆的横截面积 A_1，A_2，A_3 和 A_4，使得结点 β 的位移 u_x^β 最小。桁架的体积不允许超过 V_0。

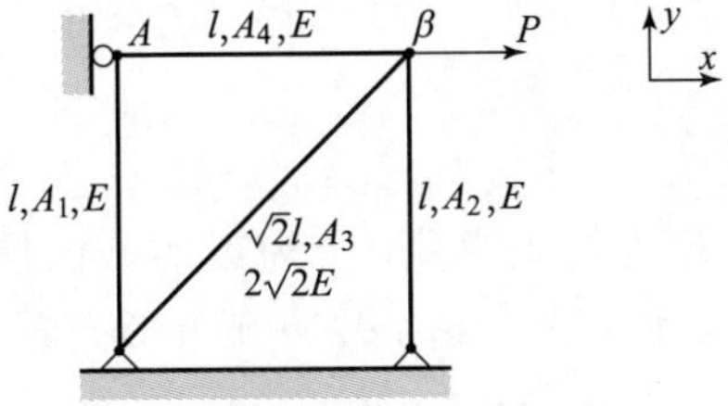

图习－5

(1) 引入变量 $x_i = \dfrac{lA_i}{V_0}$，$i=1, \cdots, 4$，建立优化模型；

(2) 确定杆 1 的最佳截面积 A_1^*；

(3) 在 $x_i=1$（不可行点），$i=1, \cdots, 4$，建立优化模型的 CONLIN 近似，并用拉格朗日对偶法求解。

第 6 章

1. 考虑一个函数 $\mathrm{f}(\boldsymbol{x})=\boldsymbol{u}(\boldsymbol{x})^{\mathrm{T}}\boldsymbol{u}(\boldsymbol{x})$，式中 $\boldsymbol{u}(\boldsymbol{x})$ 是设计变量 $\boldsymbol{x}$ 的隐式函数，且满足平衡方程 $\boldsymbol{K}(\boldsymbol{x})\boldsymbol{u}(\boldsymbol{x})=\boldsymbol{F}(\boldsymbol{x})$。已知敏度 $\partial\boldsymbol{K}(\boldsymbol{x})/\partial x_j$ 和 $\partial\boldsymbol{F}(\boldsymbol{x})/\partial x_j$，计算敏度 $\partial f(\boldsymbol{x})/\partial x_j$。

(1) 直接法

（2）伴随法

2. 受离心载荷 $b=\rho x\omega^2$ 的一维杆单元如图习-6所示，式中，ρ 是单位长度质量，ω 是杆绕 y 轴的角速度。等参单元两个结点坐标是 x_1 和 x_2，父单元的形函数为 $N_1(\xi)=1/2-\xi$ 和 $N_2(\xi)=1/2+\xi$。设计变量为结点坐标 x_1 和 x_2。计算单元载荷向量 f_e^a 的敏度，即$\dfrac{\partial f_e^a}{\partial x_1}$和$\dfrac{\partial f_e^a}{\partial x_2}$。采用两种方法：（1）建立载荷向量 f_e^a，然后计算敏度；（2）用式（6.34）。

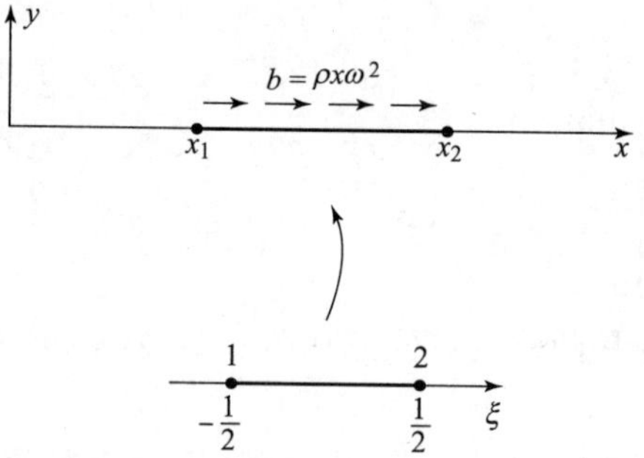

图习-6

3. 梁单元如图习-7所示，自由度为 $[\omega_1\quad\theta_1\quad\omega_2\quad\theta_2]^{\mathrm{T}}$，刚度矩阵为

$$\boldsymbol{k}_e=\frac{EI}{L^3}\begin{bmatrix}12 & 6L & -12 & 6L\\ 6L & 4L^2 & -6L & 2L^2\\ -12 & -6L & 12 & -6L\\ 6L & 2L & -6L & 4L\end{bmatrix}$$

式中，L 为梁的长度，E 为杨氏模量，I 为梁的截面惯性矩。梁的端点坐标 x_1，x_2 和截面积 A 为设计变量。梁为 $b\times b$ 正方形截面。计算敏度：

$$\frac{\partial\boldsymbol{k}_e}{\partial x_1},\ \frac{\partial\boldsymbol{k}_e}{\partial x_2},\ \frac{\partial\boldsymbol{k}_e}{\partial A}$$

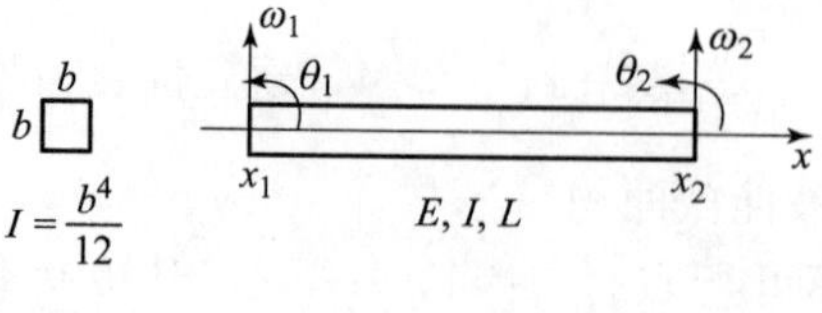

图习-7

第7章

应用附录E的99行MATLAB程序进行如图习-8所示的两种缆车支架设计，设计域分别如图习-9所示，并分析优化结果。

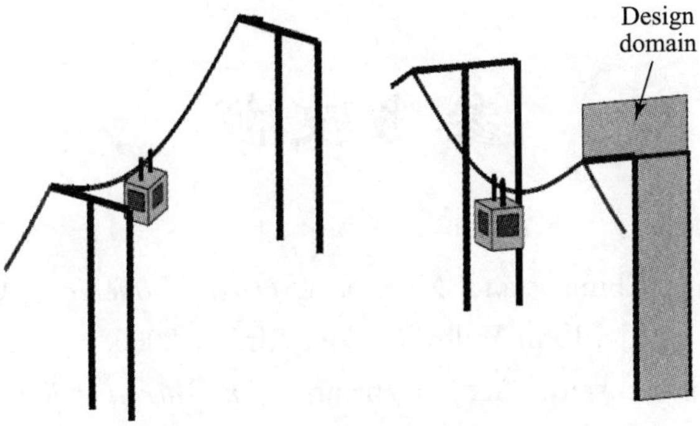

图习-8　缆车支架设计

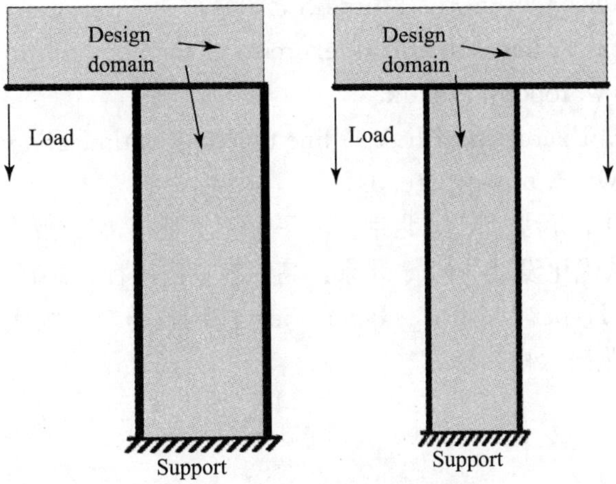

图习-9　缆车支架设计域

第二部分习题

熟悉 Hyperworks 软件的功能，掌握 Optistruct 进行结构优化的基本流程，以图习-10 为优化对象，进行结构优化设计。左图为两个集中载荷，右图为分布载荷。分析载荷作用形式对拓扑优化的影响。

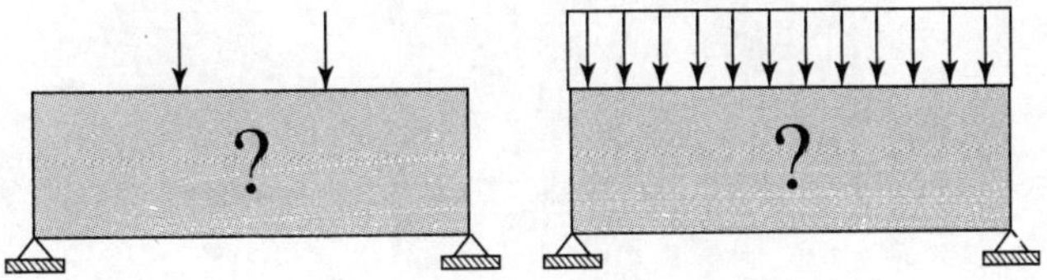

图习-10

参 考 文 献

[1] Yang, Cao, Chung, and Morris. *Applied Numerical Methods Using MATLAB* [M] . John Wiley & Sons, Inc. , 2005.

[2] P. W. Christensen, A. Klarbring. *An Introduction to Structural Optimization* [M] . Springer Science + Business Media B. V. 2009.

[3] O. Sigmund. A 99 line topology optimization code written in Matlab. Struct Multidisc Optim 21, 120－127, 2001.

[4] Andreas Rietz. A first laboratory exercise in topology optimization using Matlab, www. topopt. dtu. dk.

[5] Ole Sigmund. Exercises with A 99 line topology optimization code written in Matlab, www. topopt. dtu. dk.

[6] 王勖成. 有限单元法 [M]. 北京：清华大学出版社，2003.

[7] 李志峰. 机械优化设计 [M]. 北京：高等教育出版社，2010.

[8] 王钰栋，等. Hyper Mesh & Hyper View 应用技巧与高级实例 [M]. 北京：机械工业出版社，2012.